工控技术精品丛书

西门子 S7-200 PLC 轻松学

黄义定　编著

電子工業出版社
Publishing House of Electronics Industry
北京 • BEIJING

内 容 简 介

本书从初学者的角度出发，首先较系统地讲解可编程逻辑控制器（PLC）的概貌，以及其电气基础和控制基础；然后介绍 S7-200 PLC 的编程语言、基本指令系统、应用系统设计和编程软件的应用；最后简要介绍了 S7-200 PLC 的网络通信知识。本书语言简练、通俗易懂，内容由浅入深，注重理论和实际应用相结合。

本书可供工控技术人员阅读参考，也可作为高等院校电气工程及其自动化、机电一体化等专业的教材使用。

图书在版编目（CIP）数据

西门子 S7-200 PLC 轻松学 / 黄义定编著. —北京：电子工业出版社，2018.4
（工控技术精品丛书）
ISBN 978-7-121-33833-5

Ⅰ. ①西… Ⅱ. ①黄… Ⅲ. ①PLC 技术 Ⅳ. ①TM571.61

中国版本图书馆 CIP 数据核字（2018）第 045678 号

策划编辑：陈韦凯
责任编辑：陈韦凯
印　　刷：北京七彩京通数码快印有限公司
装　　订：北京七彩京通数码快印有限公司
出版发行：电子工业出版社
　　　　　北京市海淀区万寿路 173 信箱　邮编　100036
开　　本：787×1 092　1/16　印张：14.25　字数：364.8 千字
版　　次：2018 年 4 月第 1 版
印　　次：2021 年10月第 4 次印刷
定　　价：49.00 元

凡所购买电子工业出版社图书有缺损问题，请向购买书店调换。若书店售缺，请与本社发行部联系，联系及邮购电话：（010）88254888，88258888。

质量投诉请发邮件至 zlts@phei.com.cn，盗版侵权举报请发邮件至 dbqq@phei.com.cn。

本书咨询联系方式：bjcwk@163.com。

前　言

随着半导体技术、计算机技术和通信技术的发展，PLC 应运而生，至今已有 40 多年的历史，如今它在工业控制领域得到了广泛的应用。

控制技术日新月异的进步促进了 PLC 的不断发展。PLC 技术现在有两个发展趋势：一是朝着大型、高速、多功能和多层分布式全自动网络化方向发展，这类 PLC 一般为多处理器系统，有较大的存储能力和功能很强的输入/输出接口，用于大型复杂的工业控制系统；二是朝着小型、简易、价格低廉的方向发展，这类 PLC 可以广泛地取代继电器控制系统，用于单机控制和规模较小的自动化生产线控制。

本书作者结合近 20 年的 PLC 教学和应用经验，系统地阐述了西门子 S7-200 PLC 的工作原理，以及控制系统的结构、设计方法、实际应用及其网络通信等。

如何通过本书达到入门、会用的效果，作者提出几点建议供读者参考。

（1）先要学习第 1 章的概述，通过第 1 章的学习，使读者对 PLC 有个简单的了解，同时也明白了 PLC 控制与继电器控制的区别和联系，另外，对于 PLC 的主要应用和目前主要的生产厂家有所了解。

（2）由于本书是针对初级入门读者，有必要对第 2 章的电气基础有所了解，对于常用的低压电器，特别是控制按钮、行程开关，以及继电器和接触器的工作原理和应用要搞明白。

（3）第 3 章的内容可先大致浏览，等掌握第 4 章、第 5 章的内容后再回头仔细阅读第 3 章也可以。对于不同的读者可以选择不同的编程语言，若完全是零基础的话，可以选择从梯形图语言入手；若有其他编程语言基础的话，可以从语句表语言入手；若是一个过程控制工程师的话，可以选择逻辑功能图语言。此时可以把 PLC 的编程软件安装在 PC 上，同时可以实现这三种语言之间的转换，这也是本书中第 7 章的内容。

（4）对于第 5 章的 PLC 指令可以按照本书的先后顺序来学习，同时可以参考书中的指令应用实例，边学习指令边进行操作，这样效果会好些。

（5）掌握了前面几章内容之后，就可以设计一些简单的控制系统了，根据第 6 章设计控制系统的步骤，再加上该章的经典电路、经验设计方法及顺序控制设计方法，就可以把该章中的实例完全操作一遍了。

（6）对于第 8 章的网络通信知识，读者在实际使用过程中，随时查阅即可。

本书语言简练、通俗易懂，内容由浅入深，注重理论和实际应用相结合。书中的实例来自作者的理论教学、实验教学、课程设计和毕业设计指导，从事本课程教学的教师可以将有关实例经过改编后应用在各个教学环节中。

本书提供 PPT 作为学习辅助参考，读者可登录华信教育资源网（www.hxedu.com.cn）查找本书免费下载（该网站须先注册才可下载资源）。

为了适合不同层次读者的需要，本书尽量做到难易结合，每一个实例都给出注释，以便读者更好地理解。为了体现解决问题的多种思路，在有些例子中给出了几种不同的编程方法，以便读者了解不同指令的编程特点。

本书在编写过程中参考了有关资料，在此对参考文献的作者表示衷心的感谢。

由于作者水平和时间所限，本书疏漏和不当之处在所难免，敬请读者批评、指正！

编著者
2018 年 1 月

目　录

第1章　PLC概述

主要内容

（1）什么是PLC。
（2）PLC的产生和发展。
（3）PLC的工作原理。
（4）PLC的主要应用。
（5）PLC的生产厂家。

1.1　什么是PLC

PLC是Programmable Logic Controller的缩写，意思就是可编程逻辑控制器。其实这是早期的PLC，由于它仅仅是用来进行逻辑控制的，所以称为可编程逻辑控制器。但是随着微电子技术的发展，开始采用微处理器作为PLC的中央处理单元，使PLC不仅可以进行逻辑控制，而且可以进行模拟量的控制。所以在1980年美国电器制造协会（NEMA）又重新命名为可编程控制器（Programmable Controller），但是为了避免和个人计算机（PC，Personal Computer）混淆，继续沿用PLC。

上面只是对它的字面意思的解释，那到底什么是可编程控制器呢？它的定义是可编程控制器是一种数字运算的电子系统，是专为工业环境下应用而设计的。它采用可编程的存储器，用来在其内部存储执行逻辑运算、顺序控制、定时、计数和算术运算等操作的指令，并通过数字式或模拟式的输入和输出，控制各种机械或生产过程。

对于这个定义有几点说明。

（1）PLC是一种数字运算的电子系统。这样就限制了它的范围，是在数字运算范围内的电子系统，和其他的电子系统就分开了。也许大家会想到个人计算机也是数字运算的电子系统，为什么不能用呢？这就是它定义的第二部分。

（2）专为工业环境应用而设计的。个人计算机一般是在室温下应用的，而PLC是在工业环境下应用的，它的抗恶劣环境能力强，可以应用在高温下、沙漠中和海洋里等。

（3）控制各种机械或生产过程。PLC并不能做什么高级的工作，主要是做些机械的、生产性的活动。

（4）它采用可编程的存储器，用来在其内部存储执行逻辑运算、顺序控制、定时、计数和算术运算等操作的指令（这里主要是讲PLC的运行，主要是运行这些指令）。

通过上面对这个定义的理解，头脑中一定会形成这样一个印象，PLC并不是一个简单的器件，而是一个软件加硬件的结合，它的程序（软件）是核心部分，硬件主要是在外部用来控制机械或者生产过程。可以把 PLC 想象为就是放在某个地方能够用来做控制的东西。

PLC 与单片机有什么区别呢？

（1）PLC 更注重于工业应用，对于防干扰、设备接口、联网、模块化都有完善的技术支撑，使用更简单，但成本高。

（2）单片机技术含量高，使用灵活但是工作量很大，对于抗干扰、模块化要求低，成本低廉，应用广泛。特别适合开发消费电子、商业应用的电子、玩具、家电等。

（3）PLC 是建立在单片机之上的产品，单片机是一种集成电路，两者不具有可比性。

（4）单片机可以构成各种各样的应用系统，从微型、小型到中型、大型都可以，PLC 是单片机应用系统的一个特例。

（5）不同厂家的 PLC 有相同的工作原理，类似的功能和指标，有一定的互换性，质量有保证，编程软件正朝标准化方向迈进。这正是 PLC 获得广泛应用的基础。而单片机应用系统则是八仙过海，各显神通，功能千差万别，质量参差不齐，学习、使用和维护都很困难。

最后，从工程的角度，谈谈 PLC 与单片机系统的选用。

（1）对单项工程或重复数极少的项目，采用 PLC 方案是明智、快捷的途径，成功率高，可靠性好，但成本较高。

（2）对于量大的配套项目，采用单片机系统具有成本低、效益高的优点，但这要有相当的研发力量和行业经验才能使系统稳定、可靠地运行。最好的方法是将单片机系统嵌入 PLC，这样可大大简化单片机系统的研制时间，使性能得到保障，效益也就有保证。

那么，PLC 到底是哪里来的呢？下面就看本章的第二个问题。

1.2 PLC 的产生和发展

早期的控制系统都是继电器控制系统，但是到了 20 世纪 60 年代和 70 年代，继电器控制的缺点就暴露出来了。当然它是有很多优点的，简单易懂、操作方便、价格便宜（例如，一些常开常闭触点、线圈，就这些简单的符号就能表达一个系统，让别人一看简单易懂。在操作方面都是些按钮，操作简便，继电器价格也便宜）。到现在为止并不是说继电器已经完全抛弃了或者不用了，但是主要是用在一些小的系统上。

如果是在一些比较大的系统，对于继电器控制来说，就存在明显的缺点，如接线比较复杂（见图 1-1）、生产工艺变化的适应性较差等，特别是它是靠硬连线逻辑构成的系统（硬连线就是一般的导线）。对于这些情况大家会想到如果能用程序来修改不就更好了吗？这就是后来的 PLC。

在 20 世纪 60 年代到 70 年代，计算机系统也得到了发展，它优点就是功能完备、灵活性、通用性好。特别是计算机的计算能力特别强。在这个时候，有人就会想到把继电器系统和计算机系统二合一，计算机系统编程容易、计算速度快，就内置在继电器系统上，而继电器系统操作方便就负责外围的设备。提出这种设想的是 1968 年美国的通用汽车公司，当时主要是为它生产汽车而考虑的，但是他们对计算机不是很了解。到了 1969 年，美国数字设备公司研制出了世界上第一台 PLC，型号称为 PDP-14。图 1-2 是德国西门子公司的 S7-200。

图 1-1 继电器控制系统

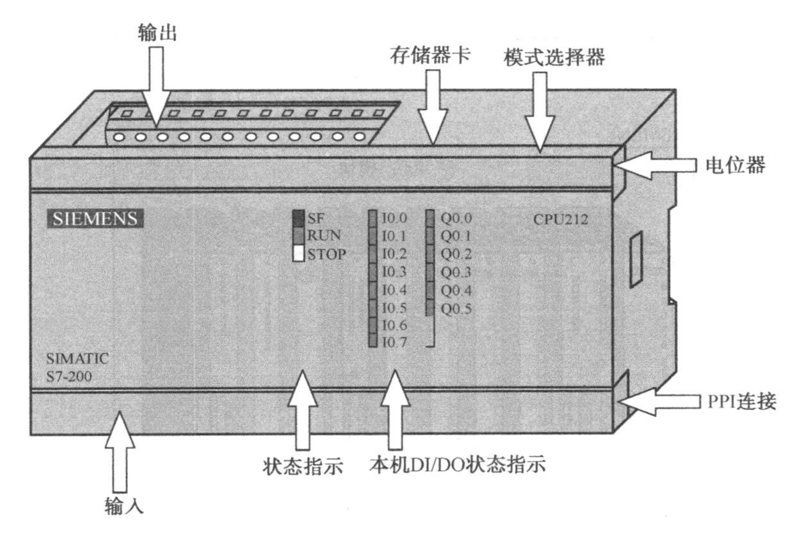

图 1-2 S7-200

（1）模式选择器。用于手动选择操作模式：

STOP = 停机模式；不执行程序

TERM = 运行程序；可以通过编程器进行读/写访问

RUN = 运行程序；通过编程器仅能进行读操作

状态指示器 SF =系统错误；CPU 内部错误

（LED） RUN =运行模式；绿灯

STOP = 停机模式；黄灯

DP = 分布式 I/O（仅对 CPU 215）

（2）存储器卡。存储器卡的插槽。存储器卡用来在没有供电的情况下不需要电池就可以保存用户程序。

（3）PPI 连接。编程设备、文本显示器或其他的 CPU 通过这里连接。

图 1-3 和图 1-4 所示是德国西门子公司的 S7-300 及 S7-400 PLC。

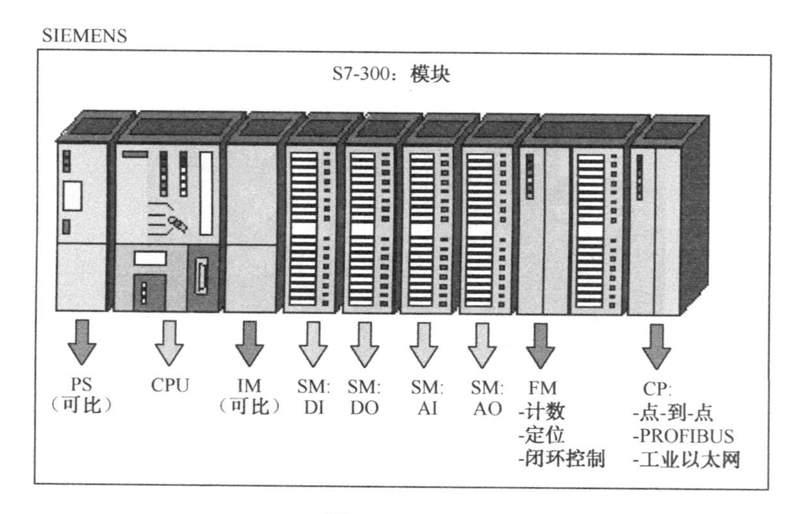

图 1-3　S7-300

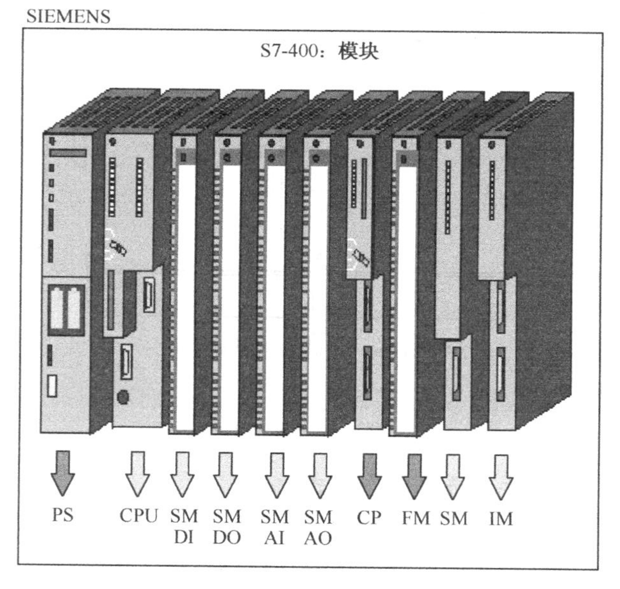

图 1-4　S7-400

到目前为止，PLC 的发展经历了五个阶段：

第一阶段：从第一台 PLC 到 20 世纪 70 年初期，CPU 是采用中小规模集成电路，存储器为磁芯存储器（抗电磁干扰能力差）。

第二阶段：20 世纪 70 年代初期到 70 年代末期。CPU 是采用微处理器，存储器是 EPROM。

第三阶段：20 世纪 70 年代末期到 80 年代中期。CPU 采用 8 位和 16 位微处理器，有些还采用多微处理器。存储器采用 EPROM 、EAROM 、CMOS RAM。

第四阶段：20 世纪 80 年代中期到 90 年代中期。PLC 全面采用 8 位、16 位的微处理芯片的位片式芯片，处理速度达到 1ns/步。

第五阶段：20世纪90年代中期到现在。PLC采用16位和32位微处理芯片，有的已经使用RISC芯片。

PLC的发展与PC的发展相比较是落后一点，主要原因不是CPU装不上去，而是PLC的发展一定要和外围设备的发展相配套。

PLC会向哪个方向发展呢？

同计算机的发展类似，目前，可编程序控制器正朝着两个方向发展。

一是朝着小型、简易、价格低廉的方向发展。如OMRON公司的CQM1、SIEMENS公司的S7-200一类可编程序控制器，2009年又推出了S7-1200，SIEMENS公司将会把最新的通信和控制技术应用在S7-1200这款产品上，同样，SIEMENS也将会用S7-1200这款产品强力打造全球PLC中低端市场。这种可编程序控制器可以广泛地取代继电器控制系统，用于单机控制和规模比较小的自动化生产线控制。

二是朝着大型、高速、多功能和多层分布式全自动网络化方向发展。这类可编程序控制器一般为多处理器系统，有较大的存储能力和功能很强的输入/输出接口。系统不仅具有逻辑运算、计时、计数等功能，还具备数值运算、模拟调节、实时监控、记录显示、计算机接口、数据传送等功能，还能进行中断控制、智能控制、过程控制、远程控制等。通过网络可以与上位机通信，配备数据采集系统、数据分析系统、彩色图像系统的操纵台，可以实现自动化工厂的全面要求。它会向高速度、大容量方向发展。目前很多已经使用64位RISC芯片，多CPU并行、分时、分任务处理，这样速度可以达到ns级。2013年西门子推出SIMATIC S7-1500，该系列专为中高端设备和工厂自动化设计。

大中型CPU的扫描速度在0.2ms/K步。

目前PLC最大容量是几百千字节（KB），最大是几兆字节（MB）。

1.3 PLC的工作原理

在讲述PLC工作原理之前我们先来看看继电器控制的例子，如图1-5所示。

1. 采用继电器控制

图1-5（a）是它的控制原理图，图1-5（b）是一个电动机主电路图，也就是它的接线图。上面接的是电源，这个符号是熔丝标志，电源可以得到过滤，不会出现过载现象。虚线表示是联动开关，表明这三个开关一起动作。通过接线连接下面两个电动机M1和M2。KM1和KM2也是联动开关，在实际中就是强电开关，就是我们平时见到的闸刀开关，是手动方式操作的。如果采用继电器控制的话，KM1和KM2作为被控对象，用一个线圈的通和断，也就是1和0来决定开关KM1的通和断。从这个图中我们可以设计两个线圈KM1和KM2，通过线圈的吸合作用来实现对该电路的控制。这就是继电器控制。

图1-5（a）并不是一个完整的控制电路图，只是一个电路控制原理图。看到的并不是它的实际摆放图。先看图中的几个符号，SB1、SB2是按钮，SB1表示常开，SB2表示常闭，这都是在初始状态下的状况。KM1、KM2是接触器，KT是时间继电器。从图1-5（a）中

可以看到，有两个 KM1，右边的 KM1 表示一个线圈，通过它的吸合作用来决定左边的 KM1 的通和断，也就是右边的 KM1 起主动作用，左边的是被控对象。同样，KT 也是一样的，只不过它是在一定的时间延时之后才可以导通，图中显示的是 10s，也就是在 KT 通电 10s 时间后，开关 KT 才可以闭合。

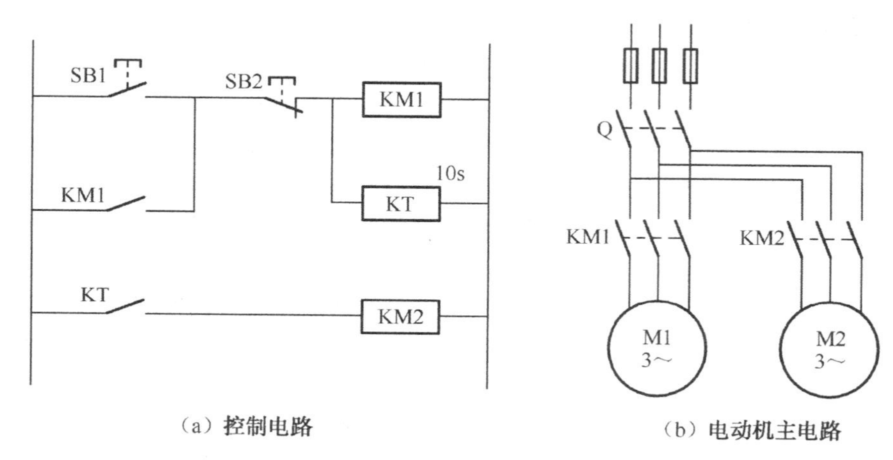

（a）控制电路　（b）电动机主电路

图 1-5　采用继电器控制

下面看它是如何工作的。按下 SB1，因为 SB2 是常闭的，KM1 是通的，开关 KM1 被吸合，所以电动机 M1 就转动了。这个时候 KT 也是通的，但是开关 KT 是在 10s 之后才会被吸合，这个时候 KM2 才是通的，所以 M2 才会转动。从上面的过程中我们可以看出，通过一个开关 SB1 实现了两个电动机的启动。

从上面的过程中可以看出 SB2 好像没有用。其实它可以在这里实现两个电动机的停止。当我们按下 SB2 时，图 1-5（a）中右边的支路是断的，所以 M1 就停止了。那么这个时候 M2 会不会在 10s 之后停止？不会。因为支路一断电后，开关 KT 马上就断开了，并不像通电时的吸合过程要在 10s 之后。不过，也可以这样理解，SB2 是放在主干路上，当然可以同时实现对 M1 和 M2 的停止。

从这个简单的例子中，我们可以看到使用一个开关实现对两个电动机的启动，使用另外一个开关实现对两个电动机的停止。

既然 PLC 控制比继电器控制优越，那么怎么用 PLC 进行控制呢？下面我们来一一介绍。

2. 采用 PLC 控制

从图 1-6 中我们可以看到，比刚才的图 1-5 简单了不少。我们知道 PLC 控制是继电器控制和计算机控制的结合。继电器控制是负责外围的设备，计算机是负责里面的程序。在图 1-6 中，左边是输入，右边是输出，核心部分是里面的程序。这里强调一点就是上面仅仅显示的是输入/输出的连线问题，并不代表输入/输出的联系，它们之间的联系是通过中间的程序体现出来的。刚才我们知道 SB1 可以控制 KM1 和 KM2 来实现两个电动机的启动，SB2 实现两个电动机的停止。这个是留给我们的程序来做的，下面来看看我们的程序是如何设计的？

其实左边部分和右边部分刚才已经看到了，上面的 I0.0 和 I0.1 只是开关 SB1 和 SB2 的代号，把它转换成两个线圈了，但是编程用户并不把它当成 SB1 和 SB2，它们只是和程序之间有个对应关系罢了。比较一下图 1-5 的继电器控制和图 1-7 的 PLC 控制，其实它们基本上是一样的，只不过刚才采用的是继电器控制中的常开和常闭符号，现在采用的是梯形图中的常开和常闭符号。它们的工作原理是一样的。例如，当我们按下开关 SB1 后，线圈 I0.0 导通，通过吸合作用使梯形图中的常开闭合，I0.1 本来就是闭合的，Q0.0 线圈是导通的，所以开关 KM1 吸合，M1 启动。10s 之后，开关 T37 吸合，线圈 Q0.1 是导通的，所以开关 KM2 吸合，M2 启动。

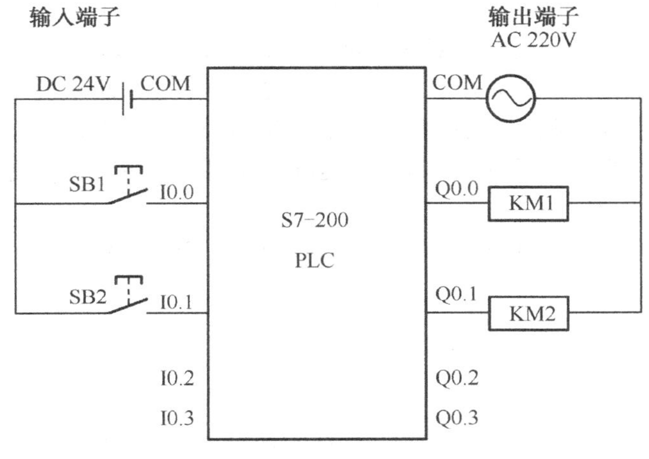

图 1-6　采用 PLC 控制

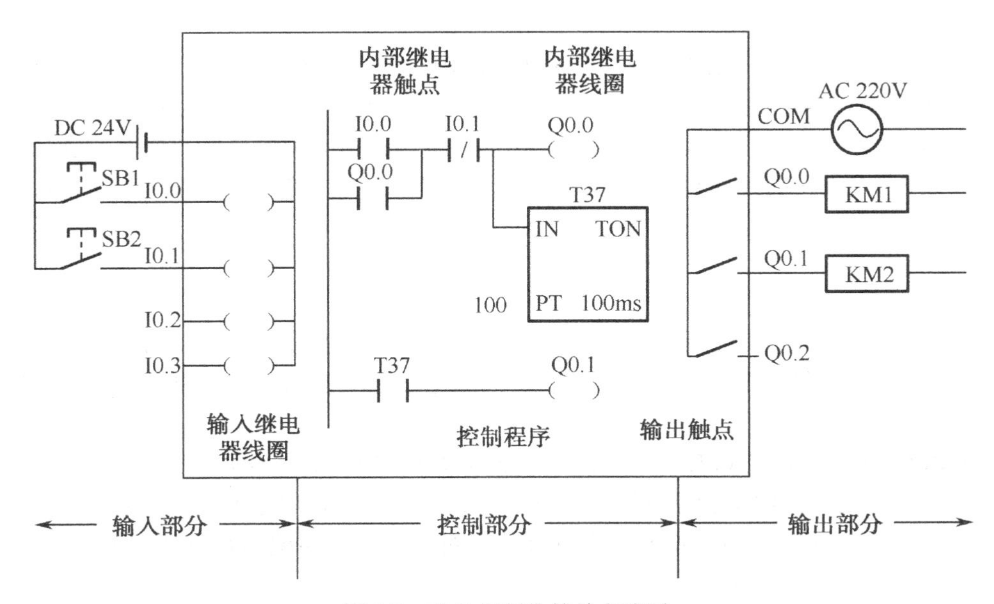

图 1-7　PLC 控制的等效电路图

停止过程也一样。细心的人可以看到，图 1-5 的继电器控制里面 SB2 是常闭的，在图

1-7 的 PLC 控制里面是常开的。这是由 PLC 的特性所决定的，就是说，所有的开关在刚开始都是开的。看着好像逻辑有问题，但是只要在编写程序时把 SB2 作为常闭就可以了，只是它的连接线是常开罢了。这样的一个好处就是把连接线和控制电路分开了。这样有三个好处：

（1）接线时就只注意哪些是输入，哪些是输出。

（2）设计程序时方便。如果它是常闭就设计成常闭，是常开就设计成常开。

（3）I0.1 和常闭符号之间只差一个非。如果 0 代表常开，则非 0 就代表常闭。NOT I0.1 代表常闭。

我们再来看看图 1-7，SB1 是启动按钮，SB2 是停止按钮，现在如果把 SB1 作为停止按钮，SB2 是启动按钮，我们没有必要管外面的连线，只需要修改里面的程序就可以了。这就是它比继电器控制有优势的地方了。如果对于比较复杂的系统来说，要重新换一种方法时，如果是继电器控制的话，要拔掉多少根线，然后再要连接多少根线。可是对于 PLC 控制来说只要修改其中的部分程序就可以了。这样不仅对设计带来了方便，而且可靠性也得到了提高。

从这个简单的例子我们可以看出，对于以后我们进行 PLC 控制设计时，主要有两个方面：

◆ 分配 I/O 接口。

◆ 设计程序。

3. PLC 控制原理简述

（1）当按下 SB1 时，输入继电器 I0.0 的线圈通电，I0.0 的常开触点闭合，使输出继电器 Q0.0 的线圈得电，Q0.0 对应的硬输出触点闭合，KM1 得电，M1 开始运转，同时，Q0.0 的一个常开触点闭合并自锁。

（2）时间继电器 T37 的线圈通电开始延时，10s 后 T37 的常开触点闭合，输出继电器 Q0.1 的线圈得电，Q0.0 对应的硬输出触点闭合，KM2 得电，M2 开始运转。

（3）当按下 SB2 时，输入继电器 I0.1 的线圈通电，I0.1 的常闭触点断开，Q0.0、T37 的线圈均断电，Q0.1 的线圈也断电，Q0.0、Q0.1 两个硬输出触点随之断开，KM1、KM2 断电，M1、M2 停转。

4. 小结

本节通过对一个简单的电路分别实现继电器控制和 PLC 控制，从而使大家明白几个问题：

（1）继电器控制和 PLC 控制的优、缺点（继电器连线繁杂，更换麻烦，而 PLC 比较方便）。

（2）PLC 控制和接线（PLC 控制是软件控制和硬件控制的结合）。

（3）接线（对于接线不管是常开还是常闭，只有在控制程序里面才给予考虑）。

（4）控制程序（是按照一定的流程进行的。对于一个程序编写得好坏、能不能运行关键是对程序的流程理解得对不对）。

1.4 PLC的主要应用

1. 开关量的控制

开关量的逻辑控制是PLC控制最基本的控制。目前，PLC控制的首先目标就是开关量的控制。它取代传统的继电器电路，实现逻辑控制、顺序控制，既可以用于单台设备的控制，也可以用于多机群控及自动化流水线。如注塑机、印刷机、订书机械、组合机床、磨床、包装生产线、电镀流水线等。

2. 模拟量的闭环控制

PLC厂家都生产配套的A/D、D/A转换模块，可以处理模拟量（温度、压力、流量、液位和速度等），从而实现对模拟量的控制。

3. 数据采集和监控

PLC具有数学运算（含矩阵运算、函数运算、逻辑运算）、数据传送、数据转换、排序、查表、位操作等功能，可以完成数据的采集、分析及处理。这些数据可以与存储在存储器中的参考值比较，完成一定的控制操作，也可以利用通信功能传送到别的智能装置，或将它们打印制表。数据处理一般用于大型控制系统，如无人控制的柔性制造系统；也可用于过程控制系统，如造纸、冶金、食品工业中的一些大型控制系统。

4. 通信联网和集散控制

随着计算机控制的发展，工厂自动化网络发展很快，各PLC厂商都十分重视PLC的通信功能，纷纷推出各自的网络系统。最新生产的PLC具有RS-232、RS-422、RS-485或现场总线等通信接口，可进行远程I/O控制，实现多台PLC联网和通信。

在系统构成时，可由一台计算机与多台PLC构成“集中管理、分散控制”的分布式控制网络，以便完成较大规模的复杂控制。

1.5 PLC的生产厂家

德国西门子公司SS系列的产品，有SS-95U、100U、115U、135U及155U。135U、155U为大型机，控制点数可达6000多点，模拟量可达300多路。还推出了S7系列机，有S7-200（小型）、S7-300（中型）及S7-400机（大型）。

日本OMRON公司的CPM1A型机，P型机，H型机，CQM1、CVM、CV型机，Ha型、F型机等，大、中、小、微均有，特别在中、小、微方面更具特长，在中国及世界市场，都占有相当的份额。

美国通用电气公司的GE-Ⅱ系列PLC。GE公司的代表产品是小型机：GE-1、GE-1/J、GE-1/P；中型机：GE-Ⅲ；大型机：GE-V。

美国莫迪康公司（施耐德）的984机也是很有名的。其中，E984-785可安装31个远程站点，总控制规模可达 63535 点。小的为紧凑型，如 984-120，控制点数为 256 点，在最大与最小之间，共 20 多个型号。

美国 AB（Alien-Bradley）公司创建于 1903 年，在世界各地有 20 多个附属机构，10 多个生产基地。可编程控制器也是它的重要产品。它的 PLC-5 系列是很有名的，有 PLC-5/10～PLC-5/250 多种型号。另外，也有微型 PLC，SLC-500 即为其中一种。有三种配置，有 20、30 及 40I/O 配置选择，I/O 点数分别为 12/8、18/12 及 24/16 三种。

日本三菱公司的 PLC 也是较早推广到我国来的。其小型机 F1\F2\FX 系列在国内用得很多，它的大中型机为 A 系列、QnA 系列、Q 系列等。

日本日立公司也生产 PLC，其 E 系列为箱体式的。基本箱体有 E-20、E-28、E-40、E-64。其 I/O 点数分别为 12/8、16/12、24/16 及 40/24。另外，还有扩展箱体，规格与主箱体相同，其 EM 系列为模块式，可在 16～160 之间组合。

日本东芝公司也生产 PLC，其 EX 小型机及 EX-PLUS 小型机在国内也用得很多。它的编程语言是梯形图，其专用的编程器用梯形图语言编程。另外，还有 EX100 系列模块式 PLC，点数较多，也是用梯形图语言编程。

日本松下公司也生产 PLC。FPI 系列为小型机，结构也是箱体式的，尺寸紧凑；FP3 为模块式的中型机，控制规模也较大，工作速度也很快，执行基本指令仅 0.1ms；FP5/FP10、FP10S（FP10 的改进型）、FP20 为大型机，其中 FP20 是最新产品。

日本富士公司也有 PLC。其 NB 系列为箱体式的小型机。NS 系列为模块式。

我国有许多厂家、科研院所从事 PLC 的研制与开发，如中国科学院自动化研究所的 PLC-0088，北京联想计算机集团公司的 GK-40，上海机床电器厂的 CKY-40，上海起重电器厂的 CF-40MR/ER，苏州电子计算机厂的 YZ-PC-001A，原机电部北京机械工业自动化研究所的 MPC-001/20、KB-20/40，杭州机床电器厂的 DKK02，天津中环自动化仪表公司的 DJK-S-84/86/480，上海自立电子设备厂的 KKI 系列，上海香岛机电制造有限公司的 ACMY-S80、ACMY-S256，无锡华光电子工业有限公司（合资）的 SR-10、SR-20/21 等。

第 2 章　电气基础

主要内容

（1）低压电器。

（2）控制按钮与行程开关。

（3）接触器与继电器。

设备不仅要有驱动（动力）装置，而且还需要一套控制装置，即各类电器，用于实现各种工艺要求。对电能的生产、输送、分配和使用起控制、调节、检测、转换及保护作用的电工器械称为电器。

电器分为低压电器和高压电器。一般情况下，把工作在交流电压 1200V 或直流电压 1500V 及以下的电路中起通断、保护、控制或调节作用的电器产品称为低压电器。

2.1　低压电器的分类

1. 按用途分类

（1）控制电器：用于各种控制电路和控制系统的电器，如接触器、继电器等。

（2）主令电器：用于自动控制系统中发送控制指令的电器，如按钮、行程开关等。

（3）保护电器：用于保护电路及用电设备的电器，如熔断器、热继电器等。

（4）配电电器：用于电能的输送和分配的电器，如低压断路器、隔离器等。

（5）执行电器：用于完成某种动作或传动功能的电器，如电磁铁、电磁离合器等。

2. 按工作原理分类

（1）电磁式电器：根据电磁感应原理来工作的电器，如交直流接触器、各种电磁式继电器等。

（2）非电量控制器：电器的工作是靠外力或某种非电物理量的变化而动作的电器，如刀开关、行程开关、按钮、速度继电器、压力继电器、温度继电器等。

3. 按操作方式分类

（1）自动电器：时间继电器、速度继电器等。

（2）手动电器：按钮、刀开关、转换开关等。

4．按触点类型分类

（1）有触点电器：继电器、接触器、行程开关等。

（2）无触点电器：固态继电器、接近开关等。

2.2 控制按钮

控制按钮是用来短时接通或者分断小电流电路的控制电器；是发出控制指令或者控制信号的电器开关；是一种手动且一般可以自动复位的主令电器。用于对电磁起动器、接触器、继电器及其他电气线路发出指令信号控制。

在控制电路中，通过按动按钮发出相关的控制指令来控制接触器、继电器等电器。再由继电器、接触器等其他电器受控后的工作状态实现对主电路进行通断的控制要求。

控制按钮常分为常开（动合）按钮、常闭（动断）按钮和复合按钮，如图 2-1 所示。

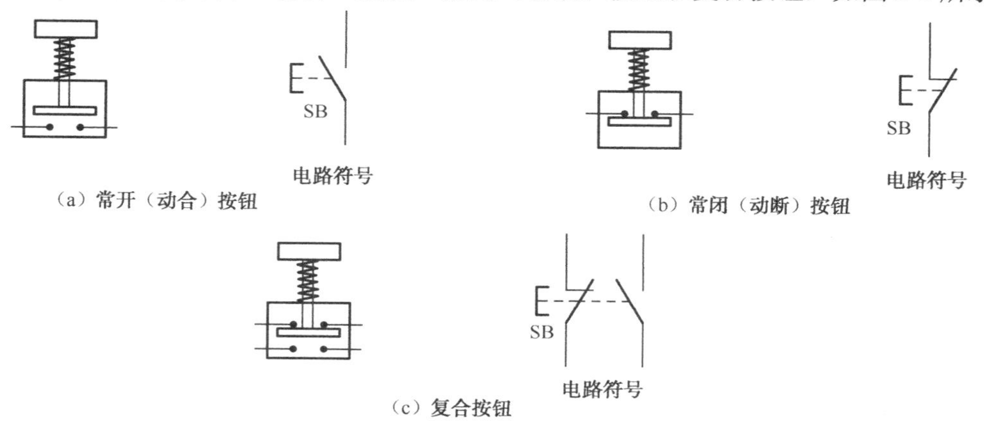

图 2-1　控制按钮的图形符号和电路符号

为了标明各个按钮的作用，避免误操作，通常将按钮帽做成不同的颜色以示区别，其颜色有红、橘红、绿、黑、黄、蓝、白等颜色。一般以橘红色表示紧急停止按钮；红色表示停止按钮；绿色表示启动按钮；黄色表示信号控制按钮，如图 2-2 所示。

图 2-2　控制按钮的实物图片

2.3 行程开关

根据生产机械的移动距离发出控制指令以控制其运行方向或移动距离长短的主令电器，称为行程开关。

若将行程开关安装于生产机械行程中的某一点处，以限制其行程，则称为限位开关或位置开关。

行程开关广泛用于各类机床和起重机械中以控制其行程。其作用与按钮开关相同。只是其触点的动作不是靠手动来完成，而是利用生产机械运动部件的碰撞使其触点动作来接通或者分断电路，从而限定机械运动的行程、位置或改变机械运动部件的运动方向或状态，达到自动控制的目的。例如，行车运动到终端位置自动停车，工作台在指定区域内的自动往返移动，都是由运动部件运动的位置或行程来控制的，这种控制称为行程控制。

2.3.1 行程开关的结构分类

1. 直动式行程开关

动作原理同按钮类似，所不同的是，一个是手动；另一个则由运动部件的撞块碰撞。当外界运动部件上的撞块碰压按钮使其触点动作，当运动部件离开后，在弹簧作用下，其触点自动复位。

直动式行程开关结构原理图如图2-3所示，其动作原理与按钮开关相同，但其触点的分合速度取决于生产机械的运行速度，不宜用于速度低于0.4m/min的场所。

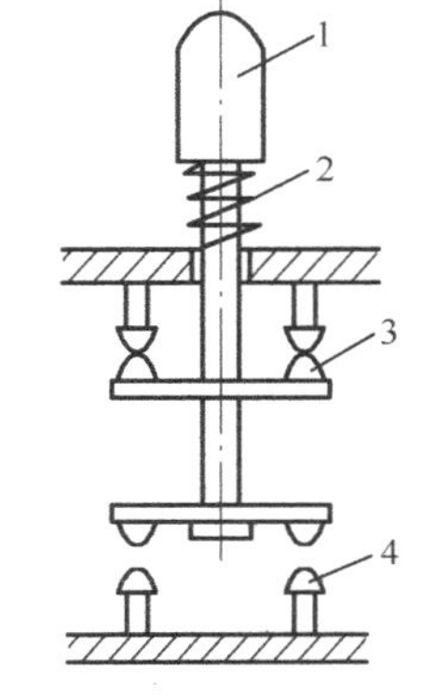

1—推杆；2—弹簧；3—动断触点；4—动合触点

图2-3 直动式行程开关结构原理图

2. 滚轮式行程开关

当运动机械的挡铁（撞块）压到行程开关的滚轮上时，传动杠连同转轴一同转动，使凸轮推动撞块，当撞块碰压到一定位置时，推动微动开关快速动作。当滚轮上的挡铁移开后，复位弹簧就使行程开关复位。这种是单轮自动恢复式行程开关。而双轮旋转式行程开关不能自动复原，它是依靠运动机械反向移动时，挡铁碰撞另一滚轮将其复原。

滚轮式行程开关结构原理图如图2-4所示，当被控机械上的撞块撞击带有滚轮的撞杆时，撞杆转向右边，带动凸轮转动，顶下推杆，使微动开关中的触点迅速动作。当运动机械返回时，在复位弹簧的作用下，各部分动作部件复位。

注意：

滚轮式行程开关又分为单滚轮自动复位和双滚轮（羊角式）非自动复位式，双滚轮行移开关具有两个稳态位置，有“记忆”作用，在某些情况下可以简化线路。

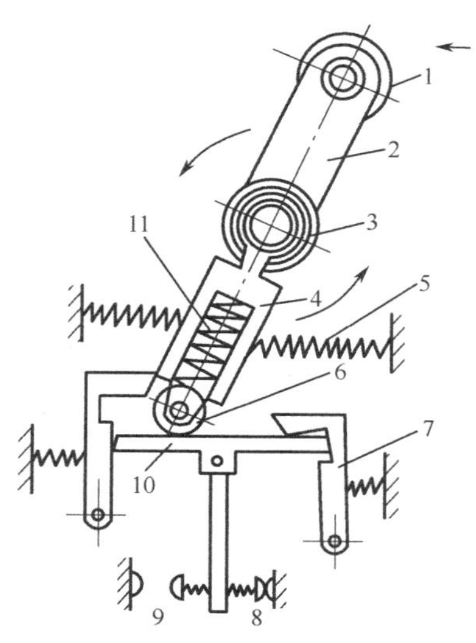

1—滚轮；2—上转臂；3、5、11—弹簧；4—套架；6—滑轮；7—压板；8、9—触点；10—横板

图 2-4　滚轮式行程开关结构原理图

3. 微动式行程开关

微动式行程开关是对操作力和行程要求很小的行程开关，如图 2-5 所示。

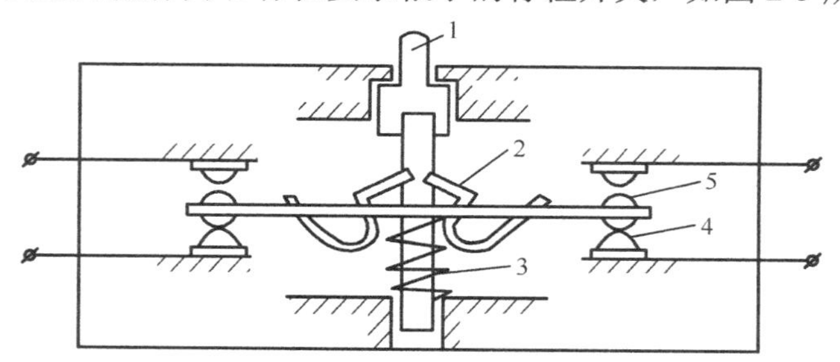

1—推杆；2—弹簧；3—压缩弹簧；4—动断触点；5—动合触点

图 2-5　微动式行程开关

2.3.2　行程开关的用途

1. 用于日常生活

行程开关的应用方面很多，很多电器里面都有它的身影。这么简单的开关能起什么作用？它主要是起连锁保护的作用。最常见的例子莫过于在洗衣机和录音机（录像机）中的应用了。

在洗衣机的脱水（甩干）过程中转速很高，如果此时有人由于疏忽打开洗衣机的门或盖后，再把手伸进去，很容易对人造成伤害，为了避免这种事故的发生，在洗衣机的门或盖上装了个电接点，一旦有人开启洗衣机的门或盖时，就自动把电动机断电，甚至还要靠机械办法联动，使门或盖一打开就立刻“刹车”，强迫转动着的部件停下来，免得造成人身伤害。

在录音机和录像机中，我们常常使用到快进或者倒带，磁带急速地转动，但是当到达磁带的端点时会自动停下来。在这里行程开关又一次发挥了作用，不过这一次不是靠碰撞而是靠磁带张力的突然增大引起动作的。

2. 用于工业

行程开关主要用于将机械位移转变成电信号，使电动机的运行状态得以改变，从而控制机械动作或用作程序控制。

行程开关真正的用武之地是在工业上，在那里它与其他设备配合，组成更复杂的自动化设备。

机床上有很多这样的行程开关，用它控制工件运动或自动进刀的行程，避免发生碰撞事故。有时利用行程开关使被控物体在规定的两个位置之间自动换向，从而得到不断的往复运动。例如，自动运料的小车到达终点碰到行程开关，接通了翻车机构，就把车里的物料翻倒出来，并且退回到起点。到达起点之后又碰到起点的行程开关，把装料机构的电路接通，开始自动装车。这样下去，就成了一套自动生产线，用不着人管，夜以继日地工作，节省了人的体力劳动。

2.4 接近开关

接近开关又称无触点行程开关，是理想的电子开关量传感器。当检测体接近开关的感应区域，开关就能无接触、无压力、无火花、迅速发出电气指令，准确反映出运动机构的位置和行程，即使用于一般的行程控制，其定位精度、操作频率、使用寿命、安装调整的方便性和对恶劣环境的适用能力，是一般机械式行程开关所不能相比的。它广泛地应用于机床、冶金、化工、轻纺和印刷等行业。在自动控制系统中可作为限位、计数、定位控制和自动保护环节。接近开关具有使用寿命长、工作可靠、重复定位精度高、无机械磨损、无火花、无噪声、抗振能力强等特点。因此，接近开关的应用范围日益广泛，其自身的发展和创新的速度也是极其迅速。

2.4.1 接近开关的工作原理

接近开关是一种无接触式物体检测装置，当被测物接近其工作面并达到一定距离时，不论检测物体是运动的还是静止的，接近开关都会自动的发出物体接近而动作的信号，而不像机械式行程开关那样需要机械碰撞。

2.4.2 接近开关的分类

接近开关按工作原理一般分为电感式和电容式两种。

电感式接近开关的感应头是一个具有铁氧体磁芯的电感线圈，只能用于检测金属体。振荡器在感应头表面产生一个交变磁场，当金属块接近感应头时，金属中产生的涡流吸收了振荡的能量，使振荡减弱以至停振，因而产生振荡和停振两种信号，经整形放大器转换成二进制的开关信号，从而起到开、关的控制作用。

电容式接近开关的感应头是一个圆形平板电极，与振荡电路的地线形成一个分布电容，当有导体或其他介质接近感应头时，电容量增大使振荡器停振，经整形放大器输出电信号。电容式接近开关既能检测金属，又能检测非金属及液体。

接近开关按供电方式可分为直流型和交流型，按输出形式又可分为直流两线制、直流三线制、直流四线制、交流两线制和交流三线制。

1. 两线制接近开关

两线制接近开关安装简单，接线方便；应用比较广泛，但却有残余电压和漏电流大的缺点。

2. 直流三线式

直流三线式接近开关的输出型有 NPN 和 PNP 两种，20 世纪 70 年代日本产品绝大多数是 NPN 输出，西欧各国 NPN、PNP 两种输出型都有。PNP 输出接近开关一般应用在 PLC 或计算机作为控制指令较多，NPN 输出接近开关用于控制直流继电器较多，在实际应用中要根据控制电路的特性进行选择其输出形式。图 2-6 是接近开关的类型。

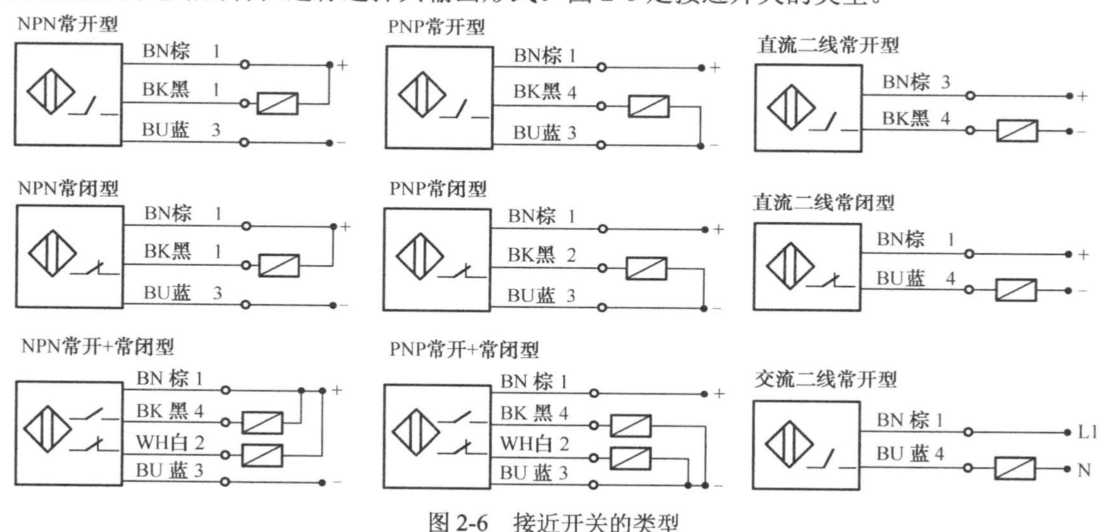

图 2-6　接近开关的类型

2.4.3　接近开关的功能

1. 检验距离

检测电梯、升降设备的停止、启动、通过位置；检测车辆的位置，防止两物体相撞检测；检测工作机械的设定位置，移动机器或部件的极限位置；检测回转体的停止位置，阀门的开或关位置；检测气缸或液压缸内的活塞移动位置。

2. 尺寸控制

金属板冲剪的尺寸控制装置；自动选择、鉴别金属件长度；检测自动装卸时堆物高度；检测物品的长、宽、高和体积。

3. 检测物体存在与否

检测生产包装线上有无产品包装箱；检测有无产品零件。

4. 转速与速度控制

控制传送带的速度；控制旋转机械的转速；与各种脉冲发生器一起控制转速和转数。

5. 计数及控制

检测生产线上流过的产品数；高速旋转轴或盘的转数计量；零部件计数。

6. 检测异常

检测瓶盖有无；产品合格与不合格判断；检测包装盒内的金属制品缺乏与否；区分金属与非金属零件；产品有无标牌检测；起重机危险区报警；安全扶梯自动启停。

7. 计量控制

产品或零件的自动计量；检测计量器、仪表的指针范围而控制数或流量；检测浮标控制测面高度、流量；检测不锈钢桶中的铁浮标；仪表量程上限或下限的控制；流量控制、水平面控制。

2.4.4 接近开关的选用

对于不同的材质的检测体和不同的检测距离，应选用不同类型的接近开关，使其在系统中具有高的性能价格比，为此在选型中应遵循以下原则：

（1）当检测体为金属材料时，应选用高频振荡型接近开关，该类型接近开关对铁镍、A3 钢类检测体检测最灵敏。对铝、黄铜和不锈钢类检测体，其检测灵敏度就低。

（2）当检测体为非金属材料时，如木材、纸张、塑料、玻璃和水等，应选用电容型接近开关。

（3）金属体和非金属要进行远距离检测和控制时，应选用光电型接近开关或超声波型接近开关。

（4）对于检测体为金属时，若检测灵敏度要求不高时，可选用价格低廉的磁性接近开关或霍尔式接近开关。

接近开关的实物如图 2-7 所示。

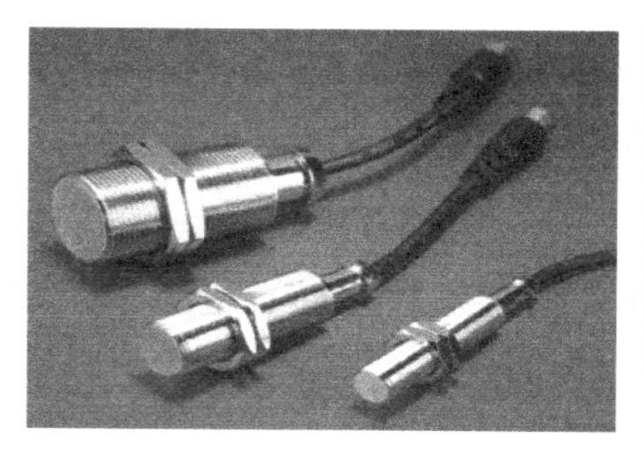
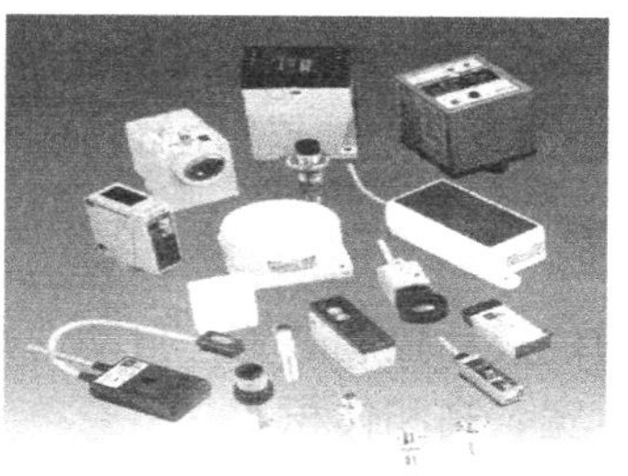

图 2-7　接近开关的实物

2.5　接触器

接触器是一种接通或切断电动机或其他负载主电路的自动切换电器。它是利用电磁力使开关打开或断开的电器，适用于频繁操作、远距离控制强电电路，并具有低压释放的保护性能。接触器通常分为交流接触器和直流接触器，如图 2-8 所示。

（a）交流接触器

（b）直流接触器

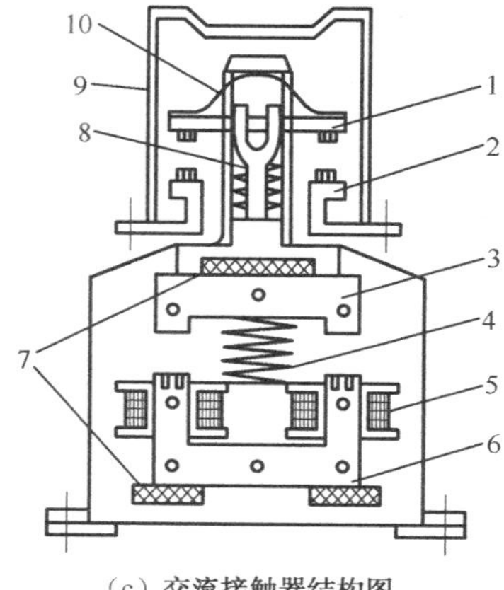

（c）交流接触器结构图

1—动触点；2—静触点；3—衔铁；4—缓冲弹簧；5—电磁线圈；6—铁芯；

7—垫毡；8—触点弹簧；9—灭弧罩；10—触点压力簧片

图 2-8　接触器的实物和结构图

接触器主要结构由电磁机构、触点系统、灭弧机构、回位弹簧力装置、支架与底座等组成。

接触器的工作原理（见图 2-9）：当线圈得电后，衔铁被吸合，带动三对主触点闭合，接通电路，辅助触点也闭合或断开；当线圈失电后，衔铁被释放，三对主触点复位，电路断开，辅助触点也断开或闭合。

接触器有关符号如图 2-10 所示。

（1）接触器主触头——用于主电路（流过的电流大，需加灭弧装置）。

（2）接触器辅助触头——用于控制电路（流过的电流小，无需加灭弧装置）。

（3）接触器线圈——连接于控制电路。

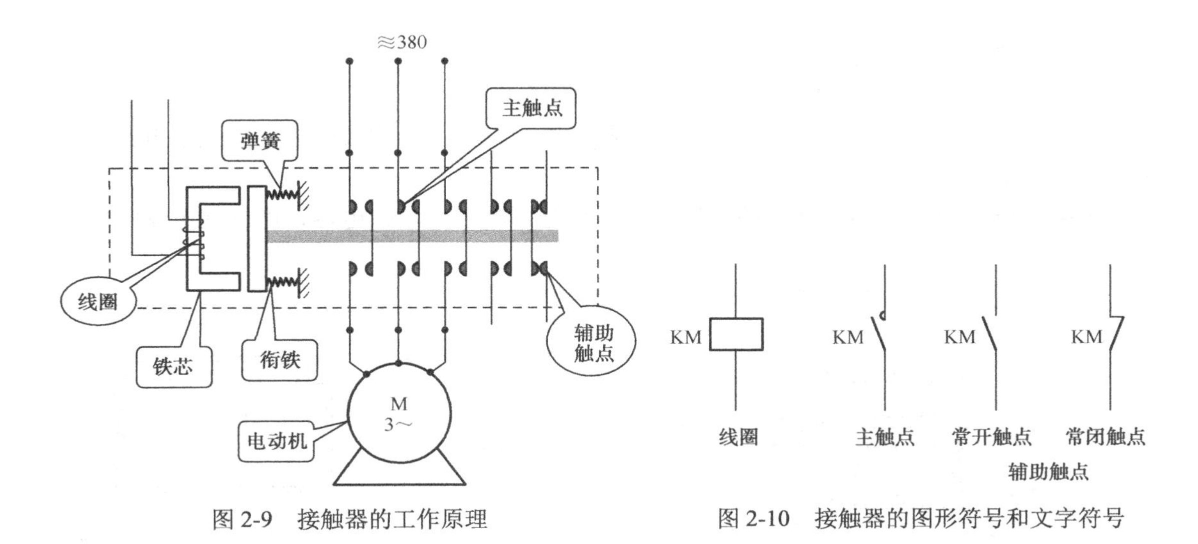

图 2-9 接触器的工作原理

图 2-10 接触器的图形符号和文字符号

2.6 继电器

继电器是一种根据电量（电压、电流等）或者非电量（温度、时间、转速、压力）等信号的变化带动触点动作，来接通或断开所控制的电路或者电器，以实现自动控制和保护电路或电器设备的电器。

它具有输入电路（又称感应元件）和输出电路（又称执行元件），当感应元件的输入量（如电流、电压、频率、温度等）变化达到某一定值时，继电器动作，执行元件便接通或断开控制电路，如图 2-11 所示。

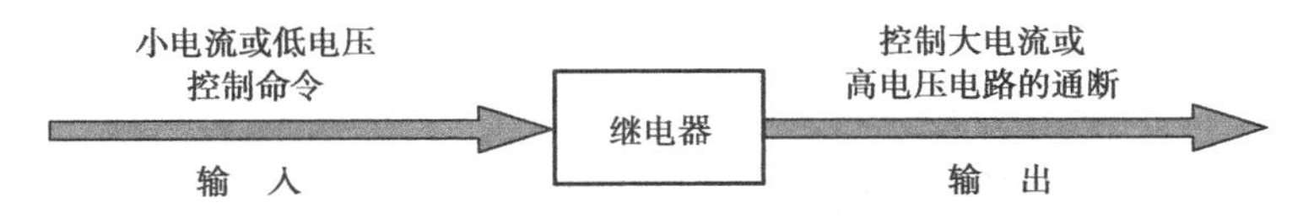

图 2-11 继电器工作方框图

继电器接收并执行控制电路发出的指令，用低电压小电流信号，控制高电压或电流的工作设备，实现“以低控高”、“以小控大”的作用。

2.6.1 继电器的分类

（1）按输入信号分为电流继电器、电压继电器、功率继电器、速度继电器、压力继电器、温度继电器等。

（2）按工作原理分为电磁型继电器、感应型继电器、整流型继电器、静态型继电器、热继电器等。

（3）按用途分为测量继电器与辅助继电器。

（4）按输出形式分为有触点继电器和无触点继电器。

电磁式继电器是以电磁吸合力为驱动动力源的继电器。

电磁式继电器所配装的电磁线圈有交流和直流两种，各自构成交流电磁式继电器和直流电磁式继电器。

电磁式继电器配装不同功能的电磁线圈后可分别制成电流继电器、电压继电器和中间继电器。

电磁继电器结构如图 2-12 所示，其控制电动机电路图如图 2-13 所示。

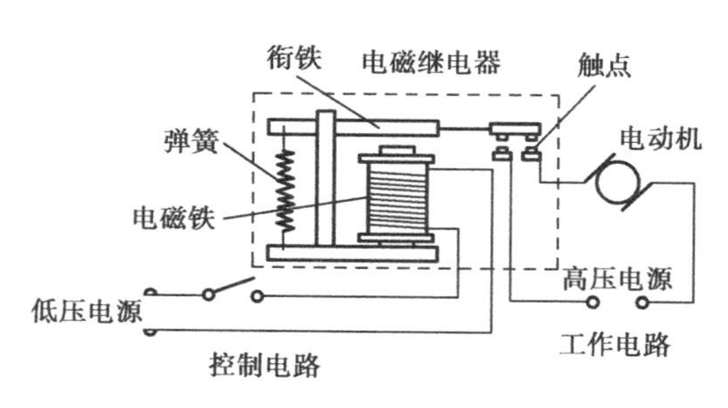

图 2-12　电磁继电器结构

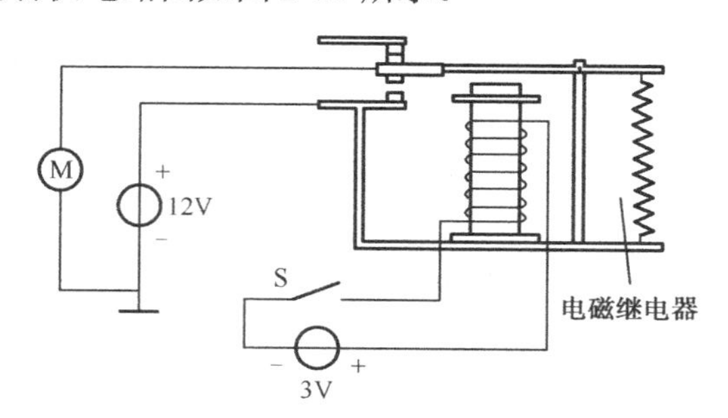

图 2-13　电磁继电器控制电动机电路图

当线圈两端加上一定的电压时，线圈中就会流过一定的电流，产生电磁效应，衔铁在电磁力吸引的作用下克服返回弹簧的拉力吸向铁芯，带动衔铁的动触点与常开触点吸合。

当线圈断电后，电磁的吸力也随之消失，衔铁就会在弹簧的反作用力返回原来的位置，使动触点与原来的常闭触点释放。这样吸合、释放，从而达到了在电路中的导通、切断的目的。

继电器的工作原理与接触器的一样，主要是触点容量不同，继电器触点容量较小，触头只能通过小电流，主要用于控制电路，没有灭弧装置，可在电量或非电量的作用下动作；接触器触点容量大，触头可以通过大电流，用于主回路较多，有灭弧装置，一般只能在电压作用下动作。

2.6.2　继电器的继电特性

继电特性是继电器的主要特性，又称输入/输出特性。如图 2-14 所示，当继电器输入量 x 由零增至 x_2 以前，输出量 y 为 0，当 $x=x_2$ 时，继电器动作，$y=y_1$，若 x 再增大，y 保持不变，当 x 减小至 x_1，继电器返回，$y=0$，x 再减小时，y 均为 0。x_2 称为继电器动作值。欲使继电器动作，输入量 x 必须大于或等于此值；x_1 为继电器返回值，欲使继电器返回，输入量 x 必须小于或等于此值。

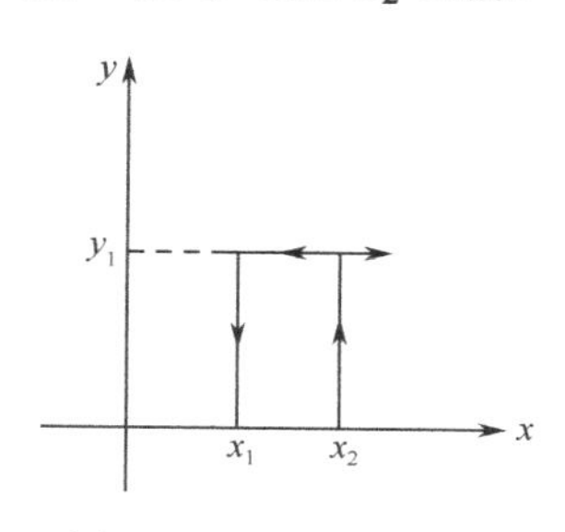

图 2-14　继电特性曲线

$k=x_1/x_2$ 称为继电器的返回系数，是继电器重要参数之一，k 值应该是可以调节的，不同场合要求不同 k 值。例如，一般要求 $k=0.1\sim0.4$，当继电器动作后，输入量波动较大不致引起误动作。而电压继电器则要求高的返回系数，k 值一般在 0.6 以上。

继电器有两个重要参数。

（1）动作时间：指从线圈接收电信号到衔铁完全吸合所需时间。

（2）返回时间：指从线圈失电到衔铁完全释放所需时间。

一般继电器的动作、返回时间为0.05～0.15s，快速继电器则为0.005～0.05s。

2.6.3 几种常见类型的继电器

1. 电流继电器

电流继电器用作继电保护的测量元件，串接于被测电路中，反应被保护元件的电流变化；电流继电器线圈匝数少、导线粗、阻抗小。

电流继电器有过电流、欠电流两种类别。

（1）过电流继电器：输入电流为(70%～300%)I_e时吸合（直流）；

输入电流为(110%～400%)I_e时吸合（交流）。

（2）欠电流继电器：输入电流为(30%～65%)I_e时吸合，低至(10%～20%)I_e时释放。

正常情况下，欠电流继电器始终是吸合的，而过电流继电器始终是断开的。

2. 电压继电器

电压继电器并接于被测电路中，是以电压为特征量的测量继电器；电压继电器线圈匝数多、导线细、阻抗大。

电压继电器有过电压、低电压两种类别。

（1）过电压继电器：输入电压为(105%～120%)U_e时吸合。

（2）低电压继电器：输入电压低至(30%～50%)U_e时释放。

正常情况下，低电压继电器始终是吸合的，而过电压继电器始终是断开的。

3. 中间继电器

中间继电器在控制电路中，有时为了增加触点的数量或增大触点的控制容量，需要使用中间继电器；触点数量多、容量大，以扩展前级继电器触点或触点负载容量，起到中间放大的作用。

4. 时间继电器

时间继电器作为一种辅助继电器，在接收到动作（释放）信号后不是立即动作，而是经过固定的时间才改变其输出状态。

时间继电器延时方式有两种。

（1）通电延时：接收输入信号后延时一定的时间，输出信号才发生变化，当输入信号消失后，输出瞬时复原。

（2）断电延时：接收输入信号时，瞬时产生相应的输出信号，当输入信号消失后，延时一定的时间，输出才复原。

5. 热继电器

热继电器通常应用在电动机保护场合。

热继电器利用电流的热效应原理，当其测量元件被加热到一定程度时动作，在出现电动机不能承受的过载时切断电源，为电动机提供过载保护。

热继电器能够根据过载电流的大小自动调整动作时间，具有反时限保护特性，过载电流越大，动作时间越短。

2.6.4 继电器应用实例

1. 电动机的点动控制（见图 2-15）

合上开关 Q，按下启动按钮 SB2，KM 线圈通电，松开启动按钮 SB2，KM 线圈断电，电动机停止工作。

问题一：

如何能使电动机既可以点动又可以连续工作呢？我们只需要修改下控制电路，如图 2-16 所示。

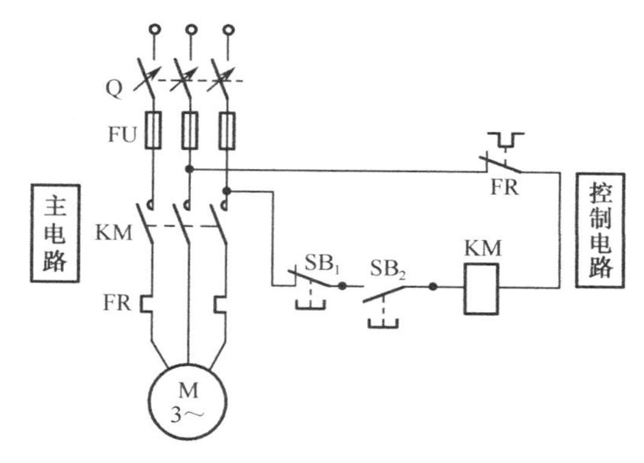

图 2-15 电动机的点动控制

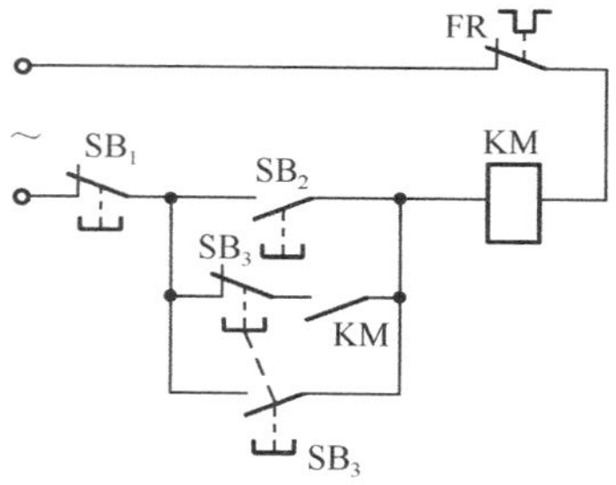

图 2-16 既能连续工作又能点动的控制电路

在这里，按下连续工作启动按钮 SB2，KM 得电吸合并自保，电动机连续运转。

点动按钮 SB3 有如下作用：

（1）使接触器线圈 KM 通电。

（2）使线圈 KM 不能自锁。

（3）电动机实现点动控制。

点动时，按下 SB3，电机运转，自锁触点不起作用。

问题二：

如何实现两地同时控制一台电动机？

只需要将两启动按钮并联，两停止按钮串联，如图 2-17 所示。

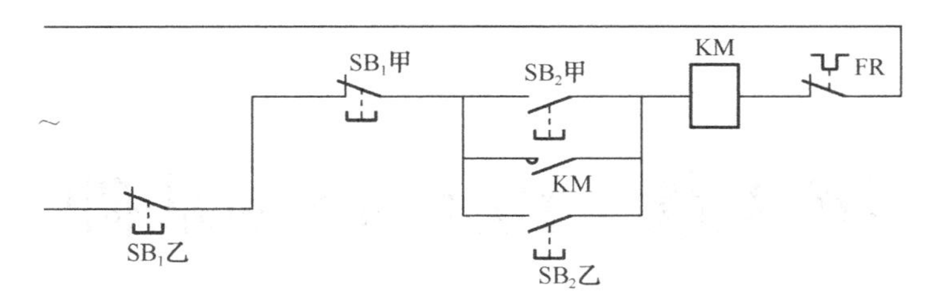

图 2-17 甲乙两地同时控制一台电动机的电路图

2. 电动机的顺序控制

在实际生产生活中，一些情况下需要多台电动机有顺序地启动。如锅炉房控制柜的引风电动机和鼓风电动机，引风电动机不开时，鼓风电动机就不能工作；当引风电动机工作时，鼓风电动机可以工作。

在井下皮带运输中，前一部皮带不开，后一部就不能开，否则，将会出现堆煤现象。

问题三：

如何实现电动机的顺序启动控制呢？如图 2-18 所示。

1）控制顺序

M_1 启动后 M_2 才能启动。M_2 不能单独启动，但能单独停止。锅炉房的引风电动机与鼓风电动机就是这种情况。

2）启动过程

按下 SB_1，M_1 转动，再按下 SB_2，M_2 转动。

问题四：

如果 M_1 启动后 M_2 才能启动。M_2 既不能单独启动，也不能单独停止，该如何实现？如图 2-19 所示。

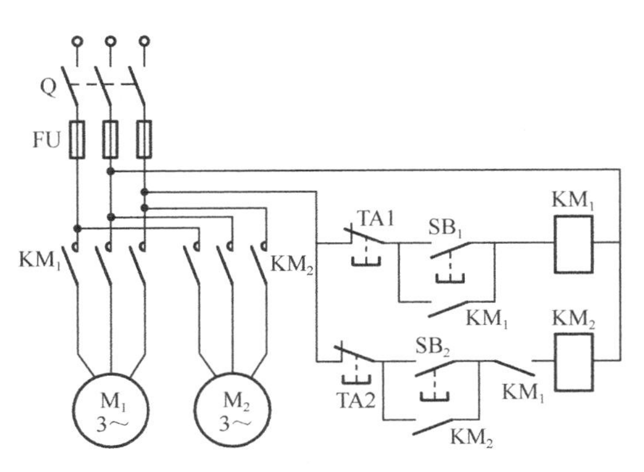

图 2-18 电动机的顺序控制

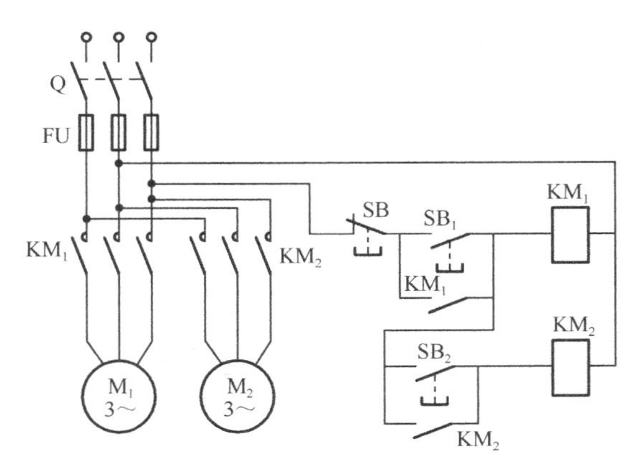

图 2-19 电动机的顺序控制

第 3 章　PLC 控制基础

主要内容

（1）PLC 的基本组成。

（2）各个部分的作用。

（3）PLC 控制原理。

由第 1 章我们知道 PLC 控制是继电器控制和计算机控制结合的联合体。它主要分为外部连线和内部程序设计两部分。外部连线很简单，但是内部的程序是什么样子呢？我们从本章开始学习它的内部结构，然后再学习它内部的程序、流程等概念。首先来看 PLC 控制系统的基本组成。

3.1　PLC 的基本组成

按照结构形式的不同，PLC 可以分为整体式和组合式。

什么是整体式呢？就像我们去买计算机，是买组装机还是兼容机。整体式是指所有的部件都装在一个盒子里面，不是指有了整体之后就再也不能和外面连线了。买了品牌机之后同样可以接调制解调器，还可以接电视机、音响之类。也就是说，它的基本部分都包括了，其他部分还是可以扩展的。组装机组装的时候是任意组装的，并没有规定什么牌子和什么牌子组装。在 PLC 组装机时，它是依靠一个总线来连接各个部件的，如图 3-1 所示。

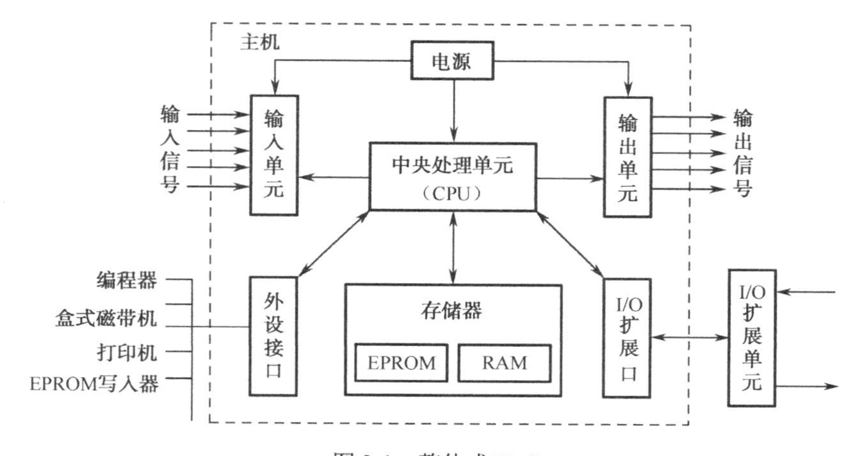

图 3-1　整体式 PLC

1．整体式 PLC

看到图 3-1，就会想到微机的组成图，除了没有输入单元和输出单元外，其他的单元都有电源、CPU、外设接口（鼠标、键盘）、I/O 扩展口（网卡、声卡、显卡、数据采集卡）。存储器相当于微机里面的硬盘，它是来存放系统数据和用户数据的。它包括硬盘、光驱、软驱、内存（SDRAM、RAM、DDRAM）。微机的主板相当于连线，把电源、CPU 存储器等连接起来。CPU 用于重要数据的计算、比较，送数据、取数据都是由它控制。

一般小型 PLC 多为整体式结构。小型 PLC 的 CPU、电源、I/O 单元都集中配置在一起。有些产品则全部装在一块电路板上，结构紧凑、体积小、重量轻、容易装配在设备的内部，适合于设备的单机控制。整体式 PLC 的缺点是主机的 I/O 点数固定，使用不够灵活，维修也不够方便。

要注意以下几点：

（1）输入和输出信号线只能接在上面的输入和输出部分。

（2）输入信号、输出信号和 CPU 之间并不是直接连线的，它们之间是通过一个寄存器连接的。数据过来之后就先存储在这个寄存器里面。然后从寄存器里面取数据。这样从外部取数据和从寄存器取数据做的结果是不一样的。外部的输入信号是实时的，而寄存器里面的信号是周期性的。

2．组合式 PLC（见图 3-2）

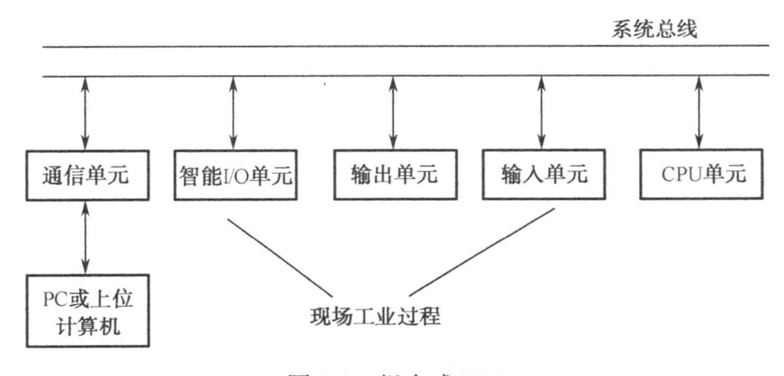

图 3-2　组合式 PLC

整体式的内容在图 3-2 上都有，只不过图 3-2 上面的这条线是系统总线。就是利用这条系统总线把所有的单元都挂在上面。不像我们刚才看到的整体式结构，很像计算机的主板。

这可以由网络这个例子来推理。我们不可能把所有的计算机都联网，只是在它需要的时候才拉一根网线。这些网线就相当于图 3-2 上面的箭头线。下面的每一项就相当于每一台计算机，只是每一台计算机的功能不一样而已。系统总线就相当于 HUB、GATE、ROUTE 路由器。

有了对整体式和组合式 PLC 的认识，我们下面来学习每一部分的作用。

3.2 各部分的作用

3.2.1 中央处理单元（CPU）

CPU 起主控作用，主要有以下几点：

（1）接收并存储从编程器输入的用户程序和数据。编程器如图 3-3 所示，是用来编写程序的，它是通过一个连线和 PLC 连接的，每次输入，CPU 都是要干预的。在 PLC 运行时不可以编写程序，必须停下来之后才可输入程序。

图 3-3 编程器

（2）诊断电源、PLC 内部电路的工作状态和编程的语法错误。

（3）用扫描的方式接收输入信号，送入 PLC 的数据存储器保存起来。

（4）PLC 进入输入状态之后，根据存放的先后顺序，逐条读取用户程序，进行解释和运行，完成用户程序中规定的各种操作。

（5）将用户程序的执行结果送至输出端。

现代 PLC 使用的 CPU 有以下几种：

（1）通用微处理器，例如，8080、6800、Z80A、8086 等。通用微处理器价格便宜，通用性好。这些都是奔腾前面几代的（主要是考虑到可靠性问题，抗电磁电容，发热小）。

（2）单片机，如 8051 等。由于单片机集成度高，体积小、价格低和扩充性好。很适合在小型 PLC 上使用，也广泛用于 PLC 的智能 I/O 模块（编程容易，易于扩展）。

（3）位片式微处理器，如 AMD2900 系列等。位片式微处理器是独立于微型机的另一分支。它主要追求运算速度，以 4 位为一片。用几个位片级联，可以组成任意字长的微处理器（用的不是很多，主要是价格贵）。

3.2.2 存储器

1. PLC 系统的存储器分类

根据存储器在系统中的作用，可以分为以下三种。

1）系统程序存储器

系统有哪些部件，这些部件有什么功能？它包括监视程序、管理程序、命令解释程序、功能子程序、系统诊断程序等。这些都是制造商将其固化在 EPROM 中，用户不能直接存取。系统 RAM 存储器包括 I/O 映像区和各类软设备，如各种逻辑线圈、数据存储器、计时器、定时器、累加器等。

2）用户系统存储器

根据控制要求而编制的应用程序称为用户程序。小型的 PLC 的存储容量一般在 8KB 字节以下。

3）工作数据存储器

工作数据是 PLC 运行过程中经常变化、经常存取的临时数据，存放在 RAM 中，以适应随机存取的要求。

2. PLC 中常用的存储器类型

1）RAM（Random Assess Memory）

这是一种读/写存储器（随机存储器），其存取速度最快，由锂电池支持。

2）EPROM（Erasable Programmable Read Only Memory）

这是一种可擦除的只读存储器。在断电情况下，存储器内的所有内容保持不变（在紫外线连续照射下可擦除存储器内容）。

3）EEPROM（Electrical Erasable Programmable Read Only Memory）

这是一种电可擦除的只读存储器。使用编程器就能很容易地对其所存储的内容进行修改。

3.2.3 I/O 单元

PLC 与被控对象之间传送输入/输出信号的接口部件，输入/输出单元有良好的电隔离和滤波功能。

1. 开关量输入单元

1）直流输入单元（见图 3-4）

虚线部分是输入电路，左边的是连线。当开关闭合时，电流通过 R_1，右边的一个发光二极管具有单向导电性，导通之后电阻为零，照射右边的光电三极管；下面的一个发光二极管作为显示灯用。三极管导通之后，R_3 的上面显示为 5V，通过滤波，显示为高电平。

那么，其他的元件是不是没有用呢？（刚才的直流方向是从左到右，也可以按照从右到左，电源方向与原来的相反，就是图 3-4 中最左边的虚线部分。）

电容 C 和电阻 R_2 的作用：在直流电刚开和刚断的时候有个冲击，电容 C 可以把高频部分去掉，如果有交流电的话就可以产生振动，在 R_2 上消耗掉。

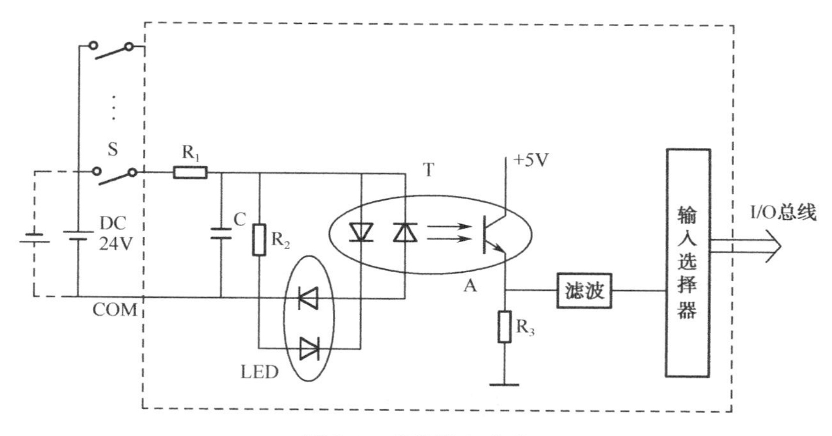

图 3-4　直流输入电路

三极管下面的电阻 R_3 作用：第一，起保护作用，当三极管导通时，就短路了；第二，不能悬空，如果悬空就不能激发。

不能把直流换成交流（隔离的目的是要将两股需要与对方通信的电流隔离。可透过光电耦合器将电子信号转换成光，到了另一端再将光转换回电信号。用此方法，就可将两股电流完全隔离）。

光电耦合器是以光为媒介传输电信号的一种电—光—电转换器件。它由发光源和受光器两部分组成。把发光源和受光器组装在同一密闭的壳体内，彼此间用透明绝缘体隔离。发光源的引脚为输入端，受光器的引脚为输出端，常见的发光源为发光二极管，受光器为光敏二极管、光敏三极管等。光电耦合器的种类较多，常见的有光电二极管型、光电三极管型、光敏电阻型、光控晶闸管型、光电达林顿型、集成电路型。

光电耦合器输入端用加电信号使发光源发光，光的强度取决于激励电流的大小，此光照射到封装在一起的受光器后，因光电效应而产生了光电流，由受光器输出端引出，这样就实现了电—光—电的转换。

2）交流输入单元（见图 3-5）

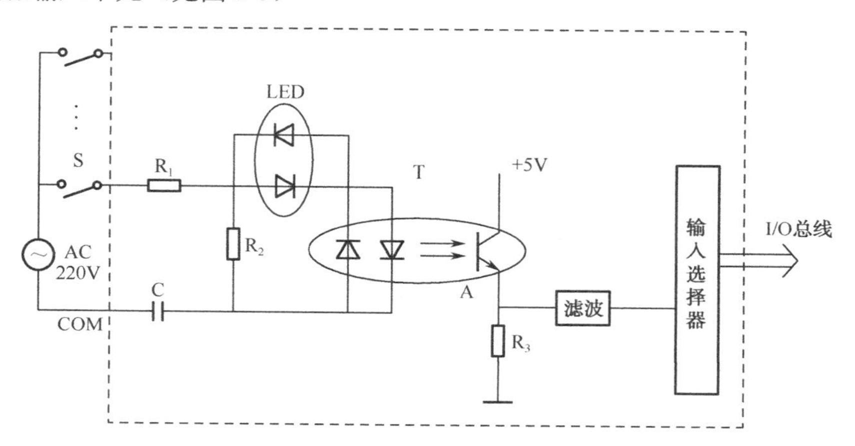

图 3-5　交流输入电路

2. 开关量输出单元

1）晶体管输出单元（见图 3-6）

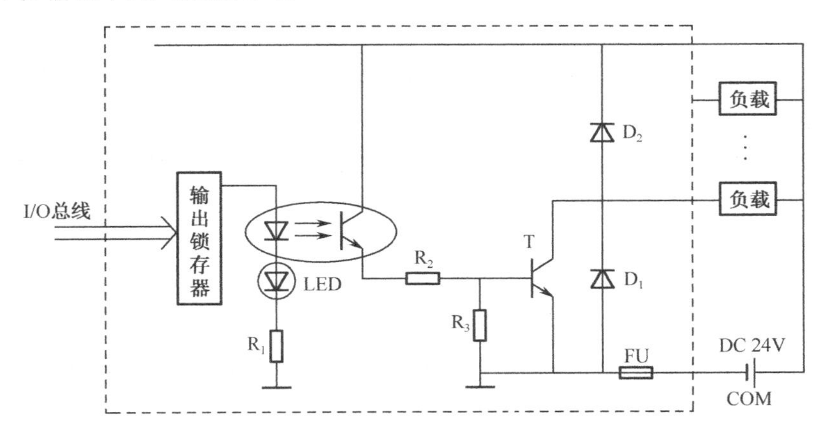

图 3-6　晶体管输出电路

2）双向晶闸管输出单元（见图 3-7）

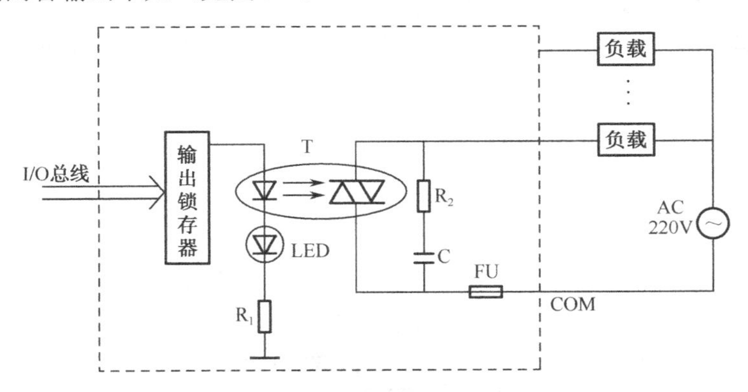

图 3-7　双向晶闸管输出电路

3）继电器输出单元（见图 3-8）

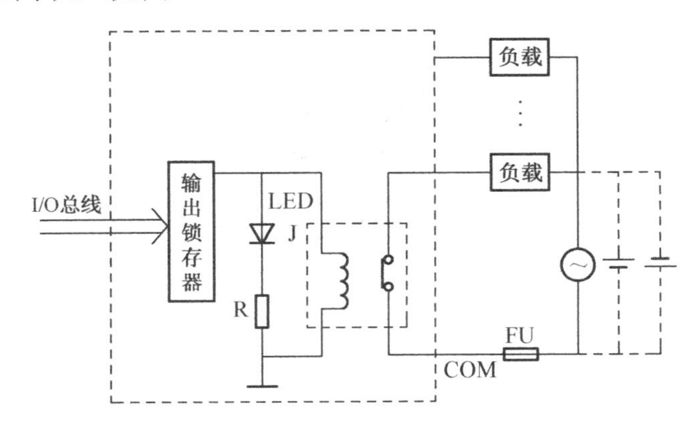

图 3-8　继电器输出电路

刚才的晶体管和晶闸管都是些无触点的开关，这里是有触点的。

3.2.4 智能单元

智能单元本身就是一个独立的计算机系统，它有自己的 CPU、系统程序、存储器及与外界相连的接口。

目前，常用的已经开发的智能单元有 A/D 单元、D/A 单元、高速计数单元、位置控制单元、PID 控制单元、温度控制单元和各种通信单元。

3.2.5 编程工具

编程工具主要用来编辑程序、调试程序和监控程序的执行，还可以在线测试 PLC 的内部状态和参数，与 PLC 进行人—机对话。

1. 专用编程器

（1）简易编程器（编程简单，要编写语句，价格便宜）。

（2）图形编程器（可以把梯形图直接编写进去，价格昂贵，相当于简易编程器的 10～20 倍）。

2. 计算机辅助编程（见图 3-9）

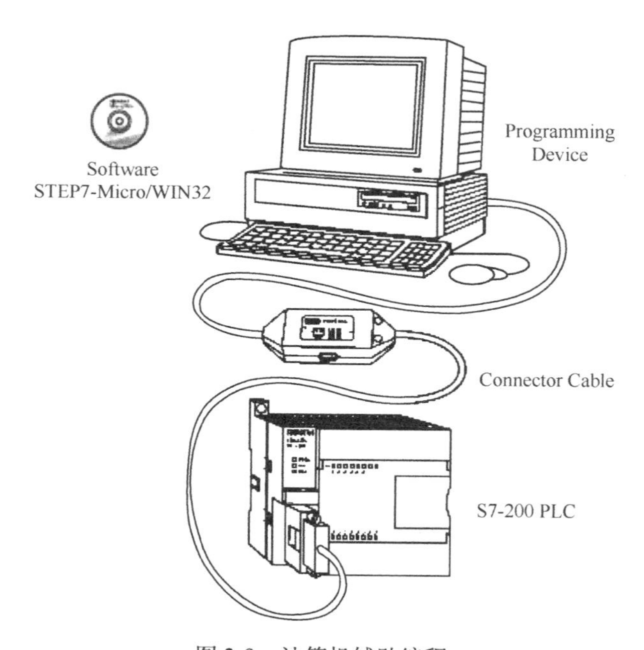

图 3-9　计算机辅助编程

3.2.6　其他外部设备

PLC系统还可只有如下外部设备：

（1）人-机接口——又称操作员接口，用来实现操作员和PLC之间的对话和交互作用。

（2）外存储器。

（3）打印机。

（4）EPROM写入器。

3.3　PLC控制原理

前面我们已经学习了PLC的基本组成和各个部分的作用，CPU在整个控制过程中起着很重要的作用。我们知道计算机工作时，开机之后，先进行自检、软件启动，再进行具体的应用软件。那么，PLC中CPU到底是怎么工作的呢？

3.3.1　PLC的循环扫描工作过程

PLC的CPU采用循环扫描的工作方式。一般包括五个阶段（见图3-10）：内部自诊断与处理、与外设进行通信、输入采样、用户程序执行和输出刷新。当开关处于STOP时，只执行前两个阶段：内部自诊断与处理及与外设进行通信。

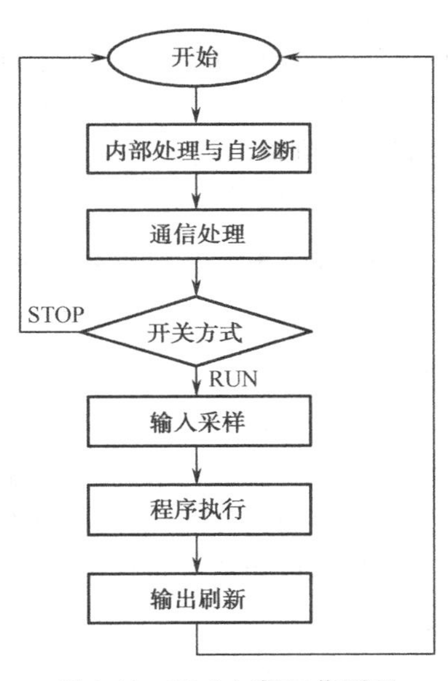

图3-10　PLC扫描工作原理

学习完本节之后，要知道PLC的工作过程是什么，而且要知道在每一点具体的任务是什么。重点是公共处理部分和程序执行方面。公共处理部分和PC的扫描过程是一样的，PC是把BIOS上的设置来和主板上的CPU、内存、硬盘、磁盘、光盘、光驱进行扫描，如果发现没有装内存条，它就会发出声音报警。而PLC是把系统管理程序调出来后检查硬件，如果发现某个硬件有问题（例如CPU有问题），它会提出一个报警。异常报警另外一个问题就是延时，当程序的处理时间超过了规定的时间，PLC就会停下来。

1．信号传递过程（从输入到输出）

信号传递过程（从输入到输出）如图3-11所示。

（1）I/O刷新阶段——CPU从输入电路的输出端读出各路状态，并将其写入输入映像寄存器。（PLC的I/O刷新不是只进行输入刷新或者输出刷新，而是输入/输出一起刷新。刷新之后再进行程序执行，程序执行完之后再进行 I/O 刷新。）上面是三个部分，不是在一个扫描周期就完成三个部分，而是只完成两个部分。扫描过程是个循环扫描的过程。就像 C 语言里面的死循环。其实，PLC 是在反复不停地做 I/O 刷新和程序执行。输入端就是输入接口。输入电路在之前已经讲过，有直流输入和交流输入。从上面的讲解过程，希望大家明白两点：一是输入和输出都有一个映像，也就是说都需要一个辅助手段；二是它的整个过程就是反复进行 I/O 刷新、程序执行。

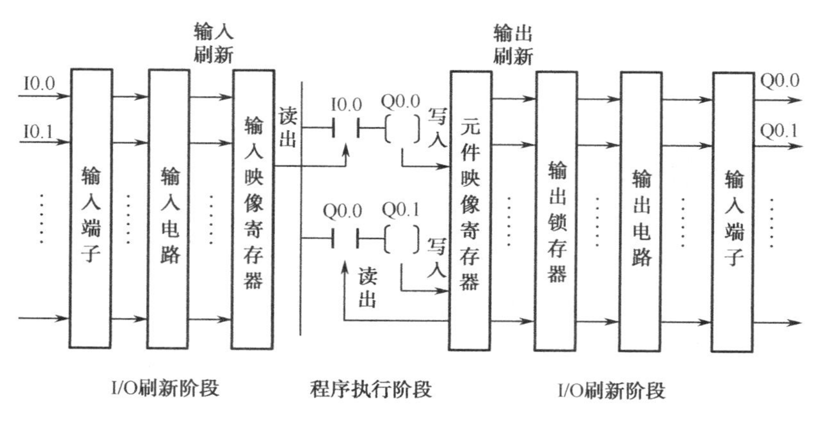

图 3-11　信号传递过程（从输入到输出）

（2）程序执行阶段——CPU 从输入映像寄存器和元件映像寄存器（输出映像寄存器）中读出各继电器的状态，并根据此状态执行用户程序，执行结果再写入元件映像寄存器。

（3）下一个 I/O 刷新阶段——将输出映像寄存器的状态写入输出锁存电路，再经过输出电路传递到输出端子，从而控制外接电路动作。

所以在以后考虑一个程序的运行时间和运行周期就有个基础了。

2. 输入和输出映像寄存器

在程序的执行过程中，对于输入或输出的存取通常是通过映像寄存器，而不是实际的输入/输出（I/O）点，这主要有三个原因：

（1）在同步扫描周期的开始采样所有输入，这样，在扫描周期的执行阶段就有了固定的输入值，当程序执行完后，更新输出映像寄存器，使系统有稳定效果。

（2）用户程序存取映像寄存器要比存取 I/O 点快得多，因此，允许快速执行程序。

（3）I/O 点必须按位来存取，而映像寄存器可按位、字节、字或双字来存取，因此具有灵活性。

3. 死循环诊断功能

PLC 内部设置了一个监视定时器 WDT，其定时时间可由用户设置为大于用户程序的扫描周期，PLC 在每个扫描周期的公共处理阶段将定时器复位。

在正常情况下，监视定时器不会动作，如果由于 CPU 内部故障使程序执行进入死循环。那么，扫描周期超过监视定时器的定时时间时，监视定时器动作，运行停止，以提示用户（C 语言中的死循环是在局部的死循环，而且不会有程序来限定它停止。而这里要发生死循环的话，整个机器都会受到影响。因此必须要设定一个监视器）。

S7-200CPU 的操作非常简单。

S7-200 在程序的控制逻辑中不断循环，读取和写入数据。当将程序下载至 PLC 并将 PLC 放置在 RUN（运行）模式时，PLC 的中央处理器（CPU）按下列顺序执行程序：

◆ S7-200 读取输入状态。
◆ 存储在 S7-200 中的程序使用这些输入评估（或执行）控制逻辑。
◆ 当程序经过评估，S7-200 将程序逻辑结果存储在称为输出映像寄存器的输出内存区中。
◆ 在程序结束时，S7-200 将数据从输出映像寄存器写入至输出。
◆ 重复任务循环。

以下是显示电气继电器图形与 S7-200 关系的简单图形（见图 3-12）。在该范例中，启动电动机的开关状态与其他输入的状态相结合。因此，这些状态的计算决定进入启动电动机的启动装置的输出状态。

S7-200 反复执行一系列任务。该循环执行任务被称为扫描周期。如图 3-13 所示，S7-200 在扫描周期过程中执行大多数或全部下列任务。

◆ 读取输入：S7-200 将实际输入状态复制至输入映像寄存器。
◆ 在程序中执行控制逻辑：S7-200 执行程序的指令，并将数值存储在不同的内存区。
◆ 处理所有通信请求：S7-200 执行点到点或网络通信要求的所有任务。
◆ 执行 CPU 自测试诊断程序：S7-200 保证硬件、程序内存和所有扩充模块均正常作业。
◆ 向输出写入：存储在输出映像寄存器中的数值被写入实际输出。

注意：

扫描周期的执行取决于 S7-200 是位于 STOP（停止）模式还是 RUN（运行）模式。在 RUN（运行）模式中，程序被执行；在 STOP（停止）模式中，程序不被执行。

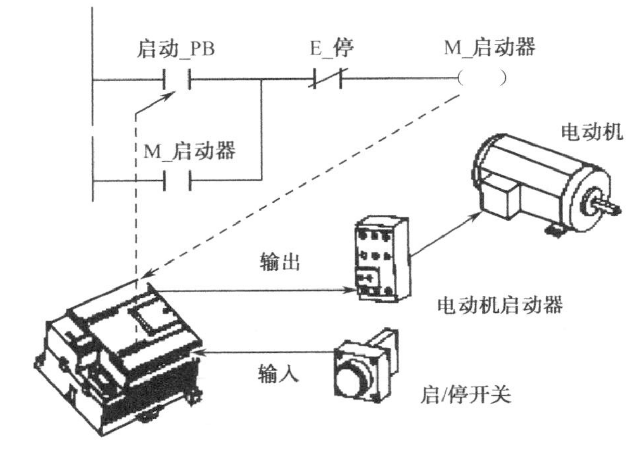

图 3-12　继电器与 S7-200 关系

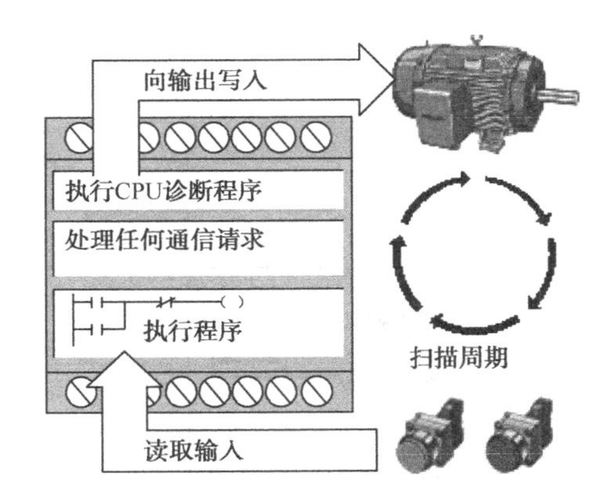

图 3-13　S7-200 扫描周期

3.3.2 PLC 的 I/O 滞后现象

一般程序就是输入、处理、输出，要经过这三个过程，不花费时间是不行的。而且输入部分和输出部分都有可能带有机械部分，机械部分绝对不像电路那样处理速度那么快，例如，它的开关必须有个吸合过程。这个时间就会影响输入到输出的时间。扫描的时间一般很快，但是语句如果很长的话，处理也就慢了。

1. I/O 滞后现象的原因

（1）输入滤波器有时间常数（虽然已经合上了开关，但是要到公共的时间才开始采样，这个是由于输入采样引起的）。

（2）输出继电器有机械滞后（为什么不在输入的地方讲到输入机械滞后？实际上，我们考虑问题不是考虑某个端口在输入之后，然后再动作，而是已经有触点动作之后到输出。输出有线圈的吸合过程，需要几毫秒）。

（3）PLC 循环操作时，进行公共处理、I/O 刷新和执行用户程序等产生扫描周期。

（4）程序语句的安排，也影响响应时间（同样一个程序，如果把顺序调换以下，虽然结果是一样的，但是中间的响应时间是不一样的）。

2. I/O 响应时间

从输入触点闭合到输出触点闭合有一段延迟时间，称为 I/O 响应时间（I—处理—O，显然这个时间是比一个扫描周期要长）。

（1）最小 I/O 响应时间（见图 3-14）

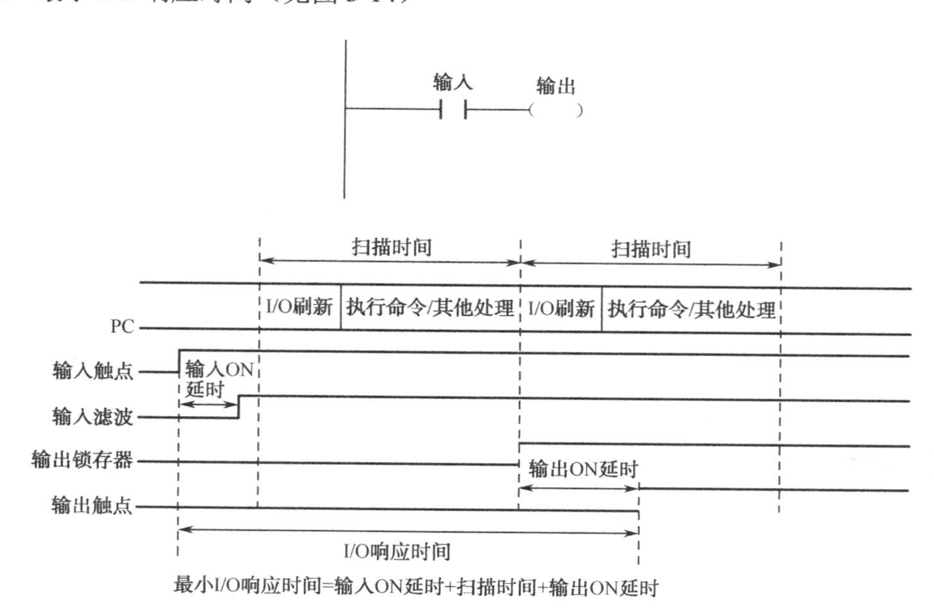

图 3-14　最小 I/O 响应时间

（2）最大 I/O 响应时间（见图 3-15）

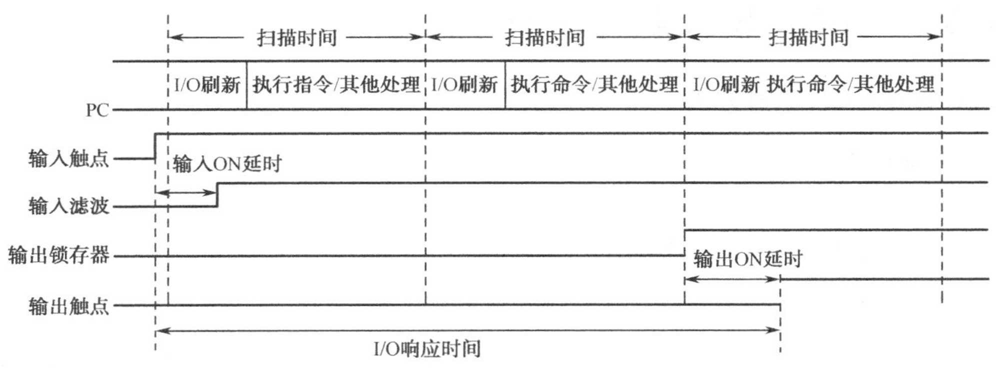

图 3-15 最大 I/O 响应时间

3. 如何理解程序语句安排影响扫描时间（见图 3-16）

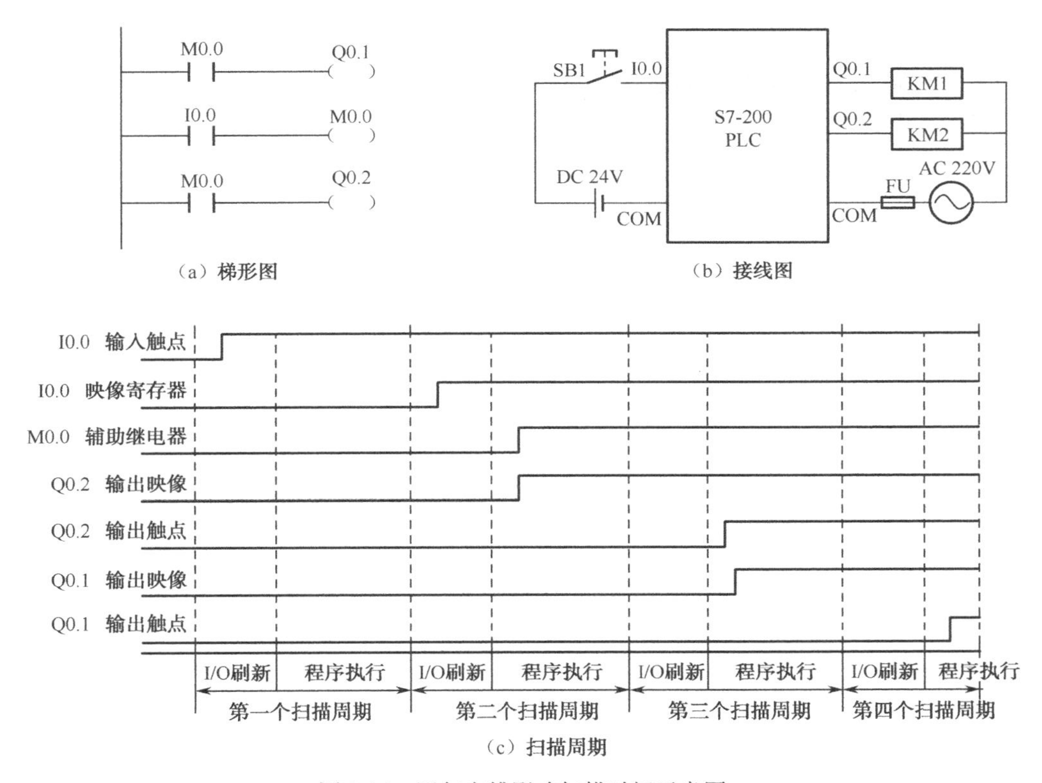

图 3-16 语句安排影响扫描时间示意图

从图 3-16 中可以看出，执行的顺序应该是 I0.0—M0.0—Q0.1、Q0.2。

大部分情况下，我们是根据功能来做的，当然也会适当考虑怎样做响应速度才能较快。

3.3.3 PLC 对输入点计数的频率问题

PLC 计数有如下两种方式。

1. 高速计数

在高速计数方式下，输入信号不经输入滤波就直接送到 CPU，计数不受输入滤波器时间常数、扫描周期的影响，计数频率可以很高。

2. 普通计数

在普通计数方式下，输入信号经输入滤波器后在 PLC 扫描周期的 I/O 刷新阶段被 CPU 读入。因此，计数频率受输入滤波器时间常数和扫描周期的限制，不可能很高。

为了保证 CPU 能够可靠地读入开关接通或断开的状态，不丢失脉冲数，输入滤波后的信号有效高电平和低电平持续时间不能少于一个扫描周期，即应满足：

$$T' \geqslant \tau + T_S$$

式中：T' ——输入开关接通或断开的时间；

τ ——输入滤波器时间常数；

T_S——PLC 的扫描周期。

第 4 章　PLC 编程语言

主要内容

（1）梯形图。
（2）语句表。
（3）逻辑功能图。
（4）数据类型。
（5）寻址方式。

通过前面 3 章的学习我们知道，PLC 是由两部分组成的，即硬件部分和软件部分。第 3 章中我们学习了 PLC 的基本组成及其各个部分的作用，知道了 PLC 的工作原理，这一节我们来学习 PLC 的软件部分：PLC 的编程语言。

在 STEP7 中，有 3 种编程语言可以用来编程。根据特定的规则，用语句建立的程序可以转换成另一种编程语言。

4.1　梯形图（LAD）

梯形图和电路图很相似，采用诸如触点和线圈的符号。这种编程语言主要针对熟悉接触器控制的技术人员。

STEP 7-Micro/WIN 梯形图（LAD）编辑器允许建立与电子线路图相似的程序。梯形图编程是很多 PLC 程序员和维护人员选用的方法，它是为新程序员设计的优秀语言。基本上，梯形程序允许 CPU 从一个动力源仿真电源流，通过一系列逻辑输入条件，然后启用逻辑输出条件。逻辑通常分解为容易识别的小“梯级”或“网络”。程序作为记录仪，每次执行一个网络，顺序为从左至右，然后从最顶部至底部。一旦 CPU 到达程序的结尾，又回到程序的顶部重新开始。

图 4-1 显示的是一个梯形程序范例。

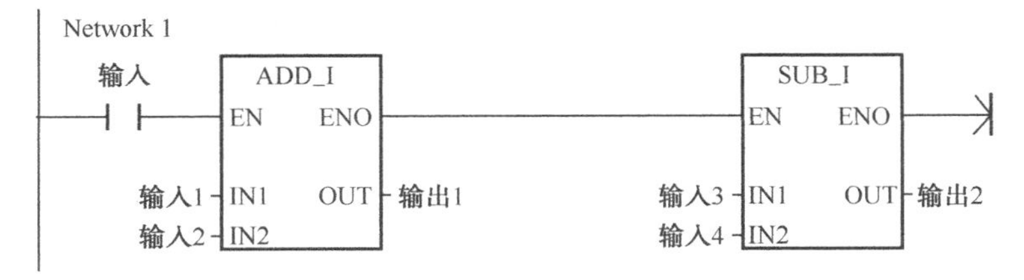

图 4-1　梯形程序范例

由图形符号代表的各种指令，包括 3 种基本形式：

◆ ┤├（触点）——代表逻辑输入条件模拟开关、按钮、内部条件等。
◆ -()（线圈）——通常代表逻辑输出结果模拟灯、电动机启动器、干预继电器、内部输出条件等。
◆ ┤□（方框）——代表附加指令，例如，定时器、计数器或数学指令。

可用梯形逻辑范围建立的网络从简单到极为复杂。可用中线输出建立网络，甚至能连接一系列多个方框指令。系列连接方框指令带有“启用输出”（ENO）线条标记。如果方框在 EN 输入处有使能位，而且执行时无错误，则 ENO 向下一个元素传递使能位。ENO 可用作启动位，表示指令成功完成。ENO 位用于堆栈顶端，影响用于后续指令执行的使能位。

选择 LAD 编辑器的理由如下：

◆ 梯形逻辑便于新程序员使用。
◆ 图形显示通常很容易识别，在全世界通用。
◆ LAD 编辑器可与 SIMATIC 和 IEC1131-3 指令集一起使用。
◆ 始终可以使用 STL 编辑器来显示用 LAD 编辑器建立的程序。

在利用梯形图编写程序时，应遵循一定的规则：

◆ 梯形图都是始于左母线，终于右母线（通常可以省掉不画，仅画左母线），每行的左边是触点组合，表示驱动逻辑线圈的条件，而表示结果的逻辑线圈只能接在右边的母线上，触点不能出现在线圈右边。如图 4-2（a）所示，应改为如图 4-2（b）所示。

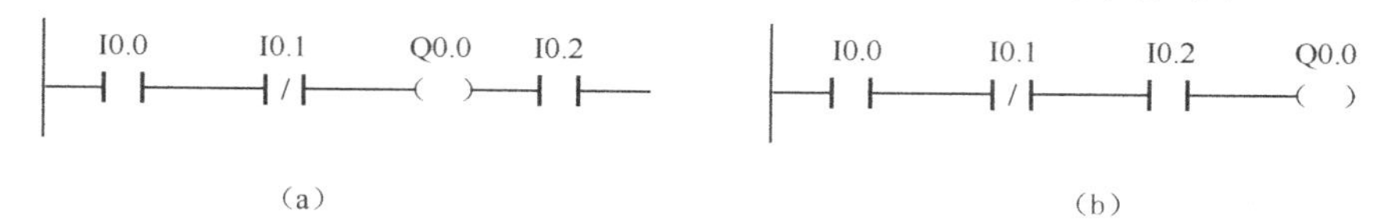

图 4-2　触点不能在线圈的右边

◆ 触点应画在水平线上，不应画在垂直线上，如图 4-3（a）所示的触点 I0.5 与其他触点间的关系不能识别。对此类桥式电路，应按从左到右、从上到下的单向性原则，单独画出所有的去路，如图 4-3（b）所示。

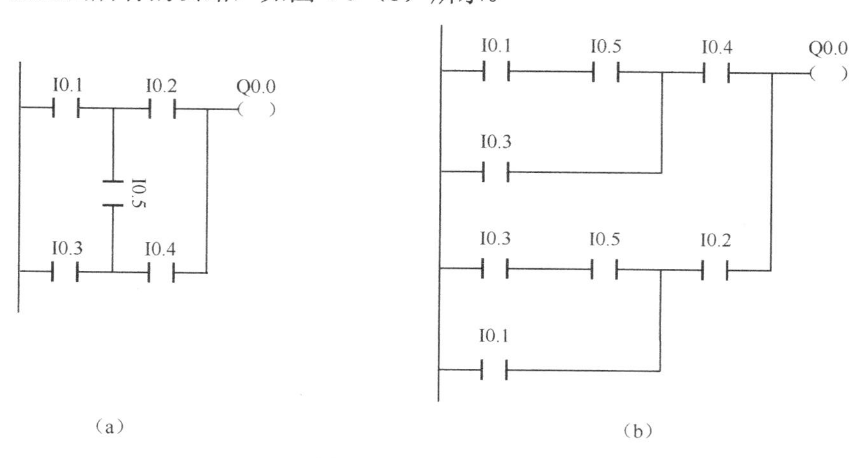

图 4-3　桥式电路变换

◆ 并联块串联时，应将接点多的去路放在梯形图左方（左重右轻原则）；串联块并联时，应将接点多的并联去路放在梯形图的上方（上重下轻的原则）。这样做的优点是程序简洁，从而减少指令的扫描时间，这对于一些大型的程序尤为重要，如图 4-4 和图 4-5 所示。

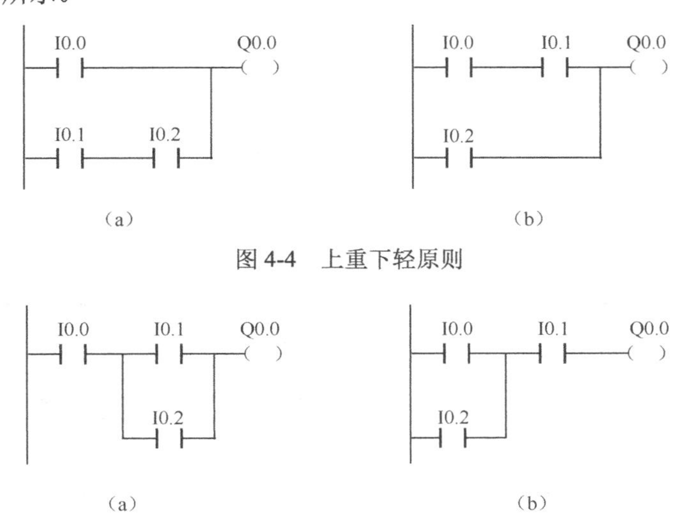

图 4-4　上重下轻原则

图 4-5　左重右轻原则

◆ 不宜使用双线圈输出。若在同一梯形图中，同一组件的线圈使用两次或两次以上，则称为双线圈输出或线圈的重复利用。双线圈输出一般梯形图是初学者容易犯的毛病之一。在双线圈输出时，只有最后一次的线圈才有效，而前面的线圈是无效的。这是由 PLC 的扫描特性所决定的。

4.2　语句表（STL）

STL 包含 STEP7 指令，可以自由地使用 STL 编程。对其他编程语言熟悉的程序员喜欢使用这种编程语言。

STEP 7-Micro/WIN 语句表（STL）编辑器允许用输入指令助记符的方法建立控制程序。总体而言，STL 编辑器对熟悉 PLC 和逻辑编程经验丰富的程序员更适合。STL 编辑器还允许建立无法以其他方法用梯形逻辑或功能块图编辑器建立的程序。这是因为是用 CPU 的本机语言在编程，而不是在图形编辑器中编程，后者有某些限制，以便正确绘图。图 4-6 所示为一个语句表编程范例。

```
Network 1
LD      I0.0
LD      I0.1
LD      I0.2
A       I0.3
OLD
ALD
=       Q0.0
```

图 4-6　语句表编程范例

如图 4-6 所示，这种基于文字的概念与汇编语言编程十分相似。CPU 按照程序记录的顺序，从顶部至底部，然后再从头重新开始执行每条指令。STL 和汇编语言在另一种意义上也很相似。S7-200 CPU 使用一种逻辑堆栈解决控制逻辑。LAD 和 FBD 编辑器自动插入处理堆栈操作所需的指令。在 STL 中，必须自己插入这些指令来处理堆栈。

图 4-7 所示为一个 LAD 中的简单程序和 STL 中的对应程序。

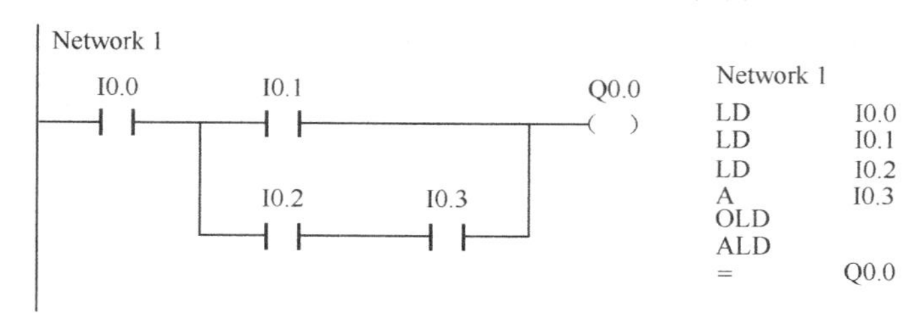

图 4-7　LAD 中的简单程序和 STL 中的对应程序

表 4-1 所示为堆栈中的情况。

表 4-1　堆栈中的情况

堆栈	指　令					
	LD I0.0	LD I0.1	LD I0.2	A	OLD	ALD
S0	I0.0	I0.1	I0.2	I0.2 与 I0.3	（I0.2 与 I0.3）或 I0.1	I0.0 与［（I0.2 与 I0.3）或 I0.1］
S1		I0.0	I0.1	I0.1	I0.0	
S2			I0.0	I0.0		
S3						
S4						
S5						
S6						
S7						
S8						

选择 STL 编辑器的要点：

- ◆ STL 对经验丰富的程序员最适合。
- ◆ STL 有时允许解决无法用 LAD 或 FBD 编辑器解决的问题。
- ◆ 只能将 SIMATIC 指令集与 STL 编辑器一起使用。STL 没有 IEC 指令集。
- ◆ 可以用 STL 编辑器检视或编辑用 SIMATIC LAD 或 FBD 编辑器建立的程序，反之，则并不一定正确。无法始终使用 SIMATIC LAD 或 FBD 编辑器显示用 STL 编辑器写入的程序。

4.3　逻辑功能图（FBD）

功能块图使用不同的功能盒，功能盒中的符号表示功能（例如，&指“与”逻辑操作）。即使与一个过程工程师一样的非程序员也可以使用这种编程语言。功能块图在 STEP7V 3.0 版本后提供。

STEP 7-Micro/WIN 功能块图（FBD）编辑器允许将指令作为与通用逻辑门图相似的逻辑方框检视。在 LAD 编辑器中无触点和线圈，但有相等的指令，以方框指令的形式显示。

程序逻辑从这些方框指令之间的连接导出，即来自一条指令的输出，如 AND（与）方框，可以被用于启用另一条指令（如定时器），以便建立必要的控制逻辑。这一连接概念像使用其他编辑器一样，可以很方便地解决各种逻辑问题。

图 4-8 所示为一个用功能块图编辑器建立的程序范例。

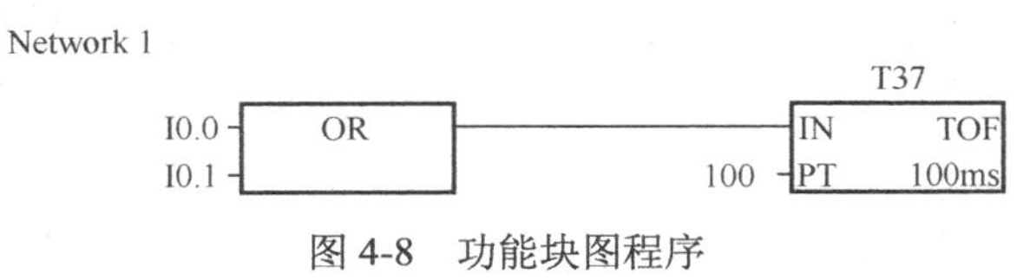

图 4-8　功能块图程序

选择 FBD 编辑器的要点：

◆ 图形逻辑门显示式样对遵循程序流有益。
◆ FBD 编辑器可用于 SIMATIC 和 IEC 1131-3 指令集。
◆ 始终可以使用 STL 编辑器显示 LAD 编辑器建立的程序。
◆ 可扩充 AND/OR（与/或）方框，以简化复杂的输入组合图的绘制。

4.4　数据类型

4.4.1　基本数据类型

S7-200 PLC 的指令参数所用的基本数据类型如下。

◆ 1 位：布尔型（BOOL）。
◆ 8 位：字节型（BYTE）。
◆ 16 位：无符号整数型（WORD）。
◆ 16 位：有符号整数型（INT）。
◆ 32 位：无符号双字整数型（DWORD）。
◆ 32 位：有符号双字整数型（DINT）。
◆ 32 位：实数型（REAL）。

4.4.2　数据类型检查

PLC 对数据类型检查有助于避免常见的编程错误。数据类型检查分为三级：完全数据类型检查、简单数据类型检查和无数据类型检查。

（1）完全数据类型检查：在该方式下，参数的数据类型必须同符号或变量数据类型匹配。每个有效参数只有一个数据类型（多重指令除外）。例如，SRW（右移字）指令的输入（IN）参数的数据类型是 WORD。只是分配 WORD 型的变量，才能编译成功。当设定为完全数据类型检查时，给 WORD 型指令分配整型（INT）变量是无效的，如表 4-2 所示。

表 4-2　完全数据类型检查

用户选定的数据类型	等价的数据类型
BOOL	BOOL
BYTE	BYTE
WORD	WORD
INT	INT
DWORD	DWORD
DINT	DINT
REAL	REAL

（2）简单的数据类型检查：在该方式下，当给一个符号或变量一个数据类型时，也自动分配了和所选定数据类型相匹配的所有数据类型。例如，选择 DINT 作为数据类型，局部变量也自动分配 DWORD 数据类型，因为两者都是 32 位的数据类型。虽然 REAL 也是 32 位数据类型，但是它不是自动分配的。由于 REAL 数据类型没有等价的数据类型，它总是单独定义的。简单数据类型检查只在 SIAMTIC 方式下使用局部变量时执行，如表 4-3 所示。

表 4-3　简单数据类型检查

用户选定的数据类型	等价的数据类型
BOOL	BOOL
BYTE	BYTE
WORD	WORD, INT
INT	WORD, INT
DWORD	DWORD, DINT
DINT	DWORD, DINT
REAL	REAL

（3）无数据类型检查：无数据类型检查方式只在 SIMATIC 全局变量没有可选的数据类型时使用。在该方式下，所有相同大小的数据类型自动分配给符号。例如，一个符号分配在地址 VD100 处，表 4-4 所示为 STEP 7-Micro/WIN 32 自动为该符号分配了数据类型。数据大小决定了 SIMATIC 全局符号的数据类型。

表 4-4　无数据类型检查

用户选定的地址	分配的等价数据类型
V0.0	BOOL
VB0	BYTE
VW0	WORD，INT
VD0	DWORD，DINT，REAL

S7-200 PLC 的 SIMATIC 指令集不支持完全数据类型检查。使用局部变量时，执行简单数据类型检查；使用全局变量时，指令操作数位地址不是可选的数据类型，执行无数据类型检查。

4.5　存储器类型

4.5.1　数字量输入和输出映像区

1．输入映像寄存器（数字量输入映像区）（I）

数字量输入映像区是 S7-200 CPU 为输入端信号状态开辟的一个存储区。输入映像寄存器的标识符为 I，在每个扫描周期的开始，CPU 对输入点进行采样，并将采样值存储于输入映像寄存器中。

输入映像寄存器是 PLC 接收外部输入的开关量信号的窗口。

可以按位、字节、字、双字四种方式来存取。

（1）按“位”方式：从 I0.0～I15.7，共有 128 点。

（2）按“字节”方式：从 IB0～IB15，共有 16 个字节。

（3）按“字”方式：从 IW0～IW14，共有 8 个字。

（4）按“双字”方式：从 ID0～ID12，共有 4 个双字。

2．输出映像寄存器（Q）

数字量输出映像区是 S7-200 CPU 为输出端信号状态开辟的一个存储区。输出映像寄存器的标识符为 Q（从 Q0.0～Q15.7，共有 128 点），在每个扫描周期的末尾，CPU 将输出映像寄存器的数据传送给输出模块，再由后者驱动外部负载。

可以按位、字节、字、双字四种方式来存取。

（1）按“位”方式：从 Q0.0～I15.7，共有 128 点。

（2）按“字节”方式：从 QB0～QB15，共有 16 个字节。

（3）按“字”方式：从 QW0～QW14，共有 8 个字。

（4）按“双字”方式：从 QD0～QD12，共有 4 个双字。

说明：实际没有使用的输入端和输出端的映像区的存储单元可以作中间继电器用。

4.5.2　模拟量输入映像区和输出映像区

1．模拟量输入映像区（AI 区）

模拟量输入映像区是 S7-200 CPU 为模拟量输入端信号开辟的一个存储区。S7-200 将测得的模拟量（如温度、压力）转换成 1 个字长（2 个字节）的数字量，模拟量输入映像寄存器用标识符（AI）、数据长度（W）及字节的起始地址表示。

从 AIW0～AIW30，共有 16 个字，允许 16 路模拟量输入。

说明：模拟量输入值为只读数据。

2．模拟量输出映像区（AQ 区）

模拟量输出映像区是 S7-200 CPU 为模拟量输出端信号开辟的一个存储区。S7-200 将 1 个字长（2 个字节、16 位）的数字量按比例转换为电流或电压。模拟量输出映像寄存器用标识符（AQ）、数据长度（W）及字节的起始地址表示。

从 AQW0～AQW30，共有 16 个字，总共允许有 16 路模拟量输出。

4.5.3 变量存储器区（V）

在 PLC 执行程序过程中，会存在一些控制过程的中间结果，这些中间数据也需要用存储器来保存。变量存储器（相当于内辅继电器）就是根据这个实际的要求设计的。变量存储器是 S7-200 CPU 为保存中间变量数据而建立的一个存储区，用 V 表示。

可以按位、字节、字、双字 4 种方式来存取。

（1）按“位”方式：从 V0.0～V5119.7，共有 40960 点。CPU221、CPU222 变量存储器只有 2048 个字节，其变量存储区只能到 V2047.7 位。

（2）按“字节”方式：从 VB0～VB5119，共有 5120 个字节。

（3）按“字”方式：从 VW0～VW5118，共有 2560 个字。

（4）按“双字”方式：从 VD0～VD5116，共有 1280 个双字。

4.5.4 位存储器区（M）

在 PLC 执行程序过程中，可能会用到一些标志位，这些标志位也需要用存储器来寄存。位存储器就是根据这个要求设计的。位存储器是 S7-200 CPU 为保存标志位数据而建立的一个存储区，用 M 表示。该区虽然称为位存储器，但是其中的数据不仅可以是位，还可以是字节、字或双字。

（1）按“位”方式：从 M0.0～M31.7，共有 256 点。

（2）按“字节”方式：从 MB0～MB31，共有 32 个字节。

（3）按“字”方式：从 MW0～MW30，共有 16 个字。

（4）按“双字”方式：从 MD0～MD28，共有 8 个双字。

4.5.5 顺序控制继电器区（S）

在 PLC 执行程序过程中，可能会用到顺序控制。顺序控制继电器就是根据顺序控制的特点和要求设计的。顺序控制继电器区是 S7-200 CPU 为顺序控制继电器的数据而建立的一个存储区，用 S 表示。在顺序控制过程中，用于组织步进过程的控制。

可以按位、字节、字、双字四种方式来存取。

（1）按“位”方式：从S0.0～S31.7，共有256点。

（2）按“字节”方式：从SB0～SB31，共有32个字节。

（3）按“字”方式：从SW0～SW30，共有16个字。

（4）按“双字”方式：从SD0～SD28，共有8个双字。

4.5.6 局部存储器区（L）

S7-200 PLC有64个字节的局部存储器（相当于内辅继电器），其中，60个可以用作暂时存储器或者给子程序传递参数。

局部存储器和变量存储器很相似，主要区别是变量存储器是全局有效的，而局部存储器是局部有效的。全局是指同一个存储器可以被任何程序存取（例如，主程序、子程序或中断程序）。局部是指导存储器区和特定的程序相关联。

几种程序之间不能互访。

局部存储器区是S7-200 CPU为局部变量数据建立的一个存储区，用L表示。该区域的数据可以用位、字节、字、双字四种方式来存取。

（1）按“位”方式：从L0.0～L63.7，共有512点。

（2）按“字节”方式：从LB0～LB63，共有64个字节。

（3）按“字”方式：从LW0～LW62，共有32个字。

（4）按“双字”方式：从LD0～LD60，共有16个双字。

4.5.7 定时器存储器区（T）

PLC在工作中少不了需要计时，定时器就是实现PLC具有计时功能的计时设备。

定时器的编号为T0、T1、…、T255。S7-200有256个定时器。

4.5.8 计数器存储器区（C）

PLC在工作中有时不仅需要计时，还可能需要计数功能。计数器就是使PLC具有计数功能的计数设备。

计数器的编号为C0、C1、…、C255。S7-200有256个计数器。

4.5.9 高速计数器区（HC）

高速计数器用来累计比CPU扫描速率更快的事件。S7-200各个高速计数器的计数频率高达30kHz。

S7-200各个高速计数器有32位带符号整数计数器的当前值。若要存取高速计数器的值，则必须给出高速计数器的地址，即高速计数器的编号。

高速计数器的编号为 HSC0、HSC1、…、HSC5。

S7-200 有 6 个高速计数器。其中，CPU221 和 CPU222 仅有 4 个高速计数器（HSC0、HSC3、HSC4、HSC5）。

4.5.10 累加器区（AC）

累加器是可以像存储器那样进行读/写的设备。例如，可以用累加器向子程序传递参数，或从子程序返回参数，以及用来存储计算的中间数据。

S7-200 CPU 提供了 4 个 32 位累加器（AC0、AC1、AC2、AC3）。

可以按字节、字或双字来存取累加器数据中的数据。但是，以字节形式读/写累加器中的数据时，只能读/写累加器 32 位数据中的最低 8 位数据。如果是以字的形式读/写累加器中的数据，只能读/写累加器 32 位数据中的低 16 位数据。只有采取双字的形式读/写累加器中的数据时，才能一次读/写全部 32 位数据。

因为 PLC 的运算功能是离不开累加器的，因此，不像占用其他存储器那样占用累加器。

4.5.11 特殊存储器区（SM）

特殊存储器是 S7-200 PLC 为 CPU 和用户程序之间传递信息的媒介。它们可以反映 CPU 在运行中的各种状态信息，用户可以根据这些信息来判断机器工作状态，从而确定用户程序该做什么，不该做什么。这些特殊信息也需要用存储器来寄存。特殊存储器就是根据这个要求设计的。

1. 特殊存储器区

特殊存储器区是 S7-200 PLC 为保存自身工作状态数据而建立的一个存储区，用 SM 表示。特殊存储器区的数据有些是可读可写的，有些是只读的。特殊存储器区的数据可以是位，也可是字节、字或双字。

（1）按“位”方式：从 SM0.0～SM179.7，共有 1440 点。

（2）按“字节”方式：从 SM0～SM179，共有 180 个字节。

（3）按“字”方式：从 SMW0～SMW178，共有 90 个字。

（4）按“双字”方式：从 SMD0～SMD176，共有 45 个双字。

说明：特殊存储器区的前 30 个字节为只读区。

2. 常用的特殊继电器及其功能

特殊存储器用于 CPU 与用户之间交换信息，例如，SM0.0 一直为“1”状态，SM0.1 仅在执行用户程序的第一个扫描周期为“1”状态。SM0.4 和 SM0.5 分别提供周期为 1min 和 1s 的时钟脉冲。SM1.0、SM1.1 和 SM1.2 分别是零标志、溢出标志和负数标志。

这里的 256 个 I/O 映像可以用 256 bit 来表示 128 个 I 和 128 个 O，也可以用 32 个 Byte

来表示 16 个 I 和 16 个 O，还可以用 16 个 Word 来表示开关量，或者用 4 个 DW(Duble Word)来表示开关量。但是，如果用 DW 就只有 4 个 I 和 4 个 O。采用 Byte、Word 或 DW 涉及数据采集的精度，如温度、水平等，需要 Byte 或者 Word 或者 DW 的采集精度。

4.6　寻址方式

寻址就是指定指令要进行操作的地址。S7-200 中有两种寻址方式：直接寻址和间接寻址。

4.6.1　直接寻址

S7-200 将信息存于不同的存储单元，每一个单元都有唯一的地址，可以明确指出要存取的存储器地址，这就允许用户程序直接存取这个信息。表 4-5 列出了不同长度的数据所能表示的数值范围。

表 4-5　不同长度的数据表示的十进制和十六进制数范围

数　制	字节（B）	字（W）	双字（D）
无符号整数	0～255 0～FF	0～65535 0～FFFF	0～4294967295 0～FFFF FFFF
符号整数	-128～+127 80～7F	-32768～+32767 8000～7FFF	-2147483648～+2147483647 8000 0000～7FFF FFFF
实数 IEEE 32 位浮点数	不用	不用	+1.175495E-38 到+3.402823E+38（正数） -1.175495E-38 到-3.402823E+38（负数）

若要存取存储区的某一位，则必须指定地址，包括存储器标识符、字节地址和位号，图 4-9 是一个位寻址的例子（又称“字节.位寻址”），在这个例子中，存储区、字节地址（I 代表输入，3 代表字节 3）和位地址（第 4 位）之间用点号（“.”）相隔开。

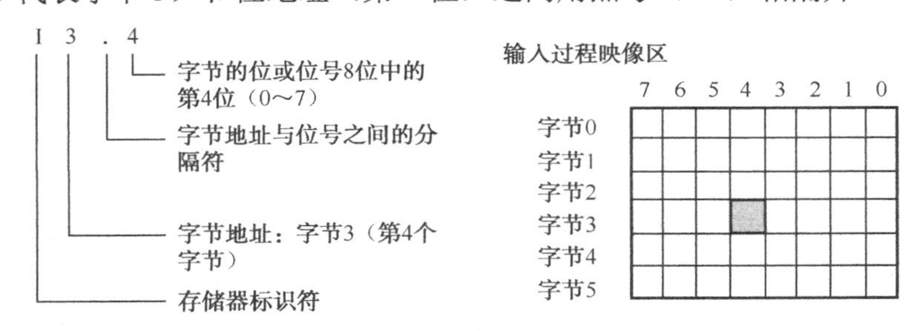

图 4-9　字节.位寻址

使用这种字节寻址方式，可以按照字节、字或双字来存取许多存储区（V、I、Q、M、S、L 及 SM）中的数据，若要存取 CPU 中的一个字节、字或双字数据，则必须以类似位寻址的方式给出地址，包括存储器标识符、数据大小，以及该字节、字或双字的起始字节地址，如图 4-10 所示。

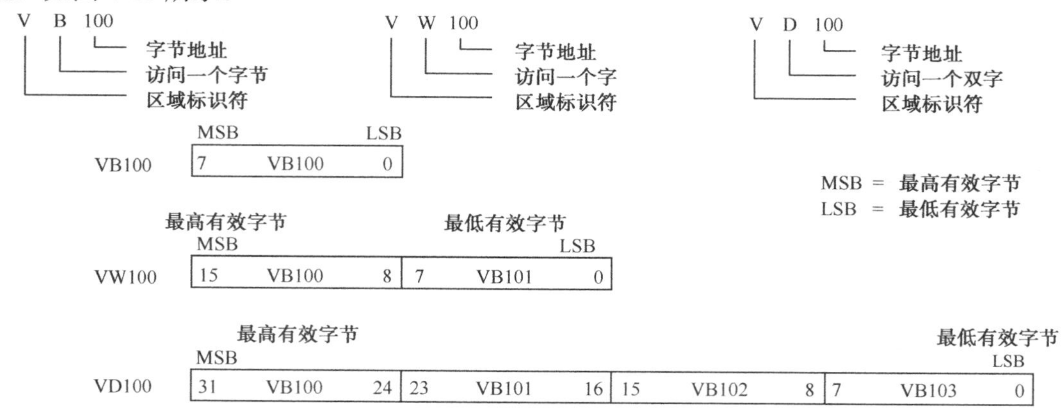

图 4-10　对同一地址进行字节、字和双字存取操作的比较

其他 CPU 存储区（如 T、C、HC 和累加器）中存取数据使用的地址格式包括区域标识符和设备号。

1）输入过程映像寄存器：I

在每次扫描周期的开始，CPU 对物理输入点进行采样，并将采样值写入输入过程映像寄存器中，可以按位、字节、字或双字存取输入过程映像寄存器中的数据。

位：　　　　　　　　　I[字节地址].[位地址]　　　　　　　　I1.1

字节、字或双字：　　　I[长度] [起始字节地址]　　　　　　　IB4

2）输出过程映像寄存器：Q

在每次扫描周期的结尾，CPU 将输出过程中控制映像寄存器中的数据复制到物理输出点上，可以按位、字节、字或双字来存取输出过程映像寄存器。

位：　　　　　　　　　Q[字节地址].[位地址]　　　　　　　　Q1.1

字节、字或双字：　　　Q[长度] [起始字节地址]　　　　　　　QB5

3）变量存储区：V

可以用 V 存储器区存储程序执行过程中控制逻辑操作的中间结果，也可以用它来保存与工序或任务相关的其他数据，并且可以按位、字节、字或双字来存取 V 存取区中的数据。

位：　　　　　　　　　V[字节地址].[位地址]　　　　　　　　V10.2

字节、字或双字：　　　V[长度] [起始字节地址]　　　　　　　VW100

4）位存储区：M

可以用位存储区作为控制继电器来存储中间状态和控制信息，可以按位、字节、字或双字来存取位存储区。

位：　　　　　　　　　M[字节地址].[位地址]　　　　　　　　M26.7

字节、字或双字：　　　M[长度] [起始字节地址]　　　　　　　MD20

5）定时器存储区：T

在 S7-200 CPU 中，定时器可用于时间累计，其分辨率（时基增量）分别为 1ms、10ms 和 100ms 三种，定时器有两种形式：

◆ 当前值：16 位有符号整数，存储定时器所累计的时间。
◆ 定时器位：按照当前值和预置值的比较结果置位或者复位，预置值是定时器指令的一部分。

可以用定时器地址（T+定时器号）来存取这两种形式的定时器数据，究竟使用哪种形式取决于所使用的指令。如果使用位操作指令则存取定时器位，如果使用字操作指令则存取定时器当前值。如图 4-11 所示，常开触点指令存取定时器位，而字移动指令则存取定时器的当前值。

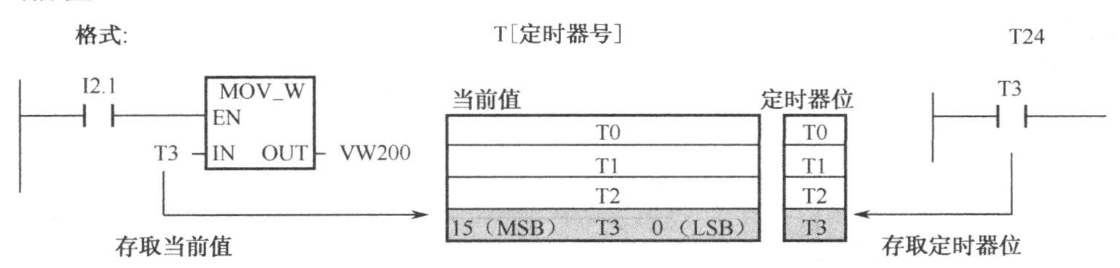

图 4-11 存取定时器位或者定时器的当前值

6）计数器存储器：C

在 S7-200 CPU 中，计数器可以用于累计其输入端脉冲电平由低到高的次数，CPU 提供了 3 种类型的计数器：一种只能增计数；另一种只能减计数；还有一种既可以加计数，又可以减计数。计数器有两种形式：

◆ 当前值：16 位有符号整数，存储累计值。
◆ 计数器位：按照当前值和预置值的比较结果置位或者复位，预置值是计数器指令的一部分。

可以用计数器地址（C+计数器号）来存取这两种形式的计数器数据，究竟使用哪种形式取决于所使用的指令，如果使用位操作指令则存取计数器位；如果使用字操作指令，则存取计数器当前值。如图 4-12 所示，常开触点指令存取计数器位，而字移动指令则存取计数器的当前值。

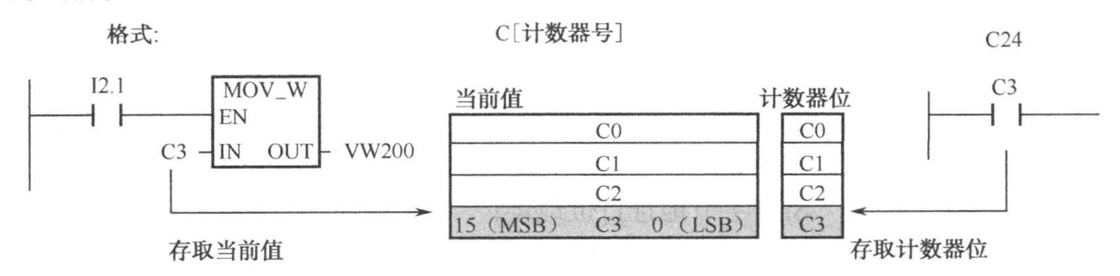

图 4-12 存取计数器位或者计数器的当前值

7）高速计数器：HC

高速计数器对高速时间计数，它独立于 CPU 的扫描周期，高速计数器有一个 32 位的有符号整数计数器（或当前值），若要存取高速计数器中的值，则应给出高速计数器的地址，即存储器类型（HC）加上计数器号（如 HC0），高速计数器的当前值只是读取数据，仅可以作为双字（32 位）来寻址。

格式：　　　　　　HC[高速计数器号]　　　　　　HC1

8）累加器：AC

累加器可以像存储器一样使用读/写设备，例如，用它来向子程序传递参数，也可以从子程序返回参数，以及用来存储计算的中间结果。S7-200 提供了 4 个 32 位累加器（AC0、AC1、AC2 和 AC3），并且可以按字节字或双字的形式来存取累加器中的数值。

被访问的数据长度取决于存取累加器时所使用的指令，如图 4-13 所示，当以字节或字的形式存取累加器时，使用的是数据的低 8 位或低 16 位；当以双字的形式存取累加器时，使用全部 32 位。

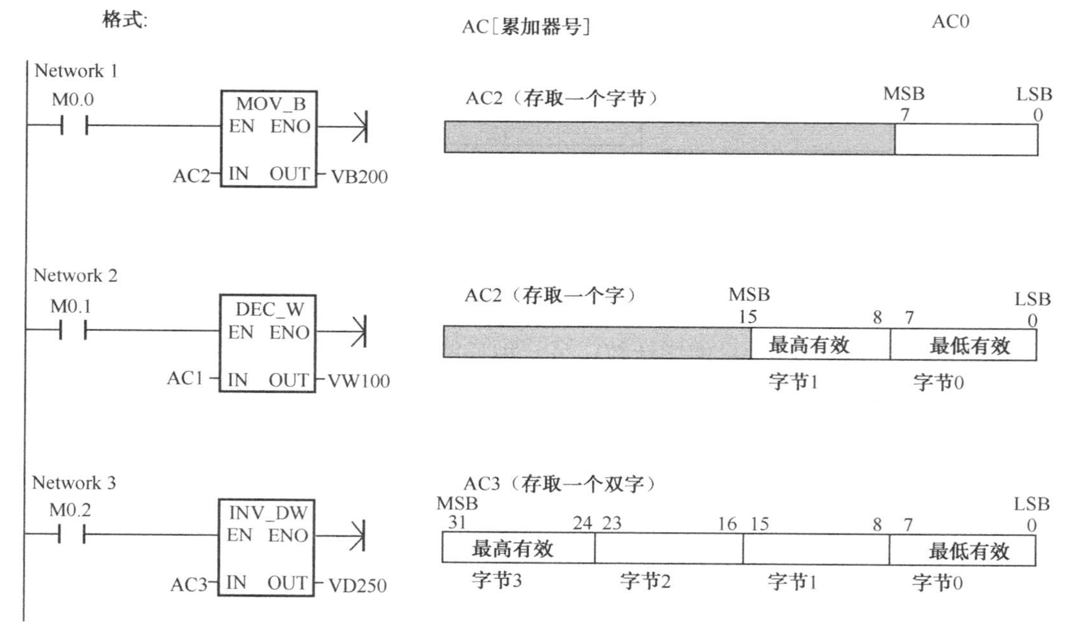

图 4-13　存取累加器

9）特殊存储器：SM

SM 位为 CPU 和用户程序之间传递信息提供了一种手段，可以用这些位选择和控制 S7-200 CPU 的一些特殊功能。例如，首次扫描标志位，按照固定频率开关的标志位或者显示数学运算或操作指令状态的标志位。并且可以按位字节字或双字来存取 SM 位。

位：　　　　　　SM[字节地址].[位地址]　　　　　　SM0.1

字节、字或双字：　　SM[长度] [起始字节地址]　　　　　　SMB86

10）局部寄存器：L

在 S7-200 CPU 中有 64 个字节的局部存储器，其中，60 个可以用作临时存储器或者给子程序作传递参数。

注意：

如果用梯形图或者功能块图编辑，STEP 7-Micro/MIN 保留这些局部存储器的最后 4 个字节。

局部存储器和变量存储器很相似，但只有一处区别，变量存储器是全局有效的。而局部存储器只在局部有效，全局是指同一个存储器可以被任何程序存取（包括主程序、子程序和中断服务程序）；局部是指存储区和特定的程序相关联，S7-200PLC 给主程序分配了 64 个局部存储器；给每一个子程序嵌套分配了 64 个字节局部存储器；同样给中断服务程序分配了 64 个字节局部存储器。

子程序或者中断服务程序不能访问分配给主程序的局部存储器，子程序不能访问分配给主程序、中断服务程序或者其他子程序的局部存储器。同样地，中断服务程序也不能访问分配给主程序或子程序的局部存储器。

S7-200 PLC 根据需要分配局部存储器，也就是说，当主程序执行时，分配给子程序或中断服务程序的局部存储器是不存在的，当发生中断或者调用一个子程序时，需要分配局部存储器，新的局部存储器在分配时可以重新使用分配给另一个子程序或中断服务程序的局部存储器。

局部存储器在分配时 PLC 不进行初始化，初值可能是任意的，当在子程序调用中传递参数时，在被调用子程序的局部存储器中，由 CPU 替换其被传递的参数的值，局部存储器在参数传递的过程中不传递值，在分配时不被初始化，也没有任何数值。

位：	L[字节地址].[位地址]	L0.0
字节、字或双字：	L[长度] [起始字节地址]	LB33

11）模拟量输入：AI

S7-200 将模拟量值（如温度或电压）转换成 1 个字长（16 位）的数字量，可以用区域标识符（AI）、数据长度（W）及字节的起始地址来存取这些值。因为模拟输入量为 1 个字长，且从偶数位字节（如 0、2、4）开始，所以必须用偶字节地址（如 AIW0、AIW2、AIW4）来存取这些值，模拟量输入值为只读数据。

格式：	AIW[起始字节地址]	AIW4

12）模拟量输出：AQ

S7-200 把 1 个字长（16 位）的数字量按比例转换为电流或电压，可以用区域标识符（AQ）、数据长度（W）及字节的起始地址来改变这些值，因为模拟量为 1 个字长，且从偶数位字节（如 0、2、4）开始，所以必须用偶字节地址（如 AQW0、AQW2、AQW4）来改变这些值，模拟量输出值为只写数据。

格式：	AQW[起始字节地址]	AQW4

13）顺控继电器存储器：S

顺控继电器位 S 用于组织机器操作或者进入等效程序段的步骤，SCR 提供控制程序的逻辑分段，可以按位、字节、字或双字来存取 S 位。

位：	S[字节地址].[位地址]	S3.1
字节、字或双字：	S[长度] [起始字节地址]	SB3

4.6.2 间接寻址

间接寻址是指用指针来访问存储区数据，指针以双字的形式存储其他存储区的地址，只能用 V 存储器、L 存储器或者累加器存储器（AC1、AC2、AC3）作为指针，要建立一个指针，必须以双字的形式，将需要间接寻址的存储器地址移动到指针中，指针也可以为子程序传递参数。

S7-200 允许指针访问以下存储区：I、Q、V、M、S、AI、AQ、SM、T（仅限于当前值）和 C（仅限于当前值），无法用间接寻址的方式访问位地址，也不能访问 HC 或者 L 存储区。

要使用间接寻址，应该用“&”符号加上要访问的存储区域地址来建立一个指针，指令的输入操作数应该以“&”符号开头来表明是存储区的地址，而不是将其内容移动到指令的输出操作数（指针）中。

当指令中的操作数是指针时，应该在操作数前面加上“*”号，如图 4-14 所示，输入*AC1 指定 AC1 是一个指针，MOVW 指令决定了指针指向的是一个字长的数据，在本例中，存储在 VB200 和 VB201 中的数据被移动到累加器 AC0 中。

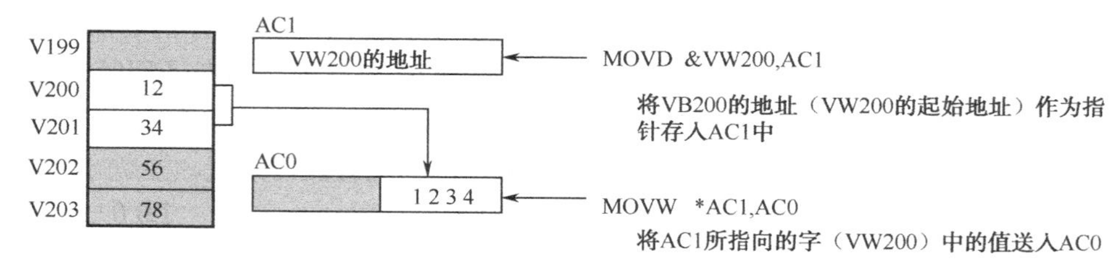

图 4-14　创建和使用指针

如图 4-15 所示，可以改变一个指针的数值，由于指针是一个 32 位的数据，要用双字指令来改变指针的数值，简单的数学运算，如加法指令或者递增指令，可用于改变指针的数值。

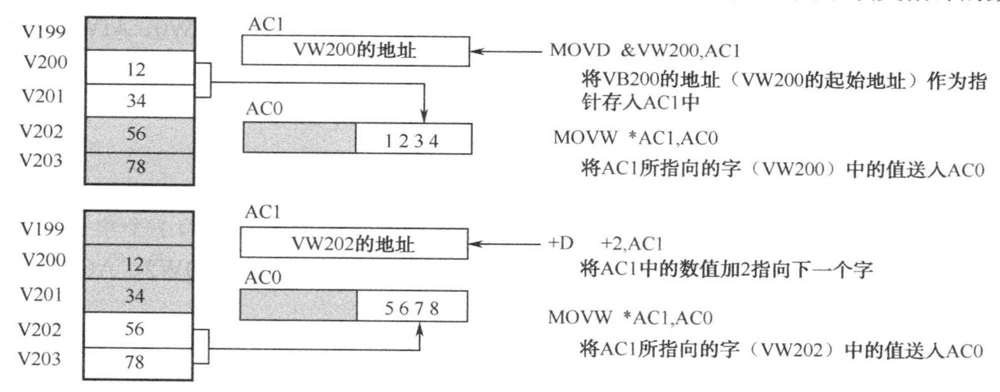

图 4-15　改变指针

注意：

按照所访问的数据长度来使用不同的指令，当访问字节时，使用递增指令使指针加 1；当访问字或者计数器、定时器的当前值时，用加法或者递增指令使指针加 2；当访问双字时，使用加法或者递增指令使指针加 4。

第5章　PLC 基本指令系统

主要内容

（1）位逻辑指令。
（2）定时器与计数器指令。
（3）数据处理指令。
（4）程序控制指令。
（5）顺序控制继电器指令。
（6）高速计数器指令与 PID 指令。

PLC 一般都有上百条指令，分为基本指令及功能控制指令。基本指令主要是指逻辑运算指令、触点及线圈指令、定时器、计数器及简单的程序流程指令，是使用频度最高的指令。功能控制指令则是为数据运算及一些特殊功能设置的指令，如传送比较、加减乘除、循环移位、中断及高速计数器与 PID 指令等。

5.1　位逻辑指令

位逻辑指令属于基本逻辑控制指令，是专门针对位逻辑量进行处理的指令，与使用继电器进行逻辑控制十分相似。位逻辑指令包括触点指令、线圈驱动指令、置位/复位指令、正/负跳变指令和堆栈指令等，主要分为位操作指令和位逻辑运算指令两部分。

5.1.1　位操作指令

1．LD、LDN 及"="指令

1）指令格式

STL：　LD　bit　　LDN　bit　　=　bit

LAD：（bit 常开触点 ─┤ ├─）　（bit 常闭触点 ─┤/├─）　（bit 线圈 ─( )）

2）指令功能

LD：装载指令。常开触点与左母线相连，开始一个网络块中的逻辑运算。

LDN：非装载指令。常闭触点与左母线相连，开始一个网络块中的逻辑运算。

=：线圈驱动指令。

3）指令应用（见图 5-1）

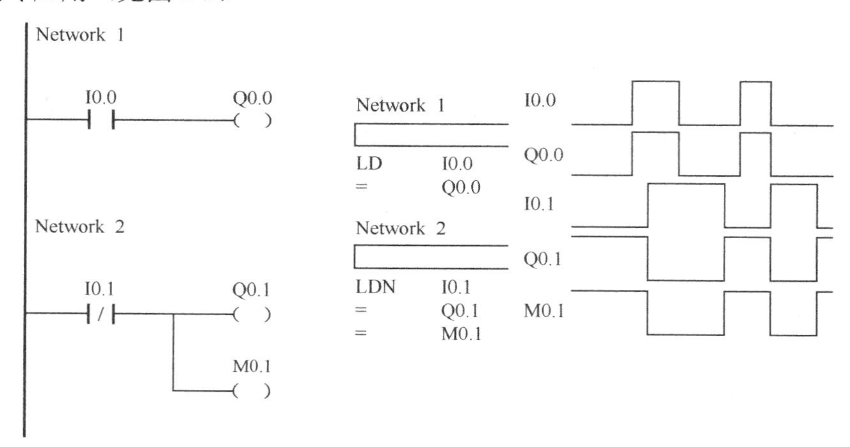

图 5-1　LD、LDN、“=” 指令应用

◆ 当 I0.0 闭合时，输出线圈 Q0.0 接通。

◆ 当 I0.1 断开时，输出线圈 Q0.1 和内部辅助线圈 M0.1 接通。

4）指令说明

◆ 内部输入触点（I）的闭合与断开仅与输入映像寄存器相应位的状态有关，与外部输入按钮、接触器、继电器的常开/常闭接法无关。输入映像寄存器的相应位为 1，则内部常开触点闭合，常闭触点断开；输入映像寄存器相应位为 0，则内部常开触点断开，常闭触点闭合。

◆ LD、LDN 指令不仅用于网络块逻辑运算的开始，在块操作 ALD、OLD 中也要配合使用。

◆ 在同一个网络块中，“=” 指令可以任意次使用，驱动多个线圈。

◆ 同一个编号的线圈在同一个程序中使用两次及两次以上称为线圈重复输出。因为 PLC 在运算时仅将输出结果置于输出映像寄存器中，在所有程序运算结束后才统一输出，所以在线圈重复输出时，后面的运算结果会覆盖前面的结果，容易引起错误动作，建议避免使用。

◆ 梯形图的每一个网络块均从左母线开始，接着是各种触点的逻辑连接，最后以线圈或指令盒结束。不能将触点置于线圈的右边。线圈和指令盒一般不能直接接在左母线上，如确实需要，可以利用特殊标志位存储器进行连接。

2. S（Set）、R（Reset）指令

1）指令格式

STL：S　bit，N　　R　bit，N

LAD：
```
     bit          bit
  ——( S )      ——( R )
      N            N
```

2）指令功能

S：置位指令，将操作数中定义的 N 个位逻辑量强制置“1”。

R：复位指令，将操作数中定义的 N 个位逻辑量强制置“0”。

3）指令应用（见图 5-2）

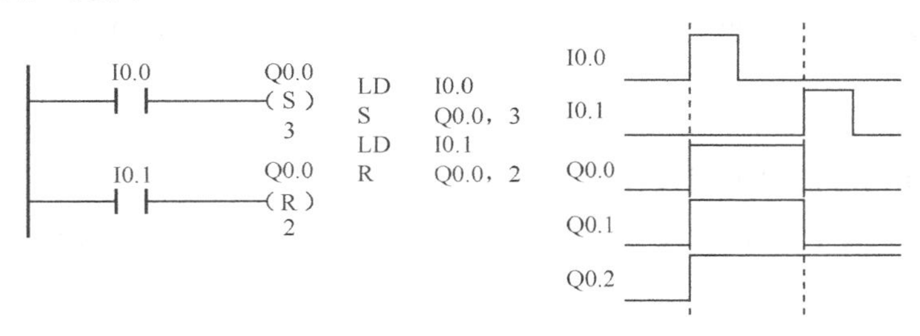

图 5-2　S、R 指令应用

◆ S、R 指令中的 3 表示从指定的 Q0.0 开始的三个触点，即 Q0.0、Q0.1 和 Q0.2。

◆ 在检测到 I0.0 闭合的上升沿时，输出线圈 Q0.0、Q0.1 和 Q.2 被置位为“1”并保持，而不论 I0.0 为何种状态。

◆ 在检测到 I0.1 闭合的上升沿时，输出线圈 Q0.0 和 Q0.1 被复位为 0 并保持，Q0.2 保持 1，而不论 I0.1 为何种状态。

4）指令说明

◆ 指定触点一旦被置位，则保持接通状态，直到对其进行复位操作；而指定触点一旦被复位，则变为断开状态，直到对其进行置位操作。

◆ 如果对定时器和计数器进行复位操作，则被指定的 T 或 C 的位被复位，同时其当前值被清 0。

◆ S、R 指令可多次使用相同编号的各类触点，使用次数不限。

3. EU（Edge Up）、ED（Edge Down）指令

1）指令格式

STL：　EU　　　　　　ED

LAD：─┤P├─　　　　　─┤N├─

2）指令功能

◆ EU 正跳变触点：在检测到正跳变（由 OFF 到 ON）时，使能流接通一个扫描周期的时间。

◆ ED 负跳变触点：在检测到负跳变（由 ON 到 OFF）时，使能流接通一个扫描周期的时间。

3）指令应用（见图 5-3）

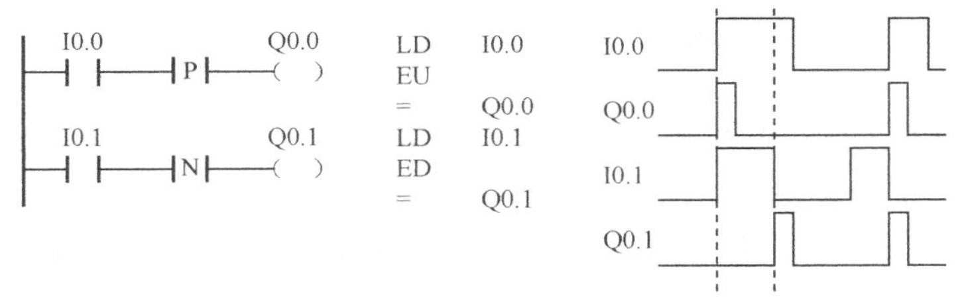

图 5-3　EU、ED 指令应用

◆ 在 I0.0 闭合的一瞬间，正跳变触点接通一个扫描周期，使 Q0.0 有一个扫描周期的输出。
◆ 在 I0.1 断开的一瞬间，负跳变触点接通一个扫描周期，使 Q0.1 有一个扫描周期的输出。

4）指令说明

◆ EU、ED 指令可以无限次使用。
◆ 正/负跳变指令常用于启动或关断条件的判断，以及配合功能指令来完成逻辑控制任务。

5.1.2 位逻辑运算指令

1. A（And）、AN（And Not）指令

1）指令格式

STL： A bit　　　　AN bit

LAD： ─┤ ├─ (bit)　　　　─┤/├─ (bit)

2）指令功能

A：单个常开触点串联连接指令，执行逻辑与运算。

AN：单个常闭触点串联连接指令，执行逻辑与运算。

3）指令应用（见图 5-4）

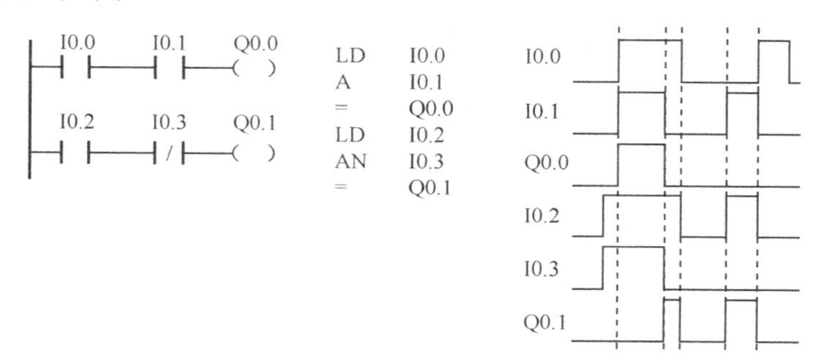

图 5-4 A、AN 指令应用

◆ I0.0 与 I0.1 执行逻辑与运算。当 I0.0 和 I0.1 都闭合时，线圈 Q0.0 接通；I0.0 与 I0.1 只要有一个不闭合，线圈 Q0.0 就不能接通。
◆ I0.2 与 I0.3 执行逻辑与运算。在 I0.2 闭合、I0.3 断开时，线圈 Q0.1 接通；若 I0.2 断开或 I0.3 闭合，则线圈 Q0.1 就不能接通。

4）指令说明

◆ A、AN 指令可以在多个触点串联连接时连续使用。使用次数仅受编程软件的限制，最多串联 32 个触点。
◆ 如图 5-5 所示，在使用“=”指令进行线圈驱动后，仍然可以使用 A、AN 指令，然后再次使用“=”指令。

◆ 在图 5-5 中，程序的上、下次序不能随意改变，否则，上述指令不能连续使用。如图 5-6 所示，在语句表中就需要使用堆栈指令过渡（堆栈指令将在后面介绍）。

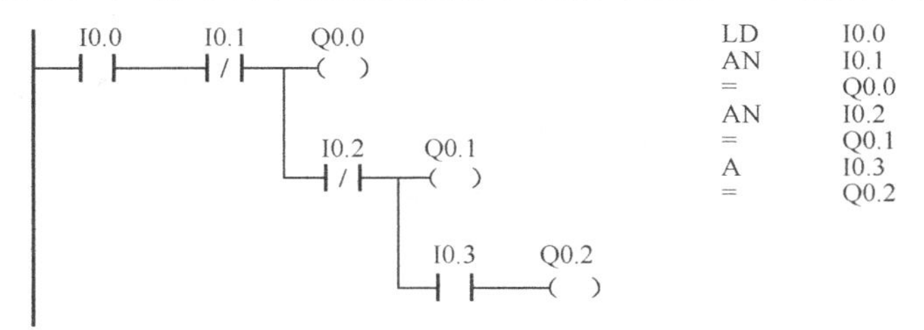

图 5-5　A、AN 指令与“=”指令的连续使用

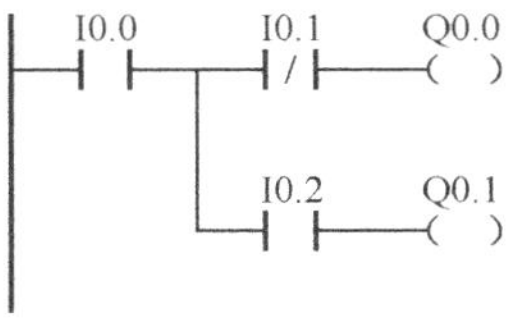

```
LD    I0.0
LPS
AN    I0.1
=     Q0.0
LPP
A     I0.2
=     Q0.1
```

图 5-6　A、AN 指令与“=”指令不能多次连续使用

2．O（Or）、ON（Or Not）指令

1）指令格式

STL：　O　bit　　　ON　bit

LAD：　bit　　　bit

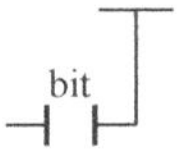

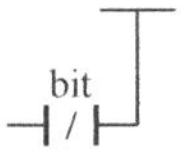

2）指令功能

O：单个常开触点并联连接指令，执行逻辑或运算。

ON：单个常闭触点并联连接指令，执行逻辑或运算。

3）指令应用（见图 5-7）

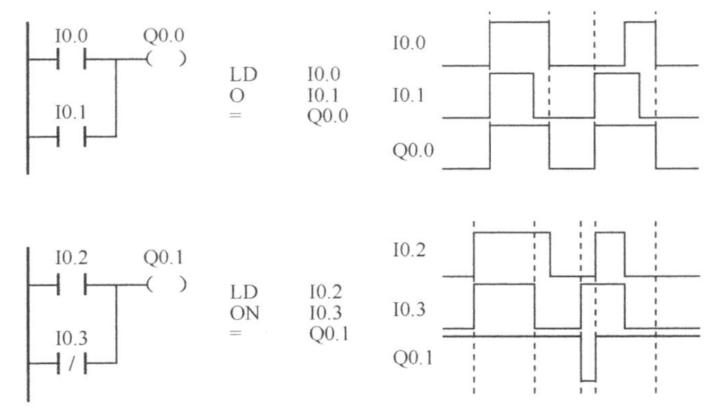

图 5-7　O、ON 指令应用

◆ I0.0 与 I0.1 执行或逻辑运算。当 I0.0 与 I0.1 中的任何一个闭合时，线圈 Q0.0 接通；当 I0.0 与 I0.1 均不闭合时，线圈 Q0.0 不能接通。

◆ I0.2 与 I0.3 执行或逻辑运算。当 I0.2 闭合或 I0.3 断开时，线圈 Q0.1 接通；若 I0.2 断开，同时 I0.3 闭合，则线圈 Q0.1 不能接通。

4）指令说明

◆ O、ON 指令可以在多个触点并联连接时连续使用。使用次数仅受编程软件的限制，在一个网络块中最多并联 32 个触点。

◆ O、ON 指令可以进行多重并联，如图 5-8 所示。

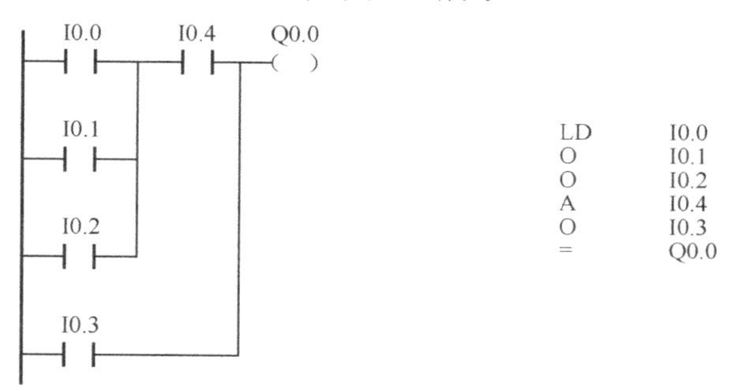

图 5-8 O、ON 多重并联结构

3. NOT 指令

1）指令格式

STL： NOT

LAD：─┤NOT├─

2）指令功能

NOT：取反指令，可将该指令处的运算结果取反。无操作数。

3）指令应用（见图 5-9）

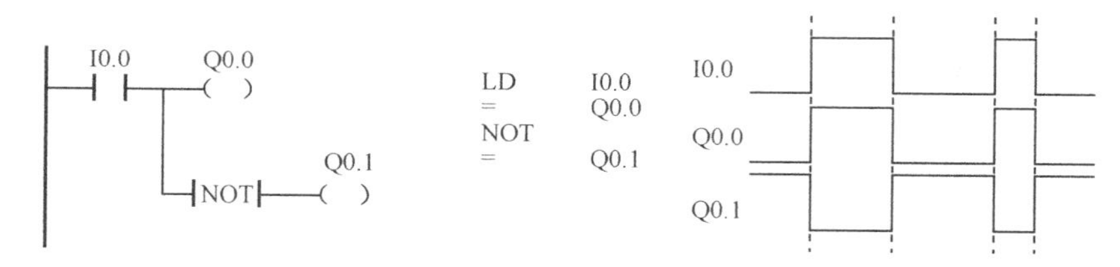

图 5-9 NOT 指令应用

4. ALD（And Load）、OLD（Or Load）指令

1）指令功能

ALD：实现多个指令块的与运算。

OLD：实现多个指令块的或运算。

指令块：两个以上的触点经过并联或串联后组成的结构。

两个或两个以上串联触点称为串联块，两个或两个以上并联触点称为并联块。两个以上的并联块相串联，用“块与”指令（ALD）编程，两个以上的串联块相并联，用“块或”指令（OLD）编程。指令块结构如图 5-10 所示。

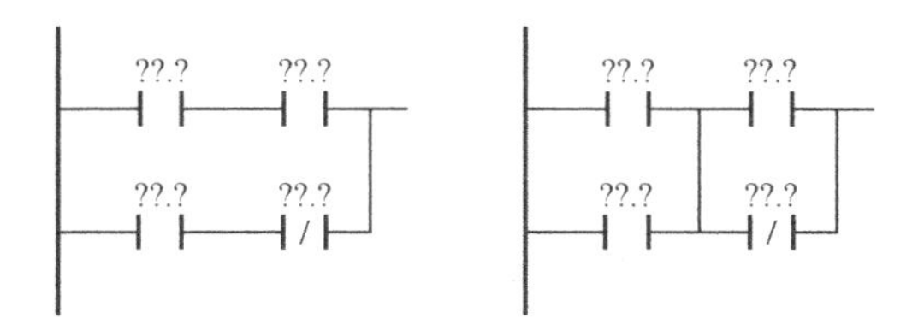

图 5-10 指令块结构

2）指令应用（见图 5-11）

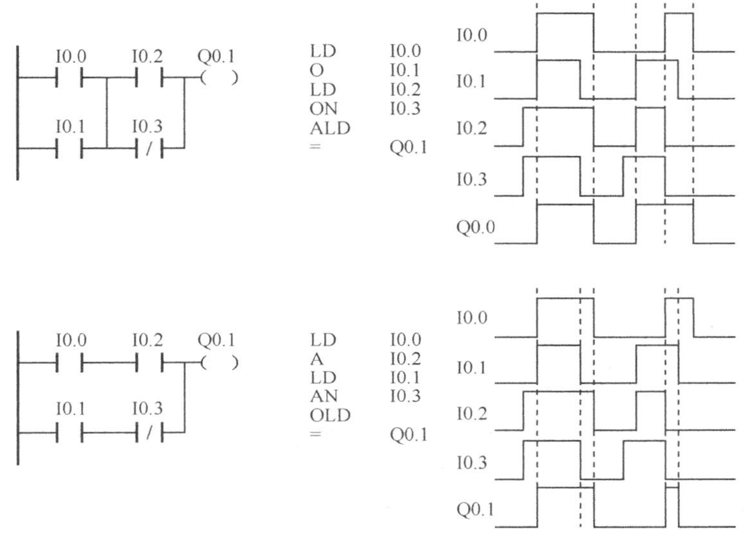

图 5-11 ALD、OLD 指令应用

3）指令说明

◆ 几个串、并联支路进行并联或串联连接时，其支路的起点以 LD、LDN 开始，支路终点用 OLD、ALD 指令。

◆ 如需将多个支路并联或串联，则从第二条支路开始，在每一条支路后面加 OLD 指令或 ALD 指令。

◆ OLD、ALD 指令均无直接操作数。

5. LPS（Logic Push）、LRD（Logic Read）、LPP（Logic Pop）、LDS（Load Stack）指令

S7-200 系列 PLC 提供了一个 9 层的堆栈来处理所有的逻辑操作，栈顶用于存储当前逻辑运算的结果，下面是 8 位的栈空间。堆栈中一般按照先进后出的原则进行操作，每一次进行入栈操作，新值放入栈顶，栈底值丢失；每一次进行出栈操作，栈顶值弹出，栈底值补入随机数。

1）指令功能

LPS：逻辑入栈指令（分支或主控指令），复制栈顶的值，并将这个值推入栈顶，使栈底的值被压出丢失。在梯形图的分支结构中，用于生成一条新的母线，左侧为主控逻辑块时，第一个完整的从逻辑行从此处开始。

LRD：逻辑读栈指令，复制堆栈中的第二个值到栈顶，不对堆栈进行入栈或出栈操作，

但原栈顶值被新值取代。在梯形图的分支结构中，当左侧为主控逻辑块时，开始第二个和后边更多的从逻辑块。

LPP：逻辑出栈指令（分支结束或主控复位指令），堆栈中的第二个值到栈顶，栈底补入随机数。在梯形图的分支结构中，用于将 LPS 指令生成一条新的母线进行恢复。

LDS：复制堆栈中的第 *n* 个值到栈顶，栈底值丢失。如 LDS 3，是将堆栈中的第 3 个值复制到栈顶，并进行入栈操作，*n* 的取值范围为 0～8。该指令使用较少。

2）指令应用（见图 5-12）

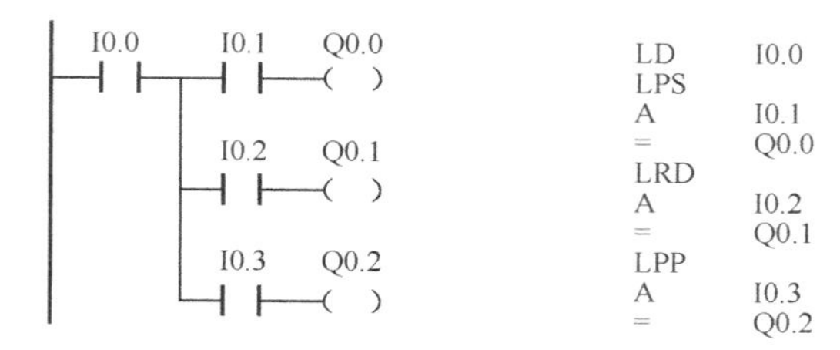

图 5-12　堆栈指令应用

当 I0.0 闭合时，则有下面步骤：

◆ 将 I0.0 的值由 LPS 指令压入堆栈存储（栈顶），当 I0.1 也闭合时，Q0.0 接通。
◆ 用 LRD 指令读出堆栈中存储的值，但没有出栈操作，当 I0.2 闭合时，Q0.1 接通。
◆ 用 LPP 指令读出堆栈中存储的值，同时执行出栈操作，将 LPS 指令压入堆栈的值弹出，当 I0.3 闭合时，Q0.2 接通。

3）指令说明

◆ 堆栈操作指令用于处理线路的分支点。在编制控制程序时，经常遇到多个分支电路同时受一个或一组触点控制的情况，若采用前述指令不容易编写程序，用堆栈操作指令则可方便地将梯形图转换为语句表。
◆ 堆栈指令的操作原理如图 5-13 所示。

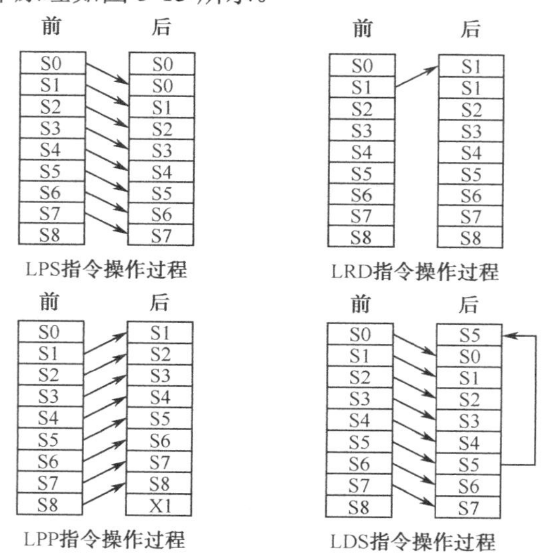

图 5-13　堆栈指令操作原理图

◆ 逻辑堆栈指令是无操作数指令。
◆ 由于堆栈空间有限（9 层），所以，LPS 和 LPP 指令的连续使用不得超过 9 次。
◆ LPS 和 LPP 指令必须成对使用，在它们之间可以多次使用 LRD 指令（见图 5-14）。

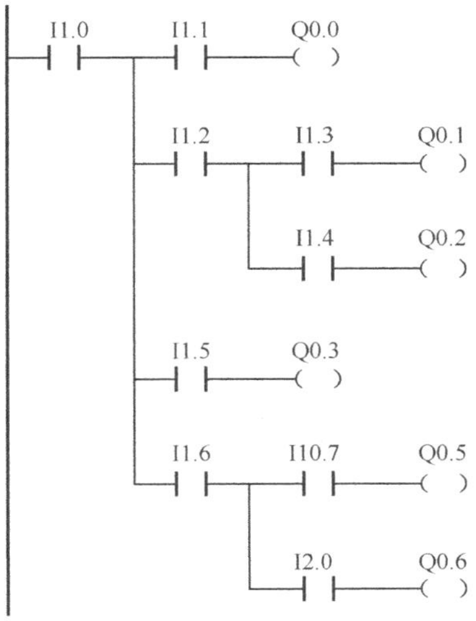

```
LD    I1.0
LPS
A     I1.1
=     Q0.0
LRD
A     I1.2
LPS
A     I1.3
=     Q0.1
LPP
A     I1.4
=     Q0.2
LRD
A     I1.5
=     Q0.3
LPP
A     I1.6
LPS
A     I10.7
=     Q0.5
LPP
A     I2.0
=     Q0.6
```

图 5-14　堆栈指令应用

5.2　定时器与计数器指令

定时器是用来定时的，计数器是用来计数的，定时器和计数器是控制设备实现自动运行最基本的元件。使用定时器和计数器可以实现复杂的控制任务。

S7-200 系列 PLC 内部有 256 个定时器，按照分辨率（时基）分类：1ms 定时器、10ms 定时器、100ms 定时器；按功能分类：接通延时定时器（TON）、断开延时定时器（TOF）、有记忆接通延时定时器（TONR）。

定时器有 6 个要素：

◆ 预置值——PT。
◆ 使能——IN。
◆ 复位——3 种定时器不同。
◆ 当前值——TXXX。
◆ 定时器状态（位）——可由触点显示。
◆ 定时器值=时基×预置值 PT。

5.2.1 定时器指令

1. TON 指令

1）指令格式

STL: TON ????, PT

LAD:

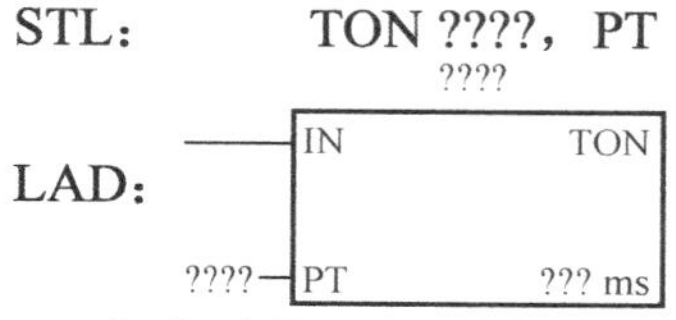

2）指令功能

TON：接通延时定时器（On-Delay Timer）。在启用输入为“打开”时，开始计时。当前值（Txxx）大于或等于预设时间（PT）时，定时器位为“打开”。启用输入为“关闭”时，接通延时定时器，当前值被清除。达到预设值后，定时器仍继续计时，达到最大值 32767 时，停止计时。

3）指令应用（见图 5-15）

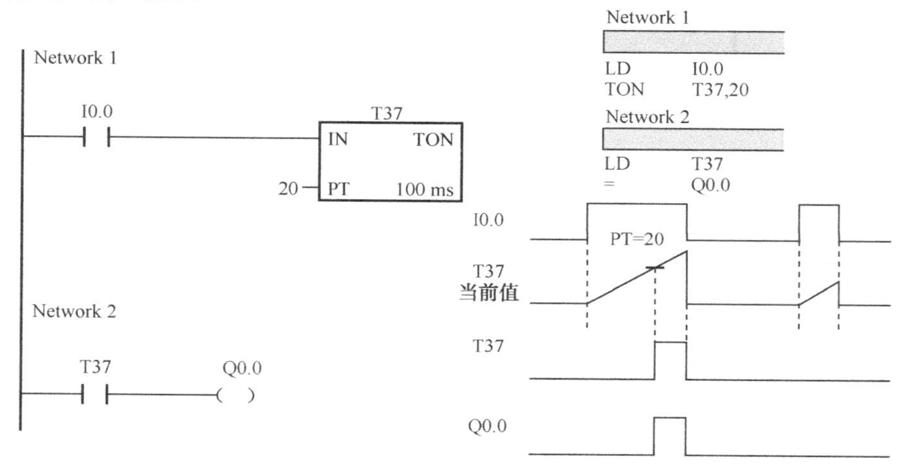

图 5-15 TON 指令应用

- PLC 上电后的第一个扫描周期，定时器位为断开状态，当前值为“0”。输入端 I0.0 接通后，定时器当前值从 0 开始计时，在当前值达到预置值时，定时器位闭合，当前值仍会继续计数到 32767。
- 在输入断开后，定时器自动复位，定时器位同时断开，当前值恢复为“0”。
- 若再次将 I0.0 闭合，则定时器重新开始计时，若未到定时时间 I0.0 已断开，则定时器复位，当前值也恢复为“0”。

4）指令说明

- 上电时，状态位（T）和定时器内容被清 0。
- 使能输入接通，接通延时定时器（TON）开始计时。
- 定时器当前值大于或等于预设值，状态位（T）被置为“1”，但继续计时，一直计到最大值 32767。
- 当使能输入断开，定时器停止计时，当前值被清除。

2. TOF 指令

1）指令格式

STL:　　TOF ????，PT

LAD:

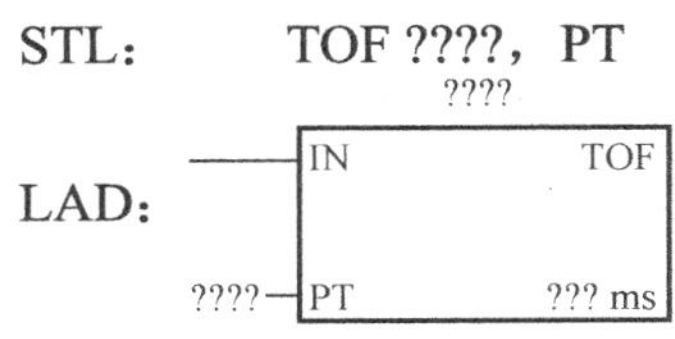

2）指令功能

TOF：接通延时定时器（Off-Delay Timer）。用于在输入断开后，延迟固定的一段时间再断开输出。

3）指令应用（见图5-16）

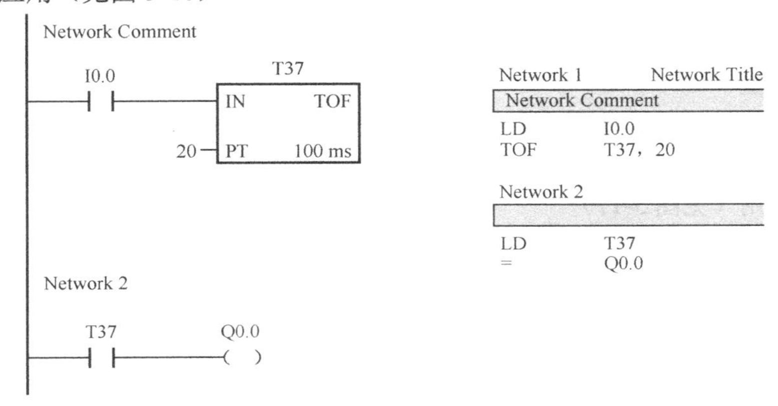

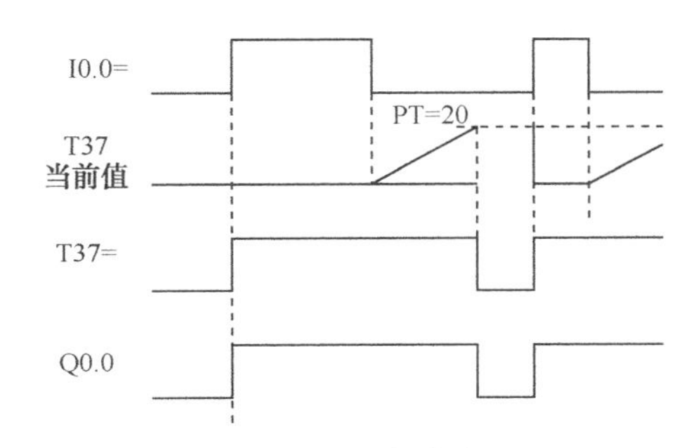

图5-16　TOF 指令应用

- PLC上电后的第一个扫描周期，定时器位为断开状态，当前值为“0”。输入端I0.0接通后，定时器当前值保持为“0”，状态位为“1”。当输入端由闭合变为断开时，定时器开始计时，当当前值达到预置值（PT=20）时，定时器位为断开（0），同时停止计时。
- 定时器动作后，若输入端由断开变为闭合时，TOF定时器位及当前值复位；若输入端再次断开，定时器可以重复启动。

4）指令说明

- 用于在输入断开后延时一段时间才断开输出。

◆ 上电时，定时器（TOF）状态位（T）和寄存器内容被清 0。
◆ 使能输入接通，断开延时定时器（TOF）的状态位（T）立即接通并被置为“1”，并将当前值清 0。此时定时器并不开始定时，这是和接通延时定时器不同的地方。
◆ 使能输入断开，TOF 开始计时，直到当前值大于或等于预设值时，状态位（T）被清 0，并停止计时。

3．TONR 指令

1）指令格式

STL:　　TONR ????，PT

LAD:

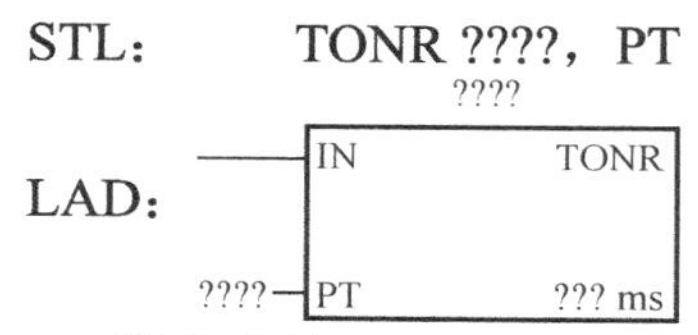

2）指令功能

TONR：有记忆接通延时定时器（Retentive On-Delay Timer）。用于累计输入信号的接通时间。

3）指令应用（见图 5-17）

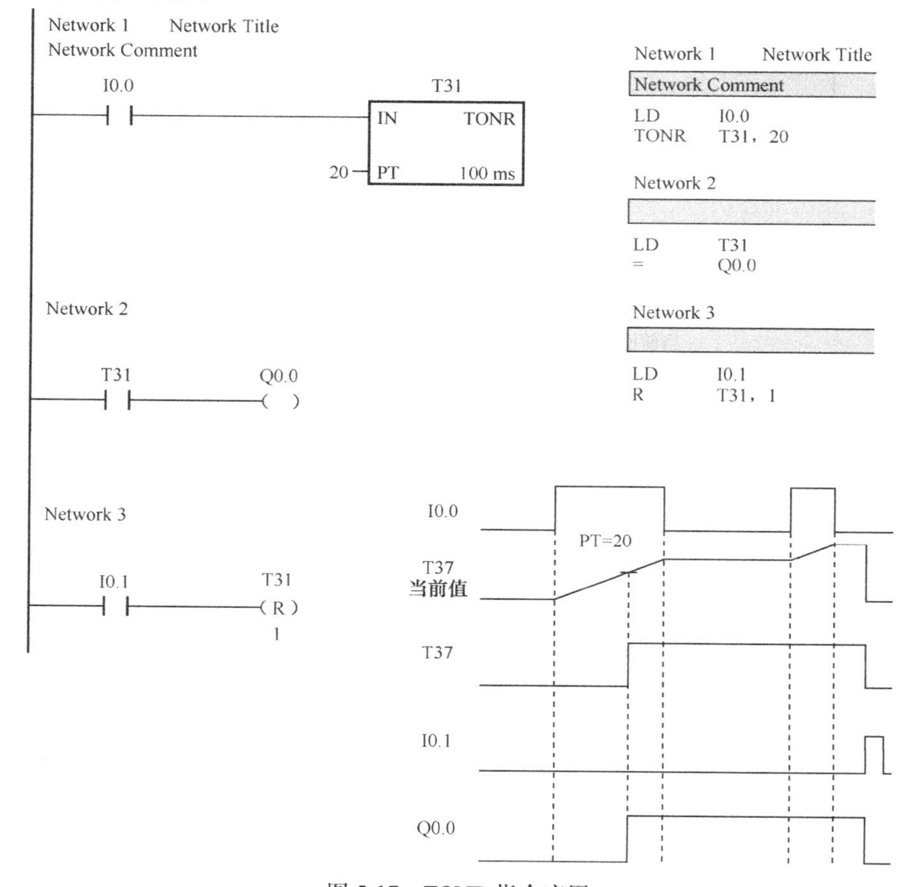

图 5-17　TONR 指令应用

◆ PLC 上电后的第一个扫描周期，定时器位为断开状态，当前值为 0。当前值保持为掉电之前的值。每次输入端 I0.0 接通后，定时器从上次的保持值继续计时，当当前值达到预置值时，定时器位为 1，当前值仍然继续计数到最大值为 32767。
◆ TONR 的定时器位一旦闭合，只能用复位指令 R 进行复位操作，同时清除当前值。

4）指令说明

◆ 多次时间间隔累计定时。
◆ 上电时，状态位（T）被清 0，内容保持为上次停机时的值。
◆ 使能输入接通，TONR 在上次数值基础上开始计时。
◆ 当前值大于或等于预设值，状态位（T）被置为“1”，并继续计时，一直计到最大值为 32767。
◆ 输入端断开时，定时器的当前值保持不变，定时器位不变。
◆ 用有记忆接通延时定时器（TONR）可累计使能输入信号的接通时间。
◆ 利用复位指令清除有记忆接通延时定时器的当前值。

注意：

（1）每个定时器均有一个 16bit 当前寄存器及一个 1bit 的状态（反映其触点状态）。
（2）不能把一个定时器号同时用做 TOF 和 TON，如不能既有 TON T32 又有 TOF T32。
（3）定时器各类型所对应定时器号及分辨率如表 5-1 所示。

表 5-1　定时器各类型所对应定时器号及分辨率

定时器类型	分辨率（ms）	最大定时范围（s）	定时器编号
TONR	1	32.767	T0、T64
	10	327.67	T1～T4、T65～T68
	100	3276.7	T5～T31、T69～T95
TON/TOF	1	32.767	T32、T96
	10	327.67	T33～T36、T97～T100
	100	3276.7	T37～T63、T101～T255

5.2.2　计数器指令

计数器用来累计输入脉冲的次数。计数器也是由集成电路构成的。它是应用非常广泛的编程元件，经常用来对产品进行计数。计数器按计数方式可分为三种：增计数（CTU）、增减计数（CTUD）和减计数（CTD）。S7-200 PLC 内部有 256 个计数器（C0～C255）。

1．CTU 指令

1）指令格式

STL:　　CTU ????，PV

LAD:

????
CU　CTU
R
???? PV

2）指令功能

CTU：增计数器（Count Up）。每次增计数器输入 CU 从关闭向打开转换时，增计数（CTU）指令从当前值向上计数。

3）指令应用（见图 5-18）

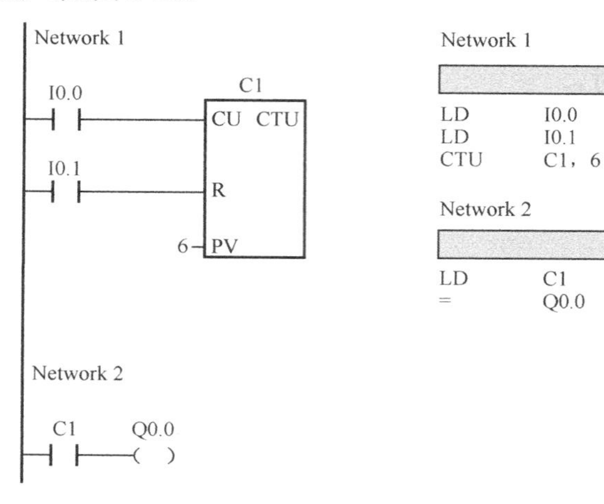

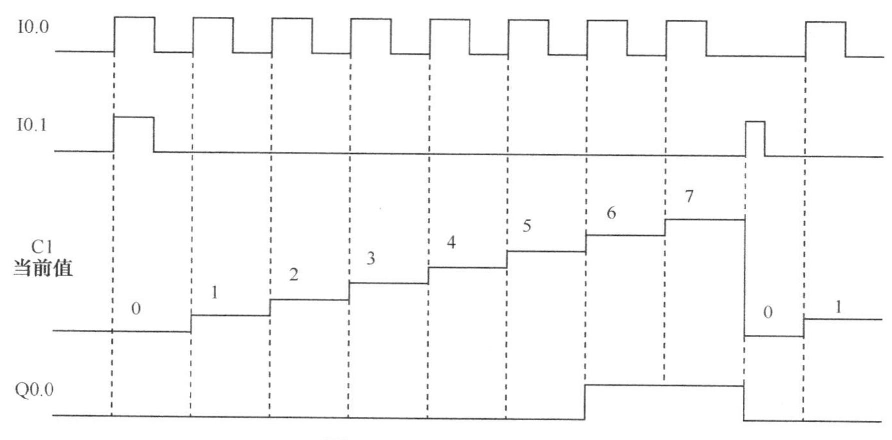

图 5-18 CTU 指令应用

- PLC 上电后的第一个扫描周期，计数器位为断开状态，当前值为 0。计数脉冲输入端 CU 每检测到一个正跳变，当前值就加 1。当前值等于预置值时，计数器状态位为 1。如果 CU 仍有脉冲输入，则当前值继续计数，一直计到最大值为 32767，然后停止计数。
- 复位输入端 R 有效时，计数器位将被复位，当前值也将被复位为 0。也可以直接利用复位指令对计数器进行复位操作。
- 在本例中，当第 6 个脉冲到来时，计数器状态位为 1，输出线圈 Q0.0 接通。当 I0.1 闭合时，计数器位被复位，Q0.0 断开。

4）指令说明

- 首次扫描，计数器位为 OFF，当前值为 0。

◆ 脉冲输入的每个上升沿，计数器计数 1 次，当前值增加 1 个单位，当当前值达到预设值时，计数器位为 ON，当前值继续计数到 32767，停止计数。

◆ 复位输入有效或执行复位指令，计数器自动复位，即计数器位为 OFF，当前值为 0。

2. CTD 指令

1）指令格式

STL：　　CTD ????，PV

LAD：

????
CD　CTD
LD
???? PV

2）指令功能

CTD：减计数器（Count Down）。脉冲输入端 CD 用于递减计数。

3）指令应用（见图 5-19）

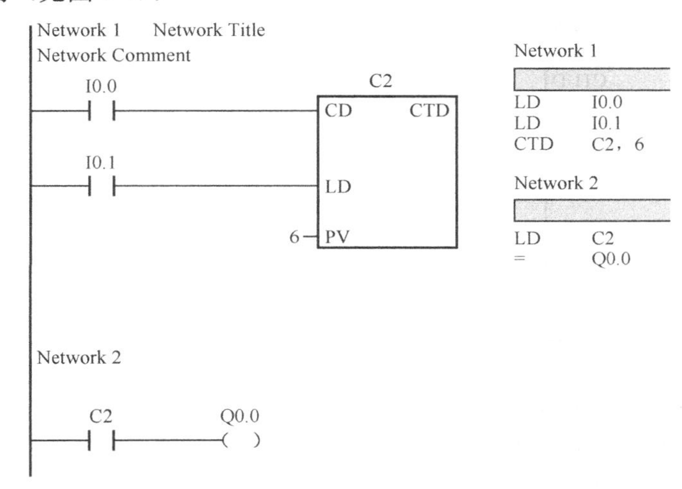

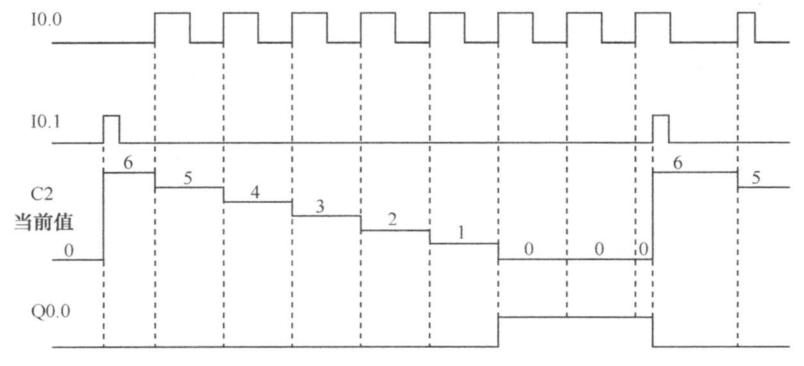

图 5-19　CTD 指令应用

◆ PLC 上电后的第一个扫描周期，计数器位为断开状态，当前值为预置值 6。计数脉冲输入端 CD 每检测到一个正跳变，当前值就减 1。当当前值减小到 0 时，停止计数，计数器位变为闭合状态。
◆ 复位输入端 LD 有效时，计数器位将被复位。同时将预置值 PV 重新赋给当前值。
◆ 在本例中，当第 6 个脉冲到来时，计数器状态位为 1，输出线圈 Q0.0 接通。当 I0.1 闭合时，计数器位被复位，Q0.0 断开。

4）指令说明

◆ 首次扫描，定时器位为 OFF，当前值等于预设值 PV。
◆ 计数器检测到 CD 输入的每个上升沿时，计数器当前值减小 1 个单位，当前值减到 0 时，计数器位为 ON。
◆ 复位输入有效或执行复位指令，计数器自动复位，即计数器位为 OFF，当前值复位为预设值，而不是 0。

3. CTUD 指令

1）指令格式

STL：　CTUD ????，PV

LAD：

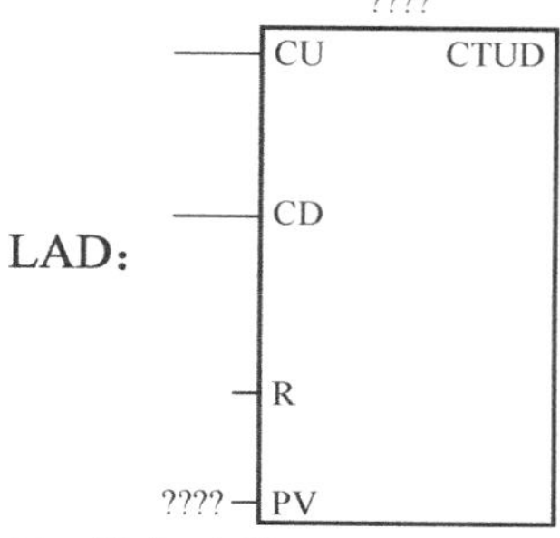

2）指令功能

◆ CTUD：增减计数器（Count Up/Down）。有两个脉冲输入端：CU 输入端用于递增计数，CD 输入端用于递减计数。

3）指令应用（见图 5-20）

◆ PLC 上电后的第一个扫描周期，计数器位为断开状态，当前值为 0。CU 输入端每检测到一个正跳变，则计数器当前值增加 1；计数脉冲输入端 CD 每检测到一个正跳变，当前值就减 1。当当前值大于或等于预置值时，计数器位为闭合状态。当当前值小于预置值时，计数器值为断开状态，停止计数，计数器位变为闭合状态。
◆ 复位输入端 R 有效时，计数器位将被复位。计数器位被复位为断开状态，当前值则复位为 0。
◆ 在本例中，当 C3 的当前值大于或等于 3 时，计数器状态位为 1，输出线圈 Q0.0 接通。当当前值小于 3 时，C3 触点断开。当 I0.2 闭合时，计数器位被复位，Q0.0 断开。

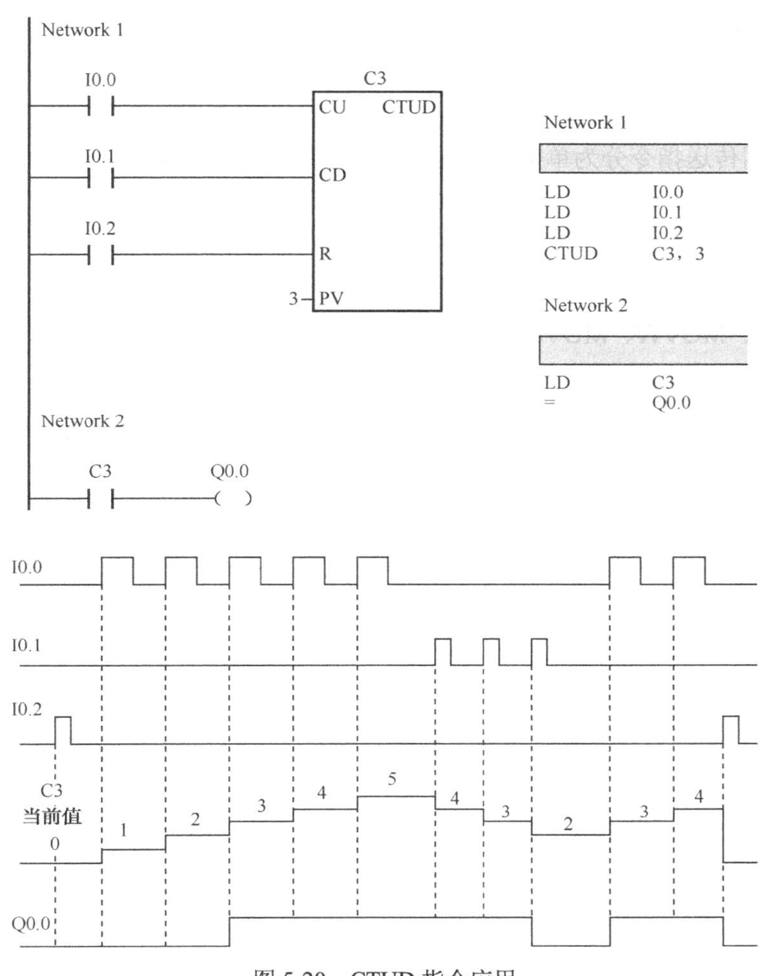

图 5-20 CTUD 指令应用

4）指令说明

◆ 当 CU 端有上升沿输入时，计数器当前值加 1。

◆ 当 CD 端有上升沿输入时，计数器从预设的当前值中减 1。

◆ 当计数器当前值大于或等于预置值（PV）时，该计数器状态位（C）置“1”，即常开触点闭合。

◆ 当复位输入端 R 被置位时，则计数器复位，当前值和状态位（C）被清 0。

◆ 加/减计数器的计数范围为-32768～32767。当计数器达到最大值 32767 时，再来一个加计数脉冲，则当前值转为-32768。当计数器达到最小值-32768 时，再来一个减计数脉冲，则当前值转为 32767。

5.3 数据处理指令

数据处理功能包括数据传送功能、移位功能、比较功能、转换功能和运算功能。

5.3.1 传送指令

传送指令是单个数据或多个连续数据从源地址传送到目的地址，主要用于 PLC 内部数据的传送。数据传送指令分为单数据传送指令和块数据传送指令。

◆ 单数据传送指令——一次传送一个字节、字、双字或实数。

◆ 块数据传送指令——将一个由 N 个字节组成的数据块按字节、字或双字方式进行传送。

1. MOVB、MOVW、MOVD 和 MOVR 指令

1）指令格式

STL：MOVB IN，OUT　MOVW IN，OUT　MOVD IN，OUT　MOVR IN，OUT

LAD：

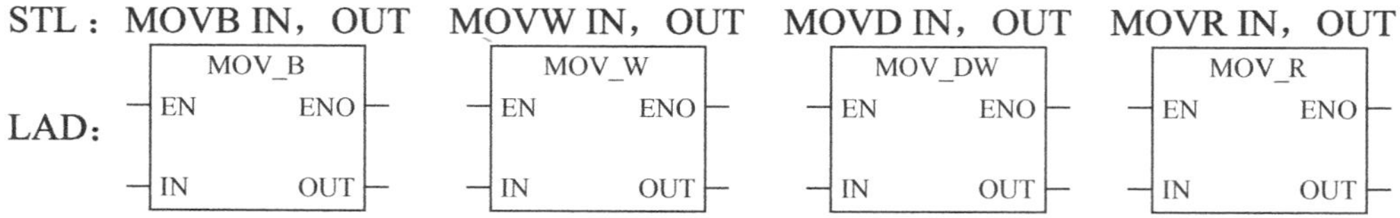

2）指令功能

◆ MOVB：字节传送指令。将输入字节（IN）移至输出字节（OUT），不改变原来的数值。

◆ MOVW：字传送指令。将输入字（IN）移至输出字（OUT），不改变原来的数值。

◆ MOVD：双字传送指令。将输入双字（IN）移至输出双字（OUT），不改变原来的数值。

◆ MOVR：实数传送指令。将 32 位、实数输入双字（IN）移至输出双字（OUT），不改变原来的数值。

3）指令应用（见图 5-21）

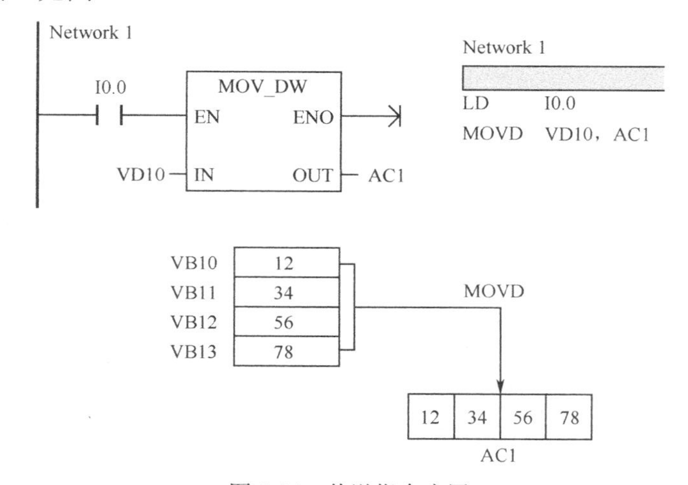

图 5-21　传送指令应用

◆ 当 I0.0 闭合时，将 VD10 中的数据传送到 AC1 中。

2. BMB、BMW 和 BMD 指令

1）指令格式

STL：BMB IN，OUT，N　BMW IN，OUT，N　BMD IN，OUT，N

LAD:

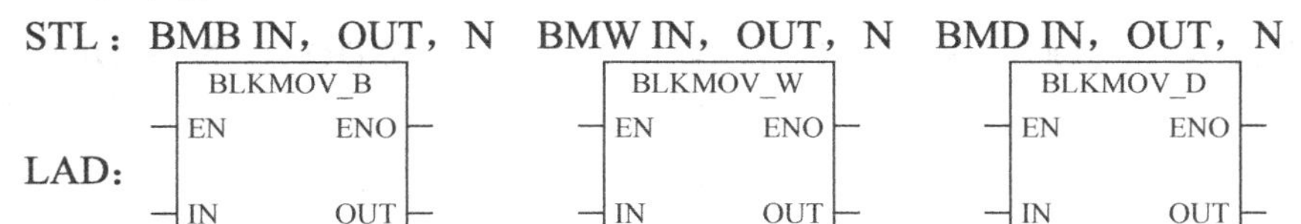

2）指令功能

BMB：字节块传送指令。指令将字节数目（N）从输入地址（IN）移至输出地址（OUT）。N 的范围为 1～255。

BMW：字块传送指令。指令将字数目（N）从输入地址（IN）移至输出地址（OUT）。N 的范围为 1～255。

BMD：双字块传送指令。指令将双字数目（N）从输入地址（IN）移至输出地址（OUT）。N 的范围为 1～255。

3）指令应用（见图 5-22）

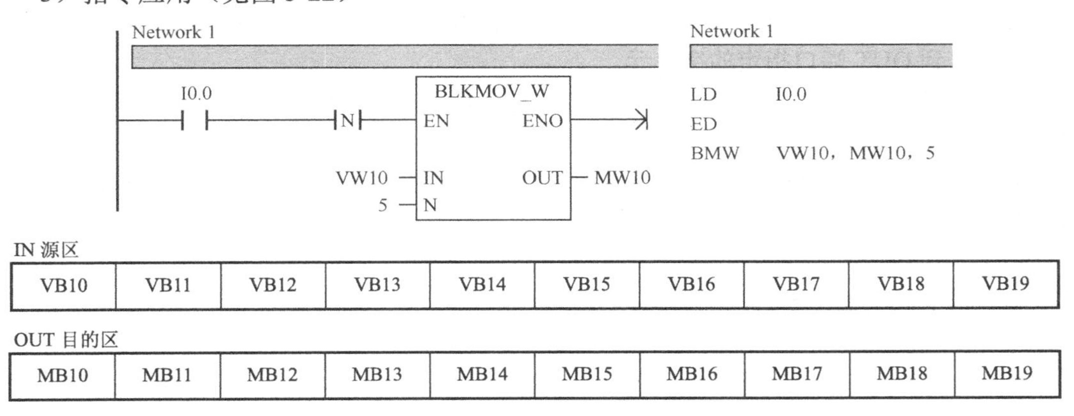

图 5-22　块传送指令应用

由于负跳变指令的作用，当 I0.0 闭合到断开的第一个扫描周期时，BMW 指令执行，将以 VW10 开始的 5 个字传送到 MW10～MW18 存储单元中。

5.3.2　移位和循环移位指令

数据移位指令是对数值的每一位进行左移或右移，从而实现数值变换。数据移位指令主要包括字节、字和双字的左、右移位指令。

1．SRB、SLB、SRW、SLW、SRD 和 SLD 指令

1）指令格式

STL：SRB OUT，N　SLB OUT，N　SRW OUT，N　SLW OUT，N　SRD OUT，N　SLD OUT，N

LAD：

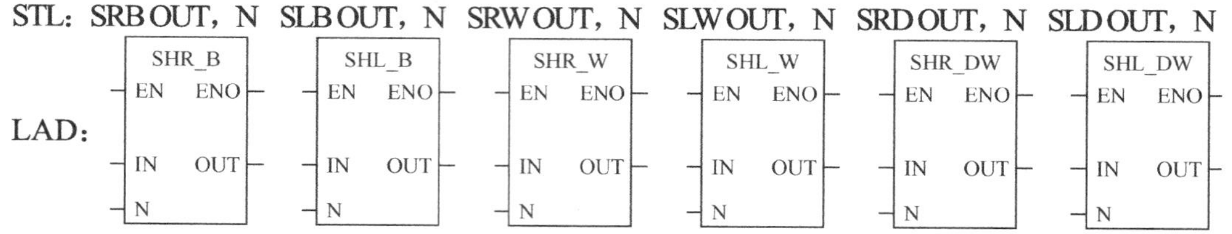

2）指令功能

SRB：字节右移移位指令。当 EN 端口执行条件存在时，将 IN 端口指定的字节数据右移 N 位后，输出到 OUT 端口指定的字节单元。

SLB：字节左移移位指令。当 EN 端口执行条件存在时，将 IN 端口指定的字节数据左移 N 位后，输出到 OUT 端口指定的字节单元。

SRW：字右移移位指令。当 EN 端口执行条件存在时，将 IN 端口指定的字数据右移 N 位后，输出到 OUT 端口指定的字单元。

SLW：字左移移位指令。当 EN 端口执行条件存在时，将 IN 端口指定的字数据左移 N 位后，输出到 OUT 端口指定的字单元。

SRD：双字右移移位指令。当 EN 端口执行条件存在时，将 IN 端口指定的双字数据右移 N 位后，输出到 OUT 端口指定的双字单元。

SLD：双字左移移位指令。当 EN 端口执行条件存在时，将 IN 端口指定的双字数据左移 N 位后，输出到 OUT 端口指定的双字单元。

3）指令应用

传送指令应用如图 5-23 所示。

4）指令说明

- 以上 6 条指令均为无符号操作。
- 移位指令对每个移出位补 0。字节移位指令：如果移位数目（N）大于或等于 8，则数值最多被移位 8 次；字移位指令：如果移位数目（N）大于或等于 16，则数值最多被移位 16 次；双字移位指令：如果移位数目（N）大于或等于 32，则数值最多被移位 32 次。

2．RRB、RLB、RRW、RLW、RRD 和 RLD 指令

1）指令格式

STL：RRB OUT，N　RLB OUT，N　RRW OUT，N　RLW OUT，N　RRD OUT，N　RLD OUT，N

LAD：

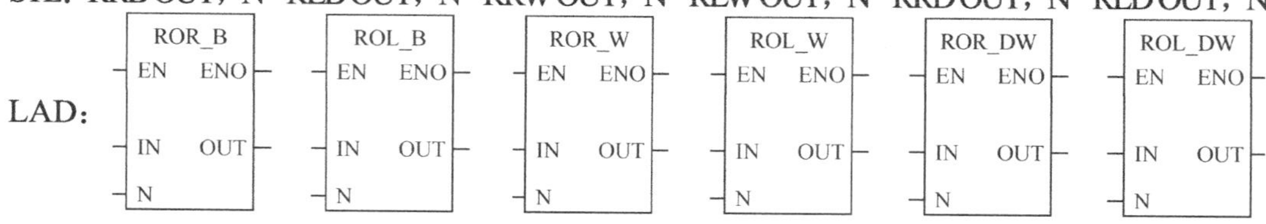

2）指令功能

RRB：字节循环右移移位指令。当EN端口执行条件存在时，将IN端口指定的字节数据循环右移N位后，输出到OUT端口指定的字节单元。

RLB：字节循环左移移位指令。当EN端口执行条件存在时，将IN端口指定的字节数据循环左移N位后，输出到OUT端口指定的字节单元。

RRW：字循环右移位指令。当EN端口执行条件存在时，将IN端口指定的字数据循环右移N位后，输出到OUT端口指定的字单元。

RLW：字循环左移位指令。当EN端口执行条件存在时，将IN端口指定的字数据循环左移N位后，输出到OUT端口指定的字单元。

RRD：双字循环右移移位指令。当EN端口执行条件存在时，将IN端口指定的双字数据循环右移N位后，输出到OUT端口指定的双字单元。

RLD：双字循环左移移位指令。当EN端口执行条件存在时，将IN端口指定的双字数据循环左移N位后，输出到OUT端口指定的双字单元。

3）指令应用（见图5-23）

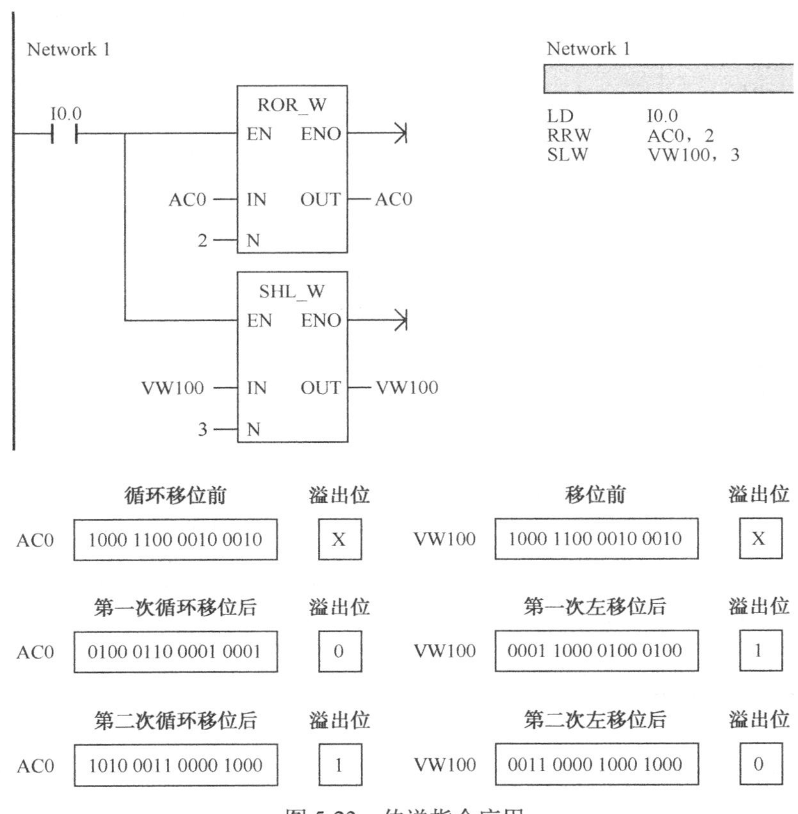

图5-23　传送指令应用

4）指令说明

◆ 以上6条指令均为无符号操作。

◆ 对于字节循环移位指令，如果移位数目（N）大于或等于8，执行循环之前先对位数（N）

进行模数 8 操作，从而使位数在 0～7 之间；对于字循环移位指令，如果移动位数（N）大于或等于 16，在循环执行之前的移动位数（N）上执行模数 16 操作。从而使移动位数在 0～15 之间；对于双字循环移位指令，如果移位数目（N）大于或等于 32，执行循环之前在移动位数（N）上执行模数 32 操作。从而使位数在 0～31 之间。

◆ 如果取模后移动位数为 0，则不执行循环操作。如果执行循环操作，循环的最后一位数值被复制至溢出位（SM1.1）。

◆ 特殊内存位：SM1.0，当需要循环的数值是零时，设置为零位；而 SM1.1 为溢出标志位，即循环出的最后一个位。

5.3.3 比较指令

比较指令用于比较两个值，即 IN1 和 IN2。

比较包括 IN1=IN2、IN1 >= IN2、IN1 <= IN2、IN1 > IN2、IN1 < IN2 或 IN1 < > IN2。

1）指令格式

	字节比较	整数比较	双字整数比较	实数比较	字符串比较
LAD	IN1 ─┤==B├─ IN2	IN1 ─┤==I├─ IN2	IN1 ─┤==D├─ IN2	IN1 ─┤==R├─ IN2	IN1 ─┤==S├─ IN2
STL	LDAB=IN1，IN2	LDAW=IN1，IN2	LDAD=IN1，IN2	LDAR=IN，IN2	LDAS=IN，IN2
	AB=IN1，IN2	AW=IN1，IN2	AD=IN1，IN2	AR=IN，IN2	AS=IN1，IN2
	OB=IN1，IN2	OW=IN1，IN2	OD=IN1，IN2	OR=IN，IN2	OS=IN1，IN2
	LDB< >IN1，IN2	LDW< >IN1，IN2	LDD< >IN1，IN2	LDR< >IN1，IN2	LDS< >IN，IN2
	AB< >IN1，IN2	AW< >IN1，IN2	AD< >IN1，IN2	AR< >IN，IN2	AS< >IN1，IN2
	OB< >IN1，IN2	OW< >IN1，IN2	OD< >IN1，IN2	OR< >IN，IN2	OS< >IN1，IN2
	LDB<IN1，IN2	LDW<IN1，IN2	LDD<IN1，IN2	LDR<IN1，IN2	
	AB<IN1，IN2	AW<IN1，IN2	AD<IN1，IN2	AR<IN1，IN2	
	OB<IN1，IN2	OW<IN1，IN2	OD<IN1，IN2	OR<IN1，IN2	
	LDB<=IN1，IN2	LDW<=IN1，IN2	LDD<=IN1，IN2	LDR<=IN1，IN2	
	AB<=IN1，IN2	AW<=IN1，IN2	AD<=N1，IN2	AR<=IN，IN2	
	OB<=IN1，IN2	OW<=IN1，IN2	OD<=IN1，IN2	OR<=IN，IN2	
	LDB>IN1，IN2	LDW>IN1，IN2	LDD>IN1，IN2	LDR>IN1，IN2	
	AB>IN1，IN2	AW>IN1，IN2	AD>IN1，IN2	AR>IN1，IN2	
	OB>IN1，IN2	OW>IN1，IN2	OD>IN1，IN2	OR>IN1，IN2	
	LDB >=IN1，IN2	LDW >=IN1，IN2	LDD >=IN，IN2	LDR >=IN，IN2	
	AB >=IN1，IN2	AW >=IN1，IN2	AD >=IN，IN2	AR >=IN1，IN2	
	OB >=IN1，IN2	OW >=IN1，IN2	OD >=IN，IN2	OR >=IN1，IN2	

注意：

LAD 中只给出了“等于”的比较关系。

2）指令功能

字节比较不带符号。在 LAD 中，比较为真实时，触点打开。在 FBD 中，比较为真实时，输出打开。在 STL 中，比较为真实时，1 位于堆栈顶端，指令执行载入、AND（与）或 OR（或）操作。

3）指令应用（见图5-24）

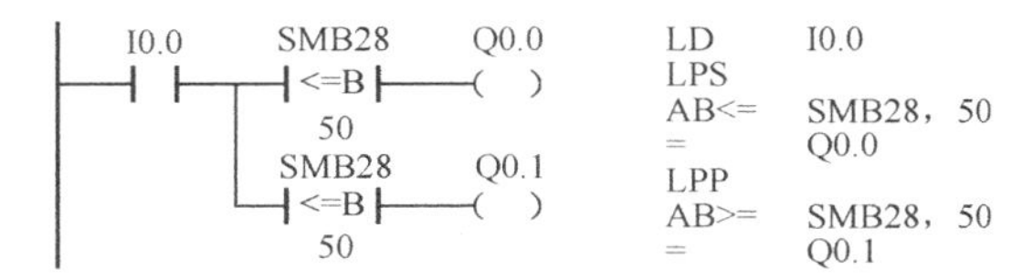

图5-24 比较指令应用

4）指令说明

以下条件为严重错误，会使S7-200立即停止执行程序：

◆ 遇到非法间接地址（任何比较指令）。

◆ 遇到非法实数（例如，NAN、“比较实数”指令）。

为了防止出现此类错误，请务必在执行此类数值的比较指令之前，以适当的方式初始化指针和包含实数的数值。无论使能位状态如何，“比较”指令均会执行。

5.4 程序控制指令

程序控制指令用于对程序流转的控制，可以控制程序的结束、分支、循环、子程序或中断程序调用等。本书中重点介绍子程序指令和中断程序指令。

5.4.1 子程序指令

程序中有些部分可能要实现相同的功能，而且这些功能需要经常用到，用子程序实现这个功能是很适合的。子程序通常是与主程序分开的、完成特定功能的一段程序。当主程序（调用程序）需要执行这个功能时，就可以调用该子程序（被调用程序）。于是，程序转移到这个子程序的起始处执行。当运行完子程序后，再返回调用它的主程序。子程序由主程序执行子程序调用指令CALL来调用。而子程序执行完后用子程序返回指令RET，返回主程序继续执行。CALL和RET指令均不影响标志位。

1）指令格式

STL：CALL SBR_N　　　　CRET

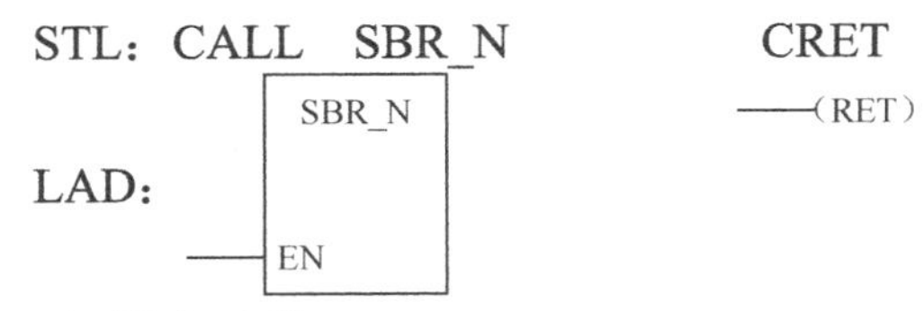

2）指令功能

CALL：子程序调用指令。当EN条件满足时，将主程序转到子程序入口开始执行子程序。SBR_N是子程序名，标志子程序入口地址。

CRET：有条件子程序返回指令。在其逻辑条件成立时，结束子程序执行，返回主程序中的子程序调用处继续向下执行。

3）指令应用（见图 5-25）

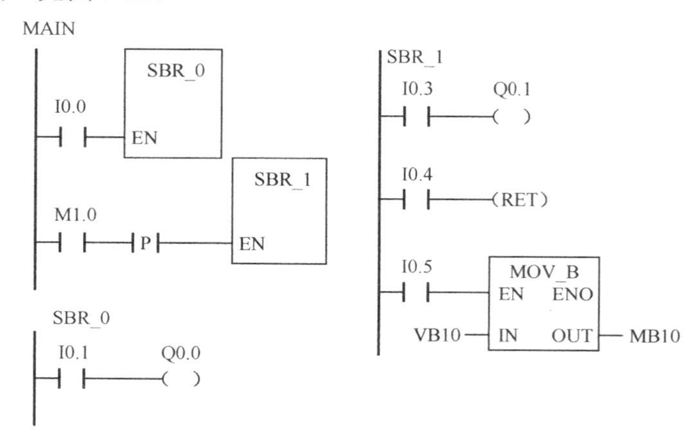

图 5-25　子程序调用指令应用

◆ 当 I0.0 闭合时，调用子程序 SBR_0，子程序所有指令执行完毕，返回主程序调用处，继续执行主程序。每个扫描周期，此程序运行一次，直到 I0.0 断开。在子程序调用期间，若 I0.1 闭合，则线圈 Q0.0 接通。

◆ 在 M1.0 闭合期间，调用子程序 SBR_1，执行过程同子程序 SBR_0。在子程序 SBR_1 执行期间，若 I0.3 闭合，则线圈 Q0.1 接通；若 I0.4 断开且 I0.5 闭合，则 MOV_B 指令执行；若 I0.4 闭合，则执行有条件子程序返回指令 CRET，程序返回主程序继续执行，MOV_B 指令不执行。

4）指令说明

◆ CRET 多用于子程序内部，在条件满足时起结束子程序的作用。在子程序的最后，编程软件将自动添加子程序的无条件结束指令 RET。

◆ 子程序可以嵌套运行。子程序的嵌套深度最多为 8 层。

要调用子程序，首先要建立子程序。下面给出三种建立子程序的方法：

（1）打开编辑软件，选择“编辑”菜单中“插入”子菜单下的“子程序”选项来建立一个新的子程序，如图 5-26 所示。

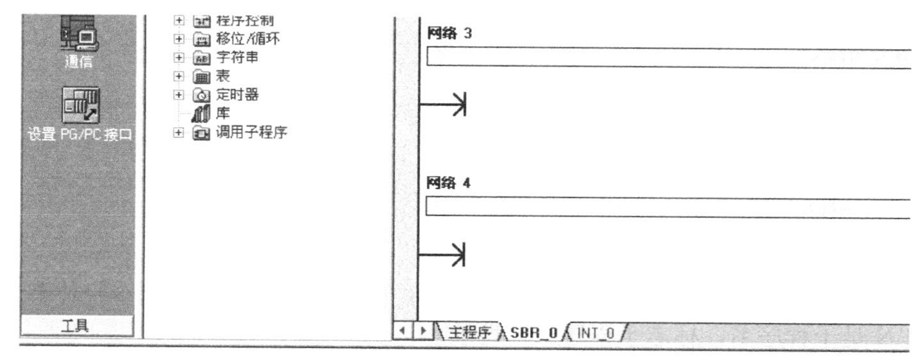

（a）插入前

图 5-26　子程序建立方法 1

（b）插入中

（c）插入后

图 5-26 子程序建立方法 1（续）

（2）打开编程软件，单击鼠标右键，选择“插入”→“子程序”选项，如图 5-27 所示。

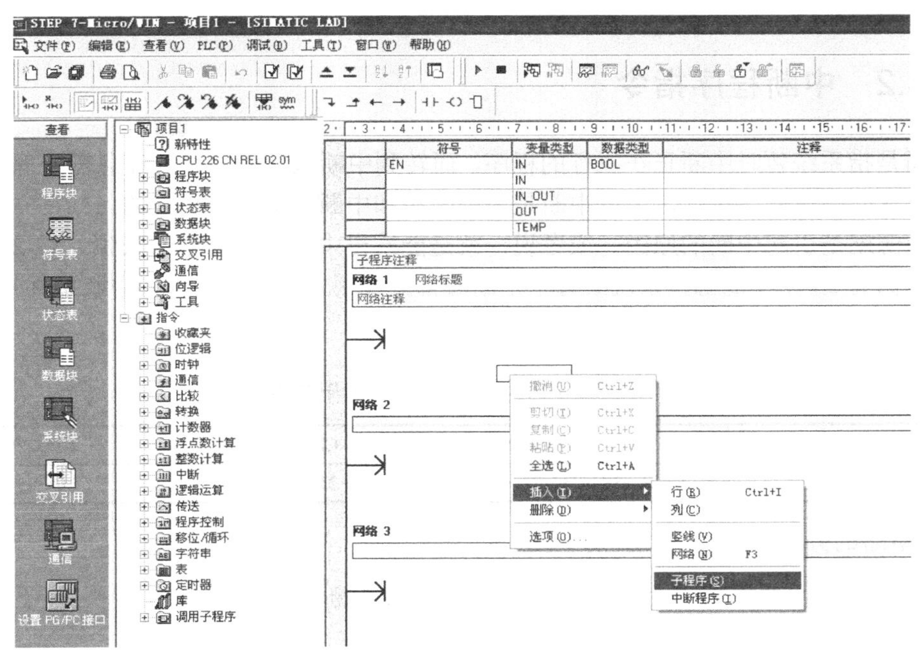

图 5-27 子程序建立方法 2

（3）打开编程软件，在软件的下方 SBR_0 处，单击鼠标右键，选择“插入”→“子程序”选项，如图 5-28 所示。

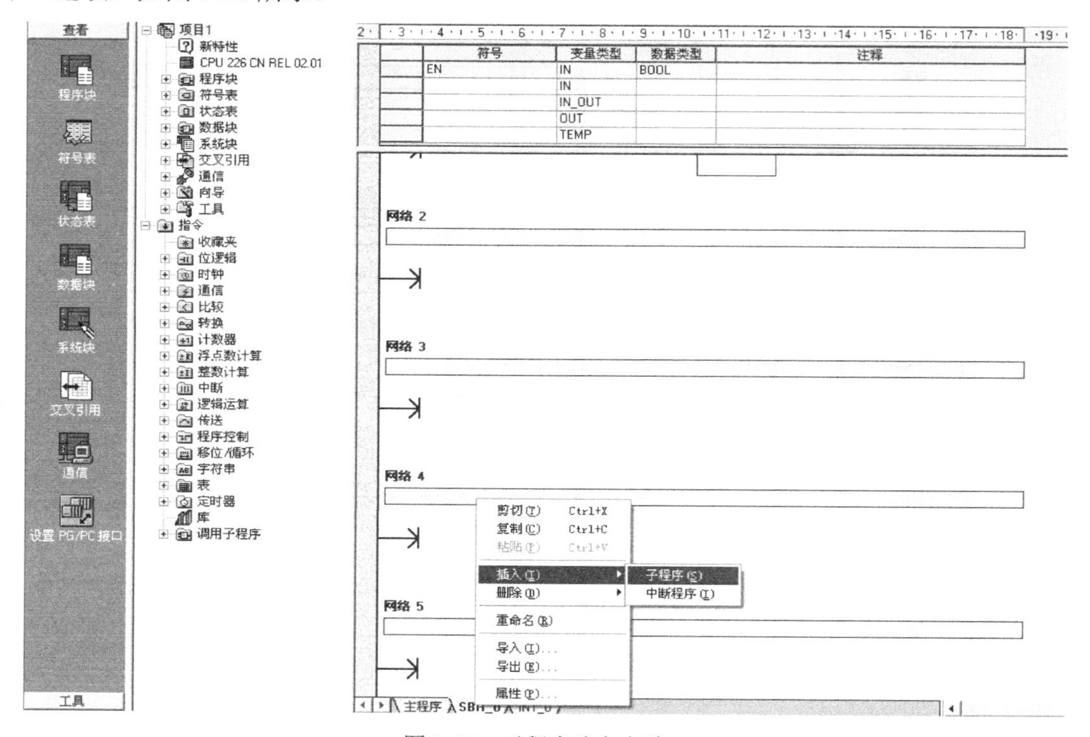

图 5-28　子程序建立方法 3

5.4.2　中断程序指令

中断是指系统暂时中断正在执行的程序，而转到中断服务程序去处理急需处理的事件，处理后再返回到原程序执行，所以中断是由中断源和中断服务程序构成的。

中断源就是引起中断的原因，或者说，就是能发出中断请求信号的来源。S7-200 系列 PLC 最多具有 34 个中断源，系统给每个中断源都分配了一个编号，称为中断事件号。不同 CPU 模块可用的中断源有所不同，如表 5-2 所示。

表 5-2　不同 CPU 模块可用的中断源

CPU 模块	CPU221、CPU222	CPU224	CPU226
可用中断事件号	0～12，19～23，27～33	0～23，27～33	0～33

1．中断的分类

34 个中断源主要分为三大类，即通信中断、I/O 中断、时基中断。

1）通信中断

PLC 的串行通信口可由用户程序来控制。通信口的这种操作模式称为自由端口模式。

在自由端口模式下，用户程序定义波特率、每个字符位数、奇偶校验和通信协议。利用接收和发送中断可简化程序对通信的控制。通信口中断号有8、9、23～26。

2）I/O中断

I/O中断包含了上升沿或下降沿中断、高速计数器和脉冲串输出中断。S7-200 CPU可用输入点（I0.0～I0.3）的上升沿或下降沿产生中断，CPU检测出这些上升沿或下降沿事件，可用来指示某个事件发生时的故障状态。

3）时基中断

时基中断包括定时中断和定时器T32/T96中断。定时中断可以设置一个周期性触发的中断响应，通常可以用于模拟量的采样周期或执行一个PID周期。周期时间以1ms为增量单位，周期可以设置为5～255ms。S7-200系列PLC提供了两个定时中断，定时中断0和定时中断1。不同的是，定时中断0的周期时间值要写入SMB34，定时中断1的周期时间值要写入SMB35。当定时中断被允许，则定时中断相关定时器开始计时，在定时时间值与设置周期值相等时，相关定时器溢出，开始执行定时中断连接的中断程序。每次重新连接时，定时中断功能能够清除前一次连接时的各种累计值，并用新值重新开始计时。定时器中断使用且只能使用1ms定时器T32和T96，对一个指定时间段产生中断。T32和T96使用方法同其他定时器，只是在定时器中断被允许时，一旦定时器的当前值和预置值相等，则执行被连接的中断程序。

CPU226中的中断事件及其优先级如表5-3所示。

表5-3 CPU226中的中断事件及其优先级

中断事件号	中断描述	组优先级	组内优先级
8	通信口0：接收字符	通信（最高）	0
9	通信口0：发送信息完成		0
23	通信口0：接收信息完成		0
24	通信口1：接收信息完成		1
25	通信口1：接收字符		1
26	通信口1：发送信息完成		1
19	PTO0完成脉冲输出	I/O（中等）	0
20	PTO1完成脉冲输出		1
0	I0.0上升沿		2
2	I0.1上升沿		3
4	I0.2上升沿		4
6	I0.3上升沿		5
1	I0.1下降沿		6
3	I0.3下降沿		7
5	I0.5下降沿		8
7	I0.7下降沿		9
12	HSC0 CV=PV（当前值=设定值）		10
27	HSC0输入方向改变		11

续表

中断事件号	中 断 描 述	组 优 先 级	组内优先级
28	HSC0 外部复位	I/O（中等）	12
13	HSC1 CV=PV（当前值=设定值）		13
14	HSC1 输入方向改变		14
15	HSC1 外部复位		15
16	HSC2 CV=PV（当前值=设定值）		16
17	HSC2 输入方向改变		17
18	HSC2 外部复位		18
32	HSC3 CV=PV（当前值=设定值）		19
29	HSC4 CV=PV（当前值=设定值）		20
30	HSC4 输入方向改变		21
31	HSC4 外部复位		22
33	HSC4 CV=PV（当前值=设定值）		23
10	定时中断 0	定时（最低）	0
11	定时中断 1		1
21	定时器 T32 CT=PT 中断		2
22	定时器 T96 CT=PT 中断		3

2. 中断指令

1）指令格式

STL：ATCH　INT，EVENT　DTCH　EVENT　ENI　DISI　CRETI

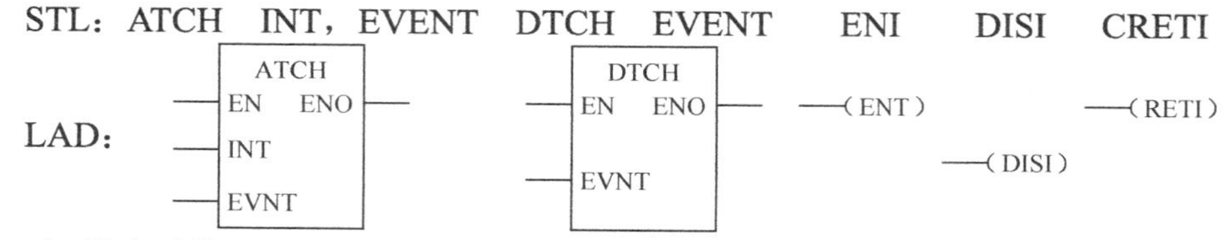

2）指令功能

ATCH：中断连接指令。当 EN 条件满足时，将一个中断源和一个中断程序建立响应联系，并允许该中断事件。INT 端口指定中断程序入口地址，即中断程序名称。EVNT 端口指定与中断程序相联系的中断源，即表 5-2 中的中断事件号。

DTCH：中断分离指令。当 EN 条件满足时，单独截断一个中断源和所有中断程序的联系，并禁止该中断事件。EVNT 端口指定被禁止的中断源。

ENI：中断允许指令。在其逻辑条件成立时，全局地允许所有被连接的中断事件。

DISI：中断禁止指令。在其逻辑条件成立时，全局地禁止处理所有的中断事件。

CRETI：有条件中断返回指令。在其逻辑条件成立时，结束中断程序执行，返回主程序中继续执行。若要执行有条件中断返回的话，可由用户编程实现。

3）指令应用

例 1：

中断程序指令应用 1 如图 5-29 所示。

MAIN
SM0.1
ATCH
EN ENO
INT_4 INT
0 EVNT
ENI
SM5.0
DTCH
EN ENO
0 EVNT
INT_4
SM0.0 Q0.0
S
1
SM5.0
RETI

图 5-29 中断程序指令应用 1

例 2：

中断程序指令应用 2 如图 5-30 所示。

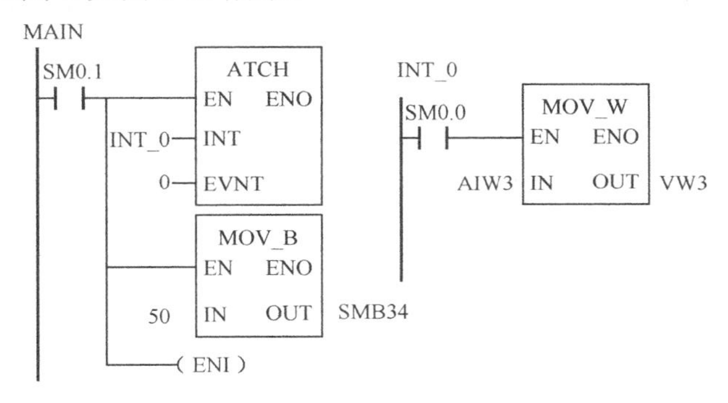

图 5-30 中断程序指令应用 2

例 3：

中断程序指令应用 3 如图 5-31 所示。

控制要求：I0.5 闭合时，Q0.0、Q0.1 被置位，同时建立中断事件 0、2 与中断程序 INT_0、INT_1 的联系，并全局开中断。在 I0.0 闭合时复位 Q0.0，在 I0.1 闭合时复位 Q0.1，同时切断中断事件与中断程序的联系。

I0.5 P Q0.0
S
2
ATCH
EN ENO
INT_0 INT
0 EVNT
ATCH
EN ENO
INT_1 INT
2 EVNT
ENI
INT_0
SM0.0 Q0.0
R
1
INT_1
SM0.0 Q0.1
R
1
DTCH
EN ENO
0 EVNT
DTCH
EN ENO
2 EVNT

图 5-31 中断程序指令应用 3

4）指令说明

◆ PLC 系统每次切换到 RUN 状态时，自动关闭所有中断事件。可以通过编程，在 RUN 状态时，使用 ENI 指令开放所有中断。若用 DISI 指令关闭所有中断，则中断程序不能被激活，但允许发生的中断事件等候，直到重新允许中断。
◆ 多个中断事件可以调用同一个中断程序，但同一个中断事件不能同时连接多个中断服务程序。
◆ 中断程序是由操作系统调用的，而子程序是由主程序调用的。
◆ 中断程序的建立方法与子程序类似。

5.5 顺序控制继电器指令

顺序控制继电器（SCR）指令能够按照自然工艺段在 LAD、FBD 或 STL 中编制状态控制程序。由一系列操作组成的应用程序都会反复执行，而 SCR 可以使程序更加结构化，以至于直接针对应用，这样可以使得编程和调试更加快速、简单。

装载 SCR 指令（LSCR）将 S 位的值装载到 SCR 和逻辑堆栈中。SCR 堆栈的结果值决定是否执行 SCR 程序段。SCR 堆栈的值会被复制到逻辑堆栈中，因此，可以直接将盒或者输出线圈连接到左侧的能流线上而不经过中间触点。

1. 指令格式

STL：　LSCR　n　　SCRT　n　　SCRE

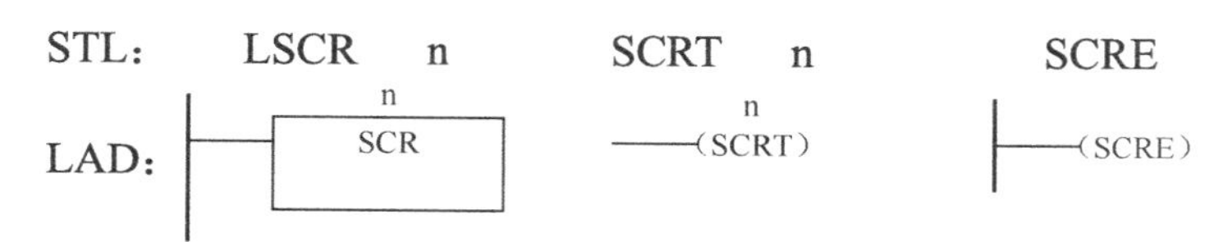

2. 指令功能

LSCR：载入顺序控制继电器指令。LSCR 用指令（n）引用的 S 位数值载入 SCR 和逻辑堆栈，SCR 段被 SCR 堆栈的结果数值激励或取消激励，SCR 堆栈数值被复制至逻辑堆栈的顶端，以便方框或输出线圈可直接与左电源杆连接，无须插入触点。

SCRT：顺序控制继电器转换指令。SCRT 识别要启用的 SCR 位（下一个要设置的 n 位）。当使能位进入线圈或 FBD 方框时，打开引用 n 位，并关闭 LSCR 指令（启用该 SCR 段）的 n 位。

SCRE：顺序控制继电器结束指令。SCRE 标记 SCR 段的结束。

3. 指令应用

顺序控制继电器指令的应用如图 5-32 所示。

4. 指令说明

（1）“载入 SCR”指令（LSCR）标记 SCR 段的开始，“SCR 结束”指令（SCRE）标记 SCR 段的结束。“载入 SCR”和“SCR 结束”指令之间的所有逻辑执行取决于 S 堆栈数值。

“SCR 结束”和下一条“载入 SCR”指令之间的逻辑不取决于 S 堆栈数值。

（2）“SCR 转换”指令（SCRT）提供一种从现用 SCR 段向另一个 SCR 段转换控制的方法。当“SCR 转换”指令有使能位时，该指令会复原当前现用段的 S 位，并设置被引用段的 S 位。在“SCR”转换指令执行时，复原现用段的 S 位不会影响 S 堆栈。因此，SCR 段在退出前保持激励状态。

（3）一旦将电源应用于输入，有条件顺序控制继电器结束（CSCRE）指令即标记 SCR 段结束。CSCRE 只有在 STL 编辑器中才能使用。

（4）“有条件 SCR 结束”指令（CSCRE）提供一种无须执行“有条件 SCR 结束”和“SCR 结束”指令之间的指令即可退出现用 SCR 段的方法。“有条件 SCR 结束”指令不会影响任何 S 位，也不会影响 S 堆栈。

（5）使用 SCR 的限制。

- 不能在一个以上例行程序中使用相同的 S 位。例如，如果在主程序中使用 S0.1，则不能在子程序中再使用。
- 不能在 SCR 段中使用 JMP 和 LBL 指令。这表示不允许跳转入或跳转出 SCR 段，也不允许在 SCR 段内跳转。可以使用跳转和标签指令在 SCR 段周围跳转。
- 不能在 SCR 段中使用“结束”指令。

（6）分支控制。

在许多实例中，一个顺序控制状态流必须分成两个或多个不同分支控制状态流，当一个控制状态流分离成多个分支时，所有的分支控制状态流必须同时激活，如图 5-33 所示。

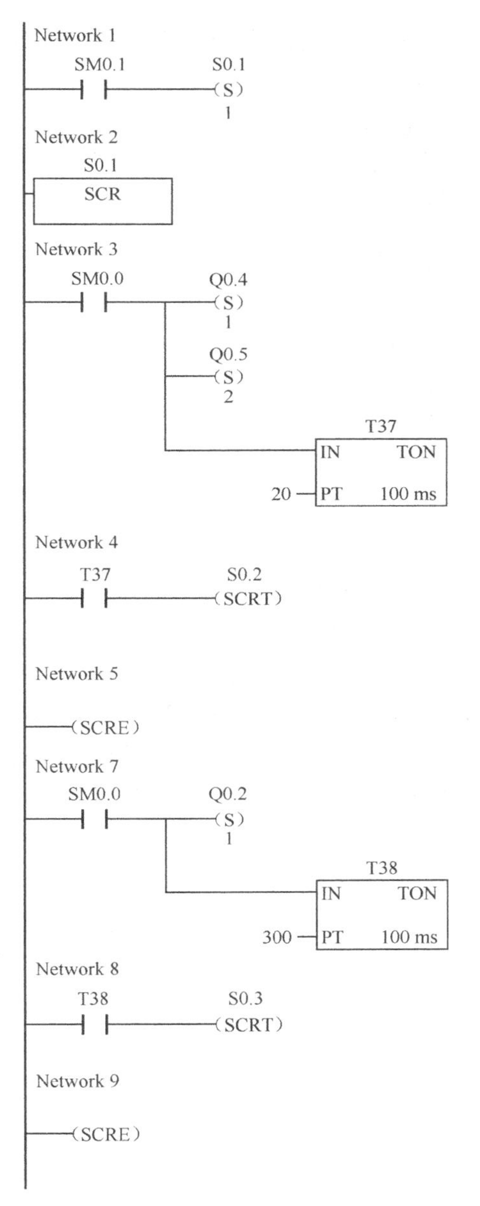

图 5-32　顺序控制继电器指令应用

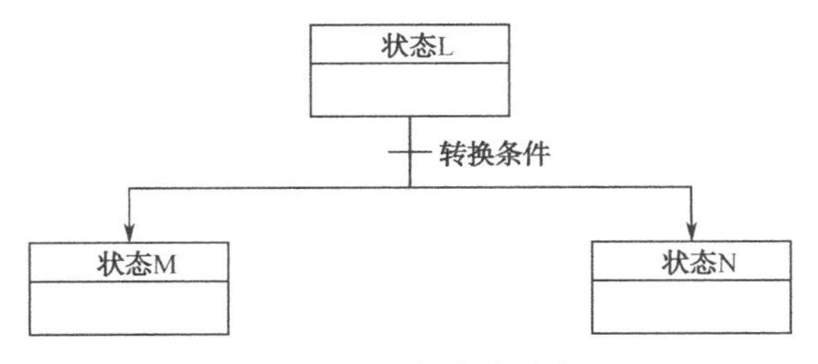

图 5-33　控制流的分支

使用多条由相同转移条件激活的 SCRT 指令，可以在一段 SCR 程序中实现控制流的分支，如下面的示例所示。

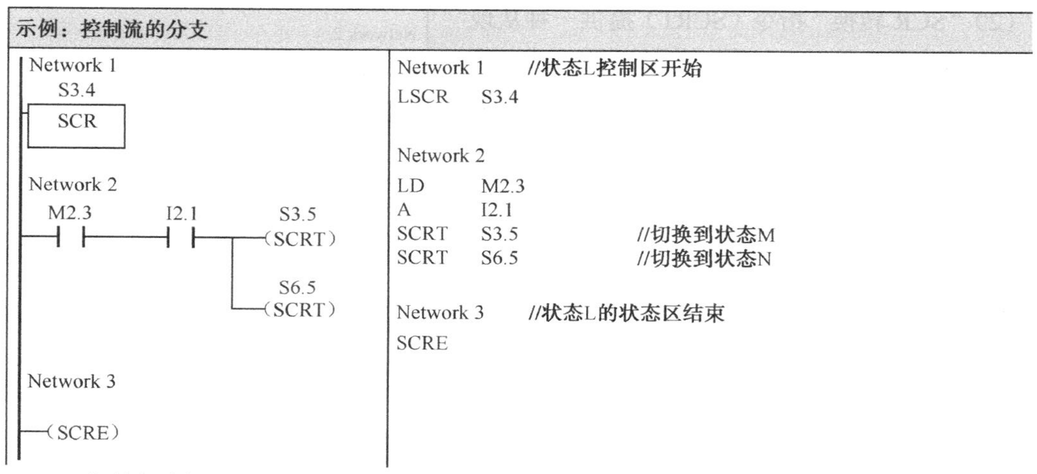

（7）合并控制。

合并控制与分支控制的情况类似，两个或者多个分支状态流必须合并为一个状态流。当多个状态流汇集成一个时，称为合并。当控制流合并时，所有的控制流必须都完成，才能执行下一个状态。图 5-34 给出了两个控制流合并的示意图，在 SCR 程序中，通过从状态 L 转到状态 N，以及从状态 M 转到状态 N 的方法实现控制流的合并，当状态 L、M 的 SCR 使能位为真时，即可激活状态 N。

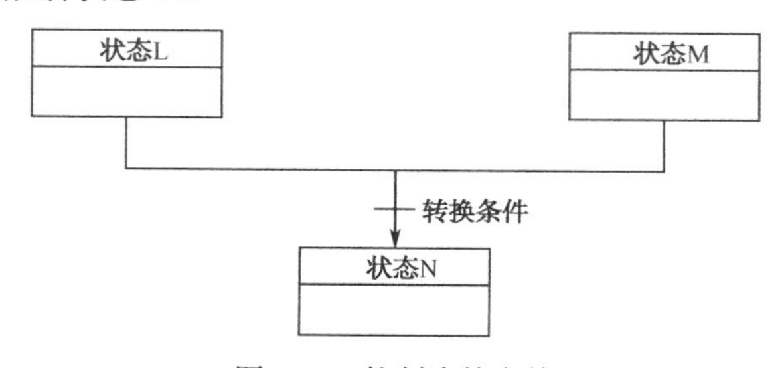

图 5-34　控制流的合并

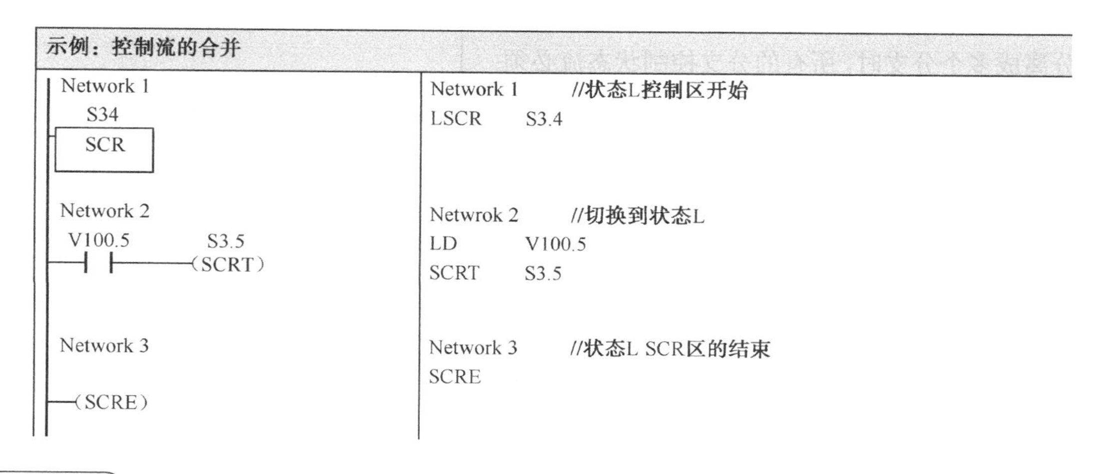

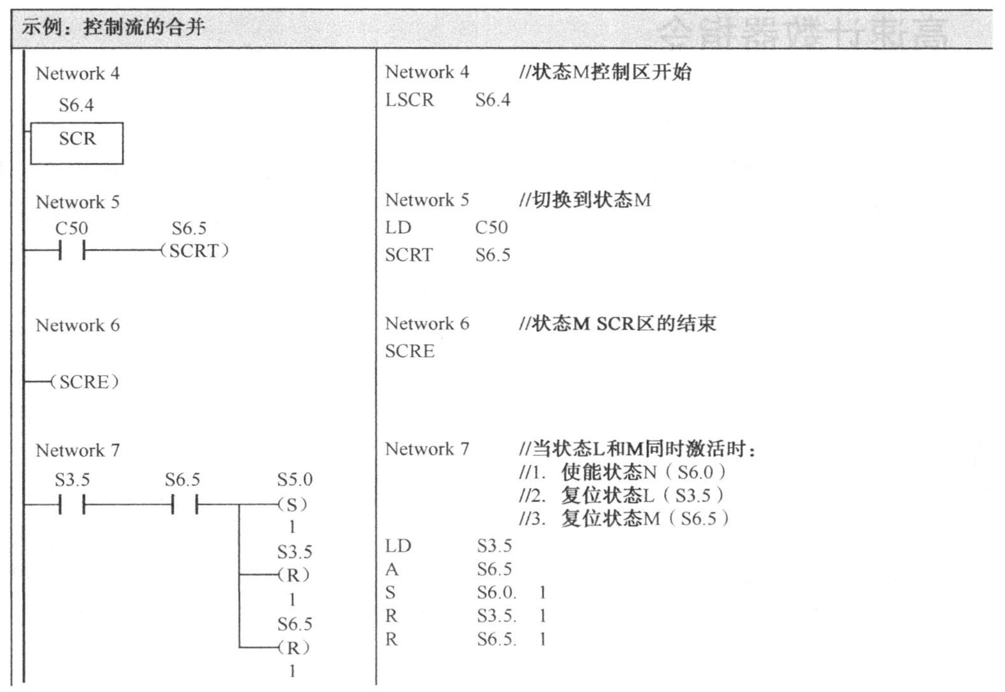

在某些情况下，一个控制流可能转入多个可能的控制流中的某一个，到底进入哪一个，取决于控制流前面的转移条件哪一个首先为真，如图 5-35 所示。

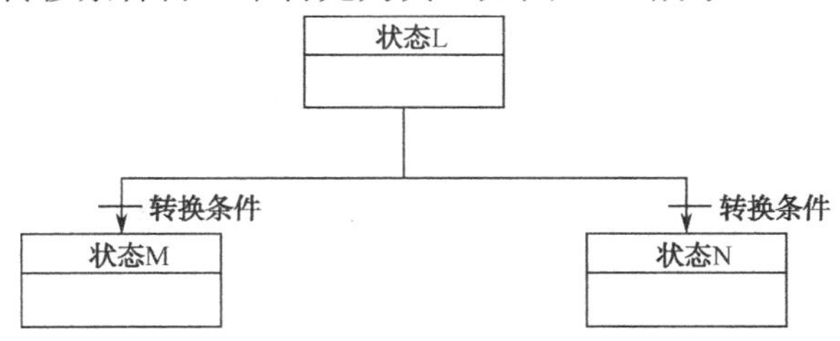

图 5-35　条件转换控制流分支

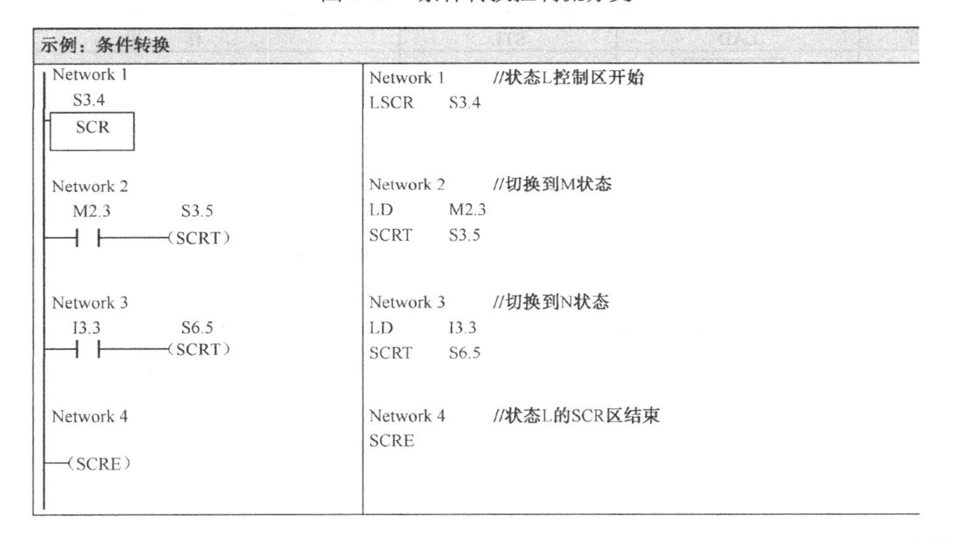

5.6 高速计数器指令

相对普通计数器，高速计数器是对较高频率的信号计数的计数器，由于信号源来自机外，且需以短于扫描周期的时间响应，高速计数器都工作在中断方式，并配有多个专用的输入口用做计数信号输入及外启动、外复位及计数方向的控制。高速计数器一般都是可编程的，通过程序指定及设置控制字，同一高速计数器可工作在不同的工作模式上，为应用带来极大的灵活性。高速计数器还采用专用指令编程，进一步扩大了其应用的功能。在现代技术条件下，许多物理量可以方便地转变为脉冲列，脉冲的数量或频率可对应于转速、位移、温度……而用于控制，因此，高速计数成了工业控制中的重要手段。PLC 所能构成的高速计数器的数量、最高工作频率从高速计数器的工作方式等也成了衡量可编程控制器性能的重要标准之一。

可编程序控制器的普通计数器的计数过程与扫描工作方式有关，CPU 通过每一扫描周期读取一次被测信号的方法来捕捉被测信号的上升沿，被测信号的频率较高时，会丢失计数脉冲。因此，普通计数器的工作频率很低，一般仅有几十赫兹。高速计数器可以对普通计数器无能为力的事件进行计数，CPU221 和 CPU222 有 4 个高速计数器，其余的 CPU 有 6 个高速计数器，最高计数频率为 30kHz，可设置多达 12 种不同的操作模式。

5.6.1 高速计数器定义指令与高速计数器指令

高速计数器定义指令（HDEF）是为指定的高速计数器（HSC）设置一种工作模式（MODE）。每个高速计数器只能用一条 HDEF 指令。可以用每次扫描存储器位 SM0.1，在第一个扫描周期调用包含 HDEF 指令的子程序来定义高速计数器。高速计数器指令（HSC）中的参数 N 用来设置高速计数器的编号。HSC 与 MODE 为字节型常数，N 为字型常数。高速计数器指令如表 5-4 所示。

表 5-4 高速计数器指令

名　称	LAD	STL	作　用
高速计数器定义	HDEF EN ENO ???? HSC ???? MODE	HDEF HSC，MODE	选择具体高速计数器（HSCx）的操作模式。模式选择定义高速计数器的时钟、方向、起始和重设功能
高速计数器	HSC EN ENO ???? N	HSC N	根据 HSC 特殊内存位的状态配置和控制高速计数器。参数 N 指定高速计数器的号码

使 HDEF 指令出错（ENO=0）的条件：SM4.3（运行时间），0003（输入点冲突），0004（中断中的非法指令），000A（HSC 重新定义）。

使 HSC 指令出错（ENO=0）的条件：SM4.3（运行时间），0001（在 HDEF 之前使用 HSC 指令），0005（同时操作 HSC 和 PLS）。

高速计数器指令（HSC）在HSC特殊存储器位状态的基础上，配置和控制高速计数器，参数N指定高速计数器的标号。

高速计数器可以被配置为12种模式中的任意一种，如表5-5所示，每一个计数器都有时钟、方向控制，复位、启动的特定输入，对于双相计数器，两个时钟都可以运行在最高频率，在正交模式下，可以选择一倍速（1x）或者四倍速（4x）计数速率，所有计数器都可以运行在最高频率下而互不影响。

表5-5 高速计数器指令的有效操作数

输入/输出	数据类型	操作数
HSC、MODE	BYTE	常数
N	WORD	常数

高速计数器用于对S7-200扫描速率无法控制的高速事件进行计数，高速计数器的最高计数频率取决于CPU类型。

注意：

CPU221和CPU222支持HSC0、HSC3、HSC4和HSC5，不支持HSC1和HSC2，CPU224、CPU224XP和CPU226全部支持6个高速计数器：HSC0～HSC5。

一般来说，高速计数器被用做驱动鼓式计时器，该设备有一个安装了增量轴式编码器的轴，以恒定的速度转动，轴式编码器每圈提供一个确定的计数值和一个复位脉冲，用来自轴式编码器的时钟和复位脉冲作为高速计数器的输入。

高速计数器装入一组预置值中的第一个值，当前计数值小于当前预置值时，希望输出有效，计数器设置成在当前值等于预置值和有复位时产生中断。

随着每次当前计数值等于预置值的中断事件的出现，一个新的预置值被装入，并重新设置下一个输出状态；当出现复位中断事件时，设置第一个预置值和第一个输出状态，这个循环又重新开始。

由于中断事件产生的速率远低于高速计数器的计数速率，用高速计数器可实现精确控制，而与PLC整个扫描周期的关系不大，采用中断的方法允许在简单的状态控制中用独立的中断程序装入一个新的预置值（同样地，也可以在一个中断服务程序中处理所有的中断事件）。

5.6.2 理解不同的高速计数器

对于操作模式相同的计数器，其计数功能是相同的。计数器共有4种基本类型：带有内部方向控制的单相计数器，带有外部方向控制的单相计数器，带有两个时钟输入的双相计数器和A/B相正交计数器。

注意：

并不是所有计数器都能使用每一种模式，可以使用以下类型：无复位或启动输入、复位无启动输入或既有启动又有复位输入。

- 当激活复位输入端时，计数器清除当前值并一直保持到复位端失效。
- 当激活启动输入端时，它允许计数器计数；当启动端失效时，计数器的当前值保持为常数，并且忽略时钟事件。

◆ 如果在启动输入端无效的同时，复位信号被激活，则忽略复位信号，当前值保持不变；如果在复位信号被激活的同时，启动输入端被激活，当前值被清除。

在使用高速计数器之前，应该用 HDEF（高速计数器定义指令）为计数器选择一种计数模式，使用初次扫描存储器位 SM0.1（该位仅在第一次扫描周期接通，之后断开）来调用一个包含 HDEF 指令的子程序。

5.6.3 高速计数器编程

可以使用指令向导来配置计数器，向导程序使用下列信息：计数器的类型和模式、计数器的预置值、计数器的初始值和计数器的初始方向，要启动 HSC 指令向导，可以在命令菜单窗口中选择 Tools > Instruction Wizard，然后在向导窗口中选择 HSC 命令。

对高速计数器编程，必须完成下列的基本操作：

◆ 定义计数器和模式。
◆ 设置控制字节。
◆ 设置初始值。
◆ 设置预置值。
◆ 指定并使能中断服务程序。
◆ 激活高速计数器。

1. 定义计数器的模式和输入

使用高速计数器定义指令来定义计数器的模式和输入。

表 5-6 中给出了与高速计数器相关的时钟、方向控制、复位和启动输入点，同一个输入点不能用于两个不同的功能，但是任何一个没有被高速计数器的当前模式使用的输入点，都可以被用作其他用途。例如，如果 HSC0 正被用于模式 1，占用 I0.0 和 I0.2，则 I0.1 可以被边缘中断或者 HSC3 占用。

注意：

HSC0 的所有模式（模式 12 除外）总是使用 I0.0，HSC4 的所有模式总是使用 I0.3。因此，在使用这些计数器时，相应的输入点不能用于其他功能。

表 5-6 高速计数器的输入点

模 式	中断描述	输入点			
	HSC0	I0.0	I0.1	I0.2	
	HSC1	I0.6	I0.7	I1.0	I1.1
	HSC2	I1.2	I1.3	I1.4	I1.5
	HSC3	I0.1			
	HSC4	I0.3	I0.4	I0.5	
	HSC5	I0.4			
0	带有内部方向控制的单相计数器	时钟			
1		时钟		复位	

续表

模　　式	中 断 描 述	输　入　点			
2	带有内部方向控制的单相计数器	时钟		复位	启动
3	带有外部方向控制的单相计数器	时钟	方向		
4		时钟	方向	复位	
5		时钟	方向	复位	启动
6	带有增/减计数时钟的双相计数器	增时钟	减时钟		
7		增时钟	减时钟	复位	
8		增时钟	减时钟	复位	启动
9	A/B 相正交计数器	时钟 A	时钟 B		
10		时钟 A	时钟 B	复位	
11		时钟 A	时钟 B	复位	启动
12	只有 HSC0 和 HSC3 支持模式 12 HSC0 计数 Q0.0 输出的脉冲数 HSC3 计数 Q0.1 输出的脉冲数				

1）HSC 模式举例

图 5-36～图 5-40 给出了每种模式下计数器功能的时序图。

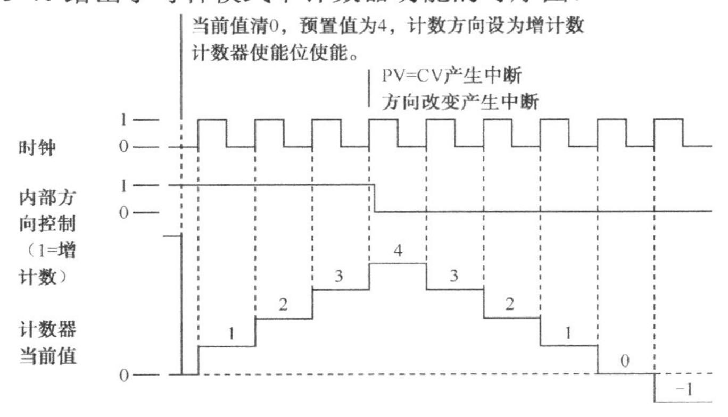

图 5-36　模式 0、1 或 2 操作实例

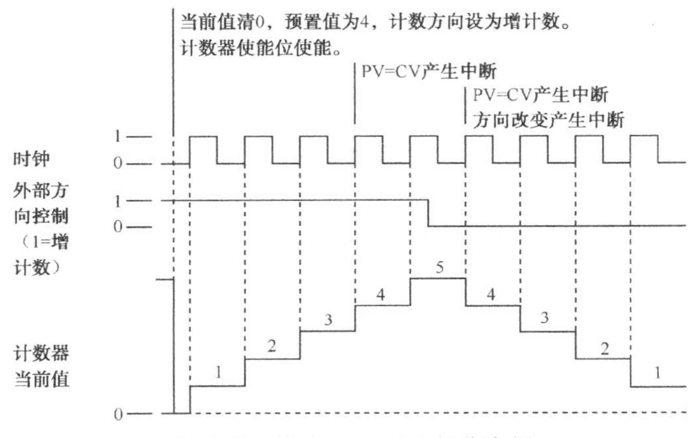

图 5-37　模式 3、4 或 5 操作实例

当使用模式 6、7 或者 8 时，如果增时钟输入的上升沿与减时钟输入的上升沿之间的时间间隔小于 0.3ms，高速计数器会把这些事件看做是同时发生的；如果这种情况发生，当前值不变，计数方向指示不变，只要增时钟输入的上升沿与减时钟输入的上升沿的时间间隔大于 0.3ms，高速计数器分别捕捉每个事件，在以上两种情况下，都不会有错误产生，计数器保持正确的当前值。

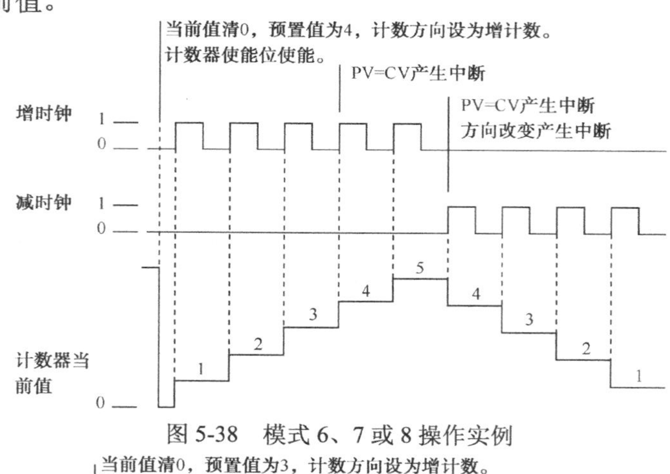

图 5-38　模式 6、7 或 8 操作实例

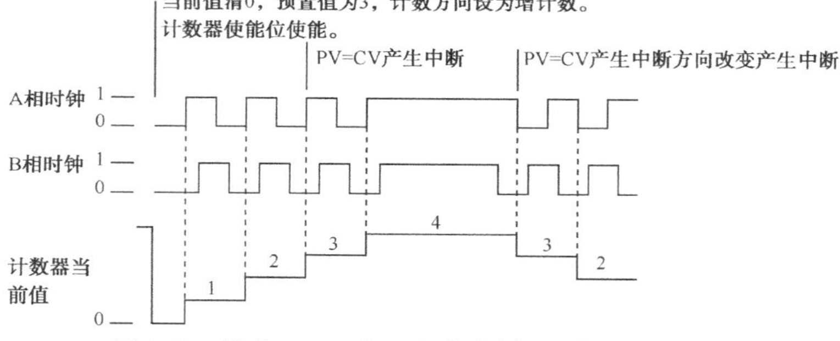

图 5-39　模式 9、10 或 11 操作实例（一倍正交模式）

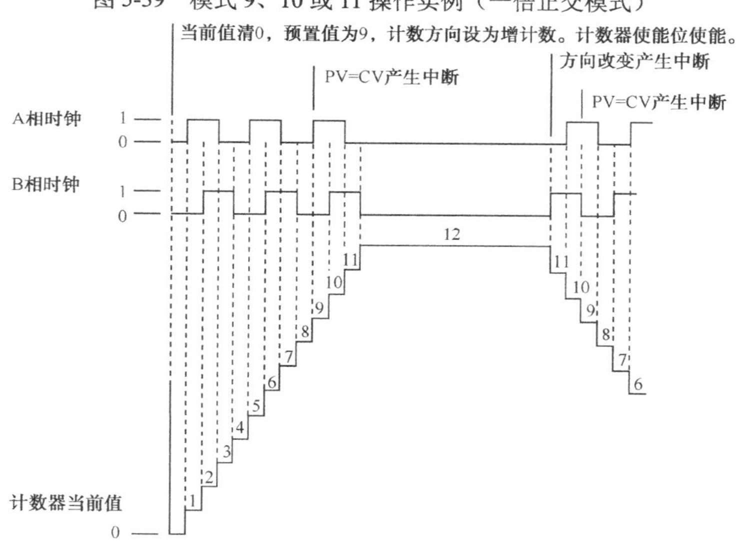

图 5-40　模式 9、10 或 11 操作实例（4 倍正交模式）

2）复位和启动操作

如图 5-41 所示的复位和启动操作适用于使用复位和启动输入的多有模式，在复位和启动输入图中，复位输入和启动输入都被编程为高电平有效。

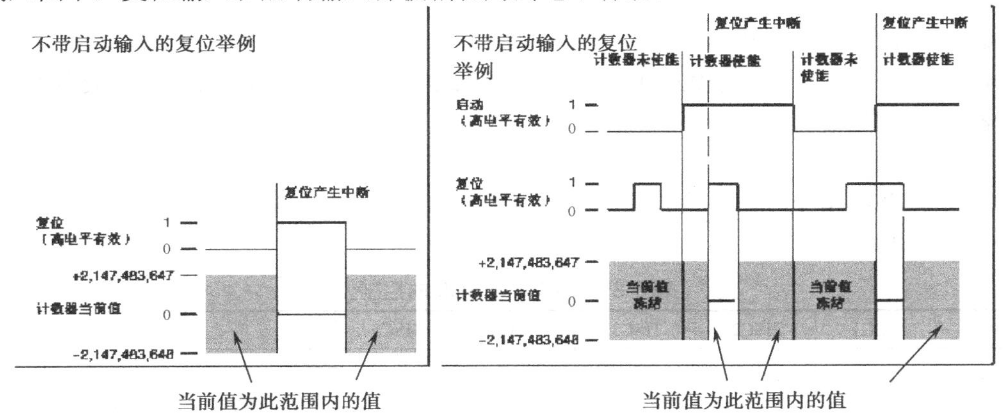

图 5-41　带有或者不带有启动输入的复位操作举例

对于高速计数器，有 3 个控制位用于配置复位和启动信号的有效状态，以及选择 1 倍速或者 4 倍速计数模式（仅用于正交计数器），这些位于各个计数器的控制字节中并且只有在 HDEF 指令执行时使用，在表 5-7 中给出了这些位的定义。

注意：

在执行 HDEF 指令前，必须把这些控制位设定到希望的状态；否则，计数器对计数模式的选择取默认设置，一旦 HDEF 指令被执行，就不能再更改计数器的设置，除非是先进入 STOP 模式。

表 5-7　位和启动输入的有效电平及 1x/4x 控制位

HSC0	HSC1	HSC2	HSC4	描述（仅当 HDEF 执行时使用）
SM37.0	SM47.0	SM57.0	SM147.0	复位的有效控制位[1] 0=复位高电平有效；1=复位低电平有效
—	SM47.1	SM57.1	—	启动有效电平控制位[1] 0=启动高电平有效；1=启动低电平有效
SM37.2	SM47.2	SM57.2	SM147.2	正交计数器计数速率选择： 0=4×计数率；1=1×计数率

1：默认设置为复位输入和启动输入高电平有效，正交计数率为 4 倍速（4 位输入时钟频率）。

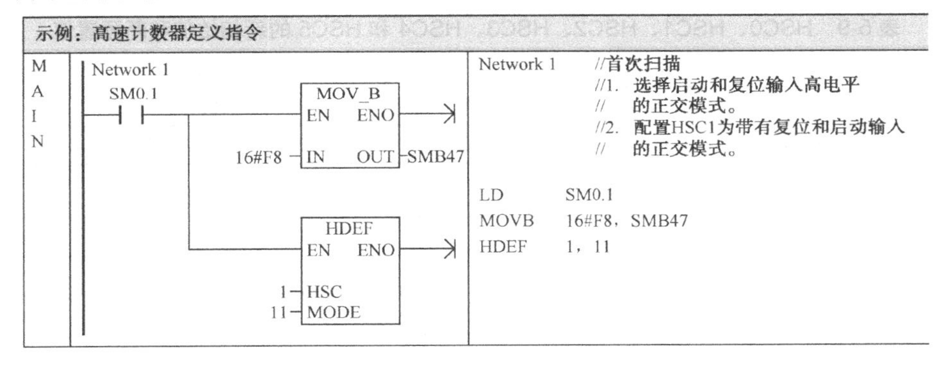

2. 设置控制字节

只有定义了计数器和计数器模式，才能对计数器的动态参数进行编程，每个高速计数器都有一个控制字节，包括以下内容：

- 使能或者禁止计数器。
- 控制计数方向（只对模式 0、1 和 2 有效）或者对所有其他模式定义初始化计数方向。
- 装载初始值。
- 装载预置值。

在执行 HSC 指令时，要检验控制字节和相关的初始值和预置值，表 5-8 中对这些控制位逐一作了说明。

表 5-8 HSC0～HSC5 的控制位

HSC0	HSC1	HSC2	HSC3	HSC4	HSC5	中 断 描 述
SM37.3	SM47.3	SM57.3	SM137.3	SM147.3	SM157.3	计数方向控制位： 0=减计数； 1=增计数
SM37.4	SM47.4	SM57.4	SM137.4	SM147.4	SM157.4	向 HSC 中写入计数方向： 0=不更新； 1=更新计数方向
SM37.5	SM47.5	SM57.5	SM137.5	SM147.5	SM157.5	向 HSC 中写入预置值： 0=不更新； 1=更新预置值
SM37.6	SM47.6	SM57.6	SM137.6	SM147.6	SM157.6	向 HSC 中写入新的初始值 0=不更新； 1=更新初始值
SM37.7	SM47.7	SM57.7	SM137.7	SM147.7	SM157.7	HSC 允计： 0=禁止 HSC； 1=允计 HSC

3. 设置初始值和预置值

每个高速计数器都有一个 32 位的初始值和一个 32 位的预置值，初始值和预置值都是符号整数，为了向高速计数器装入新的初始值和预置值，必须先设置控制字节，并且把初始值和预置值存入特殊存储器中，然后执行 HSC 指令，从而将新的值传送到高速计数器，表 5-9 对保存新的初始值和预置值的特殊存储器作了说明。

除去控制字节和新的初始值与预置值保存字节外，每个高速计数器的当前值只能使用数据类型 HC（高速计数器当前值）加上计数器号（0、1、2、3、4 或 5）的格式进行读取，见表 5-10。可用读操作直接访问当前值，但是写操作只能用 HSC 指令来实现。

表 5-9 HSC0、HSC1、HSC2、HSC3、HSC4 和 HSC5 的新初始值和新预置值

要装入的值	HSC0	HSC1	HSC2	HSC3	HSC4	HSC5
新初始值	SMD38	SMD48	SMD58	SMD138	SMD148	SMD158
新初始值	SMD42	SMD52	SMD62	SMD142	SMD152	SMD162

表 5-10 HSC0、HSC1、HSC2、HSC3、HSC4 和 HSC5 当前值

值	HSC0	HSC1	HSC2	HSC3	HSC4	HSC5
当前值	HC0	HC1	HC2	HC3	HC4	HC5

如果要指定高速计数器的地址，访问高速计数器的计数值，要使用存储器类型 HC 和计数器号（如 HC0），高速计数器的当前值是只读值，只能以双字（32 位）分配地址，如图 5-42 所示。

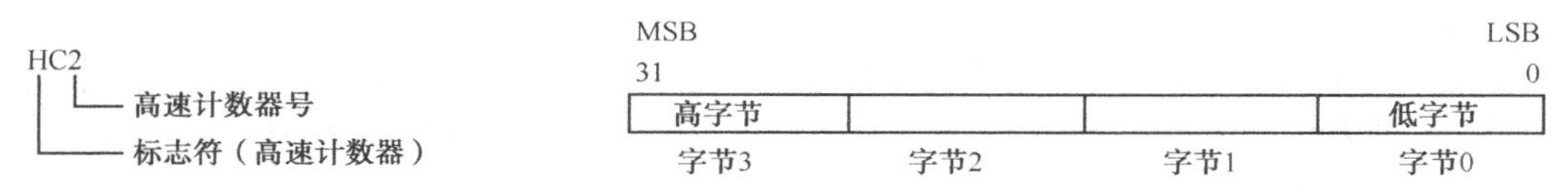

图 5-42 访问高速计数器的当前值

4. 指定中断

所有计数器模式都支持在 HSC 的当前值等于预设值时产生一个中断事件，使用外部复位端的计数模式支持外部复位中断，除去模式 0、1 和 2 之外，所有计数器模式支持计数方向改变中断，每种中断条件都可以分别使能或者禁止。

注意：

当使用外部复位中断时，不要写入初始值或者是在该中断服务程序中禁止再允许高速计数器，否则会产生一个致命错误。

每个高速计数器都有一个状态字节，其中的状态存储位指出了当前计数方向，当前值是否大于或者等于预置值。表 5-11 给出了每个高速计数器状态位的定义。

注意：

只有在执行中断服务程序时，状态位才有效，监视高速计数器状态的目的是使其他事件能够产生中断以完成更重要的操作。

表 5-11 HSC0～HSC5 的状态位

HSC0	HSC1	HSC2	HSC3	HSC4	HSC5	中 断 描 述
SM36.0	SM46.0	SM56.0	SM136.0	SM146.0	SM156.0	不用
SM36.1	SM46.1	SM56.1	SM136.1	SM146.1	SM156.1	不用
SM36.2	SM46.2	SM56.2	SM136.2	SM146.2	SM156.2	不用
SM36.3	SM46.3	SM56.3	SM136.3	SM146.3	SM156.3	不用
SM36.4	SM46.4	SM56.4	SM136.4	SM146.4	SM156.4	不用
SM36.5	SM46.5	SM56.5	SM136.5	SM146.5	SM156.5	当前计数方向状态位： 0=减计数 1=增计数
SM36.6	SM46.6	SM56.6	SM136.6	SM146.6	SM156.6	当前值等于预置值状态位： 0=不等； 1=相等
SM36.7	SM46.7	SM56.7	SM136.7	SM146.7	SM156.7	当前值大于预置值状态位： 0=小于等于； 1=大于

5. 高速计数器的初始化步骤举例

以 HSC1 为例，对初始化和操作的步骤进行描述。在初始化描述中，假设 S7-200 已经置成 RUN 模式。因此，首次扫描标志位为真，如果不是这种情况，请记住在进入 RUN 模式之后，对每一个高速计数器的 HDEF 指令只能执行一次，对一个高速计数器第二次执行 HDEF 指令会引起运行错误，而且不能改变第一次执行 HDEF 指令时对计数器的设置。

注意：

虽然下列步骤描述了如何分别改变计数方向、初始值和预置值，但完全可以在同一操作步骤中对全部或者任意参数组合进行设置，只要设置正确的 SMB47 然后执行 HSC 指令即可。

1）初始化模式 0、1 或 2

HSC1 为内部方向控制的单相增/减计数器（模式 0、1 或 2），初始化步骤如下。

（1）用初次扫描存储器位（SM0.1=1）调用执行初始化操作的子程序，由于采用了这样的子程序调用，后续扫描不会再调用这个子程序，从而减少了扫描时间，也提供了一个结构优化的程序。

（2）初始化子程序中，根据所希望的控制操作对 SMB47 置数，即

SMB47=16#F8

产生如下结果：

◆ 允许计数。

◆ 写入新的初始值。

◆ 写入新的预置值。

◆ 置计数方向为增。

◆ 置启动和复位输入为高电平有效。

（3）执行 HDEF 指令时，HSC 输入置“1”，MODE 输入置“0”（无外部复位或启动）或置“1”（有外部复位和无启动）或置“2”（有外部复位和启动）。

（4）向 SMD48（双字）写入所希望的初始值（若写入 0，则清除）。

（5）向 SMD52（双字）写入所希望的预置值。

（6）为了捕获当前值（CV）等于预置值（PV）中断事件，编写中断子程序，并指定 CV=PV 中断事件（事件号 13）调用该中断子程序。

（7）为了捕获外部复位事件，编写中断子程序，并指定外部复位中断事件（事件号 15）调用该中断子程序。

（8）执行全局中断允许指令（ENI）来允许 HSC1 中断。

（9）执行 HSC 指令，使 S7-200 对 HSC1 编程。

（10）退出子程序。

2）初始化模式 3、4 或 5

HSC1 为外部方向控制的单相增/减计数器（模式 3、4 或 5），初始化步骤如下：

（1）用初次扫描存储器位（SM0.1=1）调用执行初始化操作的子程序，由于采用了这样的子程序调用，后续扫描不会再调用这个子程序，从而减少了扫描时间，也提供了一个结构优化的程序。

（2）初始化子程序中，根据所希望的控制操作对 SMB47 置数，即

SMB47=16#F8

产生如下的结果：

◆ 允许计数。

◆ 写入新的初始值。

◆ 写入新的预置值。

◆ 置 HSC 的初始计数方向为增。

◆ 置启动和复位输入为高电平有效。

（3）执行 HDEF 指令时，HSC 输入置“1”，MODE 输入置“3”（无外部复位或启动）、置“4”（有外部复位和无启动）或置“5”（有外部复位和启动）。

（4）向 SMD48（双字）写入所希望的初始值（若写入 0，则清除）。

（5）向 SMD52（双字）写入所希望的预置值。

（6）为了捕获当前值（CV）等于预置值（PV）中断事件，编写中断子程序，并指定 CV=PV 中断事件（事件号 13）调用该中断子程序。

（7）为了捕获计数方向改变中断事件，编写中断子程序，并指定计数方向改变中断事件（事件号 14）调用该中断子程序。

（8）为了捕获外部复位事件，编写中断子程序，并指定外部复位中断事件（事件号 15）调用该中断子程序。

（9）执行全局中断允许指令（ENI）来允许 HSC1 中断。

（10）执行 HSC 指令，使 S7-200 对 HSC1 编程。

（11）退出子程序。

3）初始化模式 6、7 或 8

HSC1 为具有增/减两种始终的双向增/减计数器（模式 6、7 或 8），初始化步骤如下：

（1）用初次扫描存储器位（SM0.1=1）调用执行初始化操作的子程序，由于采用了这样的子程序调用，后续扫描不会再调用这个子程序，从而减少了扫描时间，也提供了一个结构优化的程序。

（2）初始化子程序中，根据所希望的控制操作对 SMB47 置数，即

SMB47=16#F8

产生如下的结果：

◆ 允许计数。

◆ 写入新的初始值。

◆ 写入新的预置值。

◆ 置 HSC 的初始计数方向为增。

◆ 置启动和复位输入为高电平有效。

（3）执行 HDEF 指令时，HSC 输入置“1”，MODE 输入置“6”（无外部复位或启动）、置“7”（有外部复位和无启动）或置“8”（有外部复位和启动）。

（4）向 SMD48（双字）写入所希望的初始值（若写入 0，则清除）。

（5）向 SMD52（双字）写入所希望的预置值。

（6）为了捕获当前值（CV）等于预置值（PV）中断事件，编写中断子程序，并指定 CV=PV 中断事件（事件号 13）调用该中断子程序。

（7）为了捕获计数方向改变中断事件，编写中断子程序，并指定计数方向改变中断事件（事件号 14）调用该中断子程序。

（8）为了捕获外部复位事件，编写中断子程序，并指定外部复位中断事件（事件号 15）

调用该中断子程序。

（9）执行全局中断允许指令（ENI）来允许 HSC1 中断。

（10）执行 HSC 指令，使 S7-200 对 HSC1 编程。

（11）退出子程序。

4）初始化模式 9、10 或 11

HSC1 为 A/B 相正交计数器（模式 9、10 或 11），初始化步骤如下。

（1）用初次扫描存储器位（SM0.1=1）调用执行初始化操作的子程序，由于采用了这样的子程序调用，后续扫描不会再调用这个子程序，从而减少了扫描时间，也提供了一个结构优化的程序。

（2）初始化子程序中，根据所希望的控制操作对 SMB47 置数，例如，1x 计数方式，即

SMB47=16#FC

产生如下的结果：

- 允许计数。
- 写入新的初始值。
- 写入新的预置值。
- 置 HSC 的初始计数方向为增。
- 置启动和复位输入为高电平有效。

又如 4x 计数方式，即

SMB47=16#F8

产生如下的结果：

- 允许计数。
- 写入新的初始值。
- 写入新的预置值。
- 置 HSC 的初始计数方向为增。
- 置启动和复位输入为高电平有效。

（3）执行 HDEF 指令时，HSC 输入置“1”，MODE 输入置“9”（无外部复位或启动）、置“10”（有外部复位和无启动）或置“11”（有外部复位和启动）。

（4）向 SMD46（双字）写入所希望的初始值（若写入 0，则清除）。

（5）向 SMD52（双字）写入所希望的预置值。

（6）为了捕获当前值（CV）等于预置值（PV）中断事件，编写中断子程序，并指定 CV=PV 中断事件（事件号 13）调用该中断子程序。

（7）为了捕获计数方向改变中断事件，编写中断子程序，并指定计数方向改变中断事件（事件号 14）调用该中断子程序。

（8）为了捕获外部复位事件，编写中断子程序，并指定外部复位中断事件（事件号 15）调用该中断子程序。

（9）执行全局中断允许指令（ENI）来允许 HSC1 中断。

（10）执行 HSC 指令，使 S7-200 对 HSC1 编程。

（11）退出子程序。

5）初始化模式 12

HSC0 为 PTO0 产生的脉冲计数（模式 12），初始化步骤如下。

（1）用初次扫描存储器位（SM0.1=1）调用执行初始化操作的子程序，由于采用了这样的子程序调用，后续扫描不会再调用这个子程序，从而减少了扫描时间，也提供了一个结构优化的程序。

（2）初始化子程序中，根据所希望的控制操作对 SMB47 置数，即

SMB47=16#F8

产生如下结果：

◆ 允许计数。

◆ 写入新的初始值。

◆ 写入新的预置值。

◆ 置计数方向为增。

◆ 置启动和复位输入为高电平有效。

（3）执行 HDEF 指令时，HSC 输入置“1”，MODE 输入置“12”。

（4）向 SMD38（双字）写入所希望的初始值（若写入 0，则清除）。

（5）向 SMD42（双字）写入所希望的预置值。

（6）为了捕获当前值（CV）等于预置值（PV）中断事件，编写中断子程序，并指定 CV=PV 中断事件（事件号 13）调用该中断子程序。

（7）执行全局中断允许指令（ENI）来允许 HSC1 中断。

（8）执行 HSC 指令，使 S7-200 对 HSC0 编程。

（9）退出子程序。

6）改变模式 0、1、2 或者 12 的计数方向

对具有内部方向（控制模式 0、1、2 或者 12）的单相计数器 HSC1，改变其计数方向的步骤如下。

（1）向 SMB47 写入所需的计数方向，即

SMB47=16#90

产生如下结果：

◆ 允许计数。

◆ 置 HSC 计数方向为减。

SMB47=16#98

产生如下结果：

◆ 允许计数。

◆ 置 HSC 计数方向为增。

（2）执行 HSC 指令，使 S7-200 对 HSC1 编程。

7）写入新的初始值（任何模式下）

在改变初始值时，迫使计数器处于非工作状态，当计数器被禁止时，它既不计数也不产生中断，以下步骤描述了如何改变 HSC1 的初始值（任何模式下）。

（1）向 SMB47 写入新的初始值的控制位，即

SMB47=16#C0

产生如下结果：

◆ 允许计数。
◆ 写入新的初始值。

（2）向 SMD48（双字）写入所希望的初始值（若写入 0，则清除）。
（3）执行 HSC 指令，使 S7-200 对 HSC1 编程。

8）写入新的预置值（任何模式下）

以下步骤描述了如何改变 HSC1 的预设值（任何模式）。

（1）向 SMB47 写入允许写入新的预置值的控制位，即

SMB47=16#A0

产生如下结果：

◆ 允许计数。
◆ 写入新的预置值。

（2）向 SMD52（双字）写入所希望的预置值。
（3）执行 HSC 指令，使 S7-200 对 HSC1 编程。

9）禁止 HSC（任何模式下）

以下步骤描述了如何禁止 HSC1 高速计数器（任何模式）。

（1）写入 SMB47 以禁止计数。

SMB47=16#00

产生如下结果：禁止计数。
（2）执行 HSC 指令，以禁止计数。

5.6.4 高速计数器应用举例

高速计数器应用如图 5-43 所示。

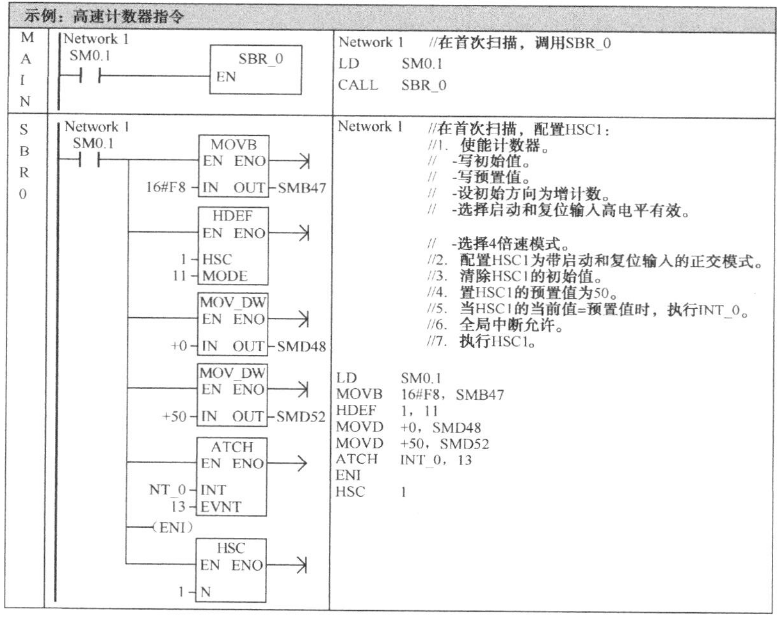

图 5-43 高速计数器应用

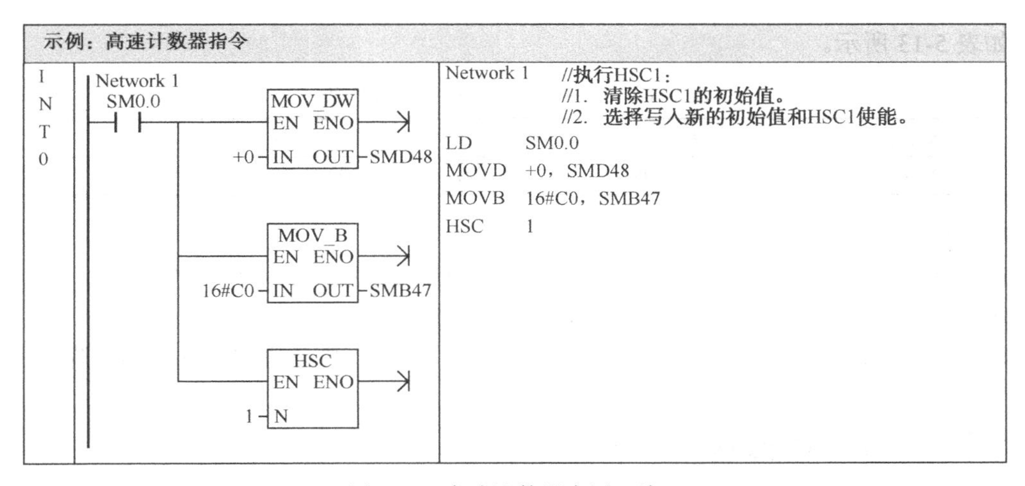

图 5-43　高速计数器应用（续）

5.7　脉冲输出指令

脉冲输出指令（PLS）用于在高速输出（Q0.0 和 Q0.1）上控制脉冲串输出（PTO）和脉宽调制（PWM）功能，改进的位控向导可以创建为应用程序定制的指令，可以简化编程任务并充分利用 S7-200 CPU 的独有特性。

可以继续使用旧的 PLS 指令创建自己的运动应用，但是只有改进的位控向导创建的指令才支持 PTO 上的线性斜坡，PTO 可以输出一串脉冲（占空比为 50%），用户可以控制脉冲的周期和个数。脉冲输出指令如表 5-12 所示。

表 5-12　脉冲输出指令

名　称	LAD	STL	作　用
脉冲输出指令	PLS EN　ENO Q0.X	PLS　Q0.X	脉冲输出指令（PLS）用于在高速输出（Q0.0 和 Q0.1）上控制脉冲串输出（PTO）和脉宽调制（PWM）功能

PWM 可以输出连续的、占空比可调的脉冲串，用户可以控制脉冲的周期和脉宽，S7-200 有两个 PTO/PWM 发生器，它们可以产生一个高速脉冲串或者一个脉宽调制波形：一个发生器是数字输出点 Q0.0；另一个发生器是数字输出点 Q0.1。一个指定的特殊寄存器（SM）位置为每个发生器存储下列数据：一个控制字节（8 位），一个计数值（32 位无符号数）和一个周期或脉宽值（16 位无符号数）。

PTO/PWM 发生器与过程映像寄存器共用 Q0.0 和 Q0.1。当在 Q0.0 或 Q0.1 上激活 PTO 或 PWM 功能时，PTO/PWM 发生器对输出拥有控制权。同时，普通输出点功能被禁止，输出波形不受过程映像区状态、输出点强制值或者立即输出指令执行的影响，当不使用 PTO/PWM 发生器功能时，对输出点的控制权交回到过程映像寄存器，过程映像寄存器决定输出波形的起始和结束状态，以高低电平产生波形的启动和结束。脉冲输出指令的有效操作数如表 5-13 所示。

表 5-13　脉冲输出指令的有效操作数

输入/输出	数 据 类 型	操 作 数
Q0.X	WORD	常数：　0（=Q0.0）或者　1（=Q0.1）

注意：

在使能 PTO 或者 PWM 操作之前，将 Q0.0 和 Q0.1 过程映像寄存器清 0。

所有控制位、周期、脉宽和脉冲计数值的默认值均为“0”。

PTO/PWM 的输出负载至少为 10%的额定负载，才能提供陡直的上升沿和下降沿。

5.7.1　脉冲串操作（PTO）

PTO 按照给定的脉冲个数和周期输出一串方波（占空比为 50%），如图 5-44 所示，PTO 可以产生单段脉冲串或者多段脉冲串（使用脉冲包络），可以指定脉冲数和周期（以微秒或毫秒为增加量）。

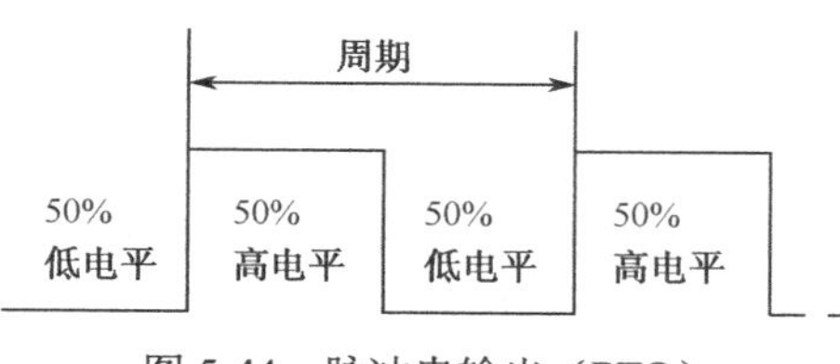

图 5-44　脉冲串输出（PTO）

◆ 脉冲个数：1～4294967295。

◆ 周期：10～65535μs 或者 2～65535ms。

如果为周期指定一个奇的微秒数或毫秒数（如 75ms），将会引起占空比失真。

表 5-14 中是对脉冲计数和周期的限定。

表 5-14　PTO 功能的脉冲个数及周期

脉冲个数/周期	结　　果
周期< 2 个时间单位	将周期默认地设定为 2 个时间单位
脉冲个数=0	将脉冲个数默认地设定为 1 个脉冲

PTO 功能允许脉冲串“链接”或者“排队”。当前脉冲串输出完成时，会立即开始输出一个新的脉冲串，这保证了多个输出脉冲串之间的连续性。

1. 使用位控向导

位控向导自动处理 PTO 脉冲的单段管线和多段管线、脉宽调制，SM 位置配置和创建包络表。

2. PTO 脉冲串的单段管线

在单段管线模式，需要为下一个脉冲串更新特殊寄存器。一旦启动了起始 PTO 段，就必须按照第二个波形的要求改变特殊寄存器，并再次执行 PLS 指令，第二个脉冲串的属性在管线中一直保持到第一个脉冲串发送完成。在管线中一次只能存储一脉冲串的属性。当第一个脉冲串发送完成时，接着输出第二个波形，此时，管线可以用于下一个新的脉冲串。重复这个过程可以再次设定下一个脉冲串的特性。

除去以下两种情况，脉冲串之间可以做到平滑转换：时间基准发生了变化或者利用 PLS 指令捕捉到新脉冲之前，启动的脉冲串已经完成。

3．PTO 脉冲串的多段管线

在多段管线模式，CPU 自动从 V 存储器区的包络表中读出每个脉冲串的特性。在该模式下，仅使用特殊存储器区的控制字节和状态字节，选择多段操作，必须装入包络表在 V 存储器中的起始地址偏移量（SMW168 或 SMW178）。时间基准可以选择毫秒或者微秒，但是，在包络表中的所有周期值必须使用同一个时间基准，而且在包络正在运行时不能改变，执行 PLS 指令来启动多段操作。

每段记录的长度为 8 个字节，由 16 位周期值、16 位周期增量值和 32 位脉冲个数值组成，表 5-15 中给出了包络表的格式，可以通过编程的方式使脉冲的周期自动增减，在周期增量处输入一个正值将增加周期；输入一个负值将减小周期；输入 0 将不变周期。

当 PTO 包络执行时，当前启动的段的编号保存在 SMB166（或 SMB176）。

表 5-15　多段 PTO 操作的包络表格式

字节偏移量	包络段数	描　述
0		段数 1～255[1]
1	#1	初始周期（2～65535 时间基准单位）
3		每个脉冲的周期增量（有符号值）（-32768～32767 时间基准单位）
5		脉冲数（1～4294967265）
9	#2	初始周期（2～65535 时间基准单位）
11		每个脉冲的周期增量（有符号值）（-32768～32767 时间基准单位）
13		脉冲数（1～4294967265）
（连续）	#3	（连续）

1：输入 0 作为脉冲串的段数会产生一个非致命错误，将不产生 PTO 输出。

5.7.2　脉宽调制（PWM）

PWM 产生一个占空比变化周期固定的脉冲输出（见图 5-45），可以以微秒和毫秒为单位指定周期和脉冲宽度。

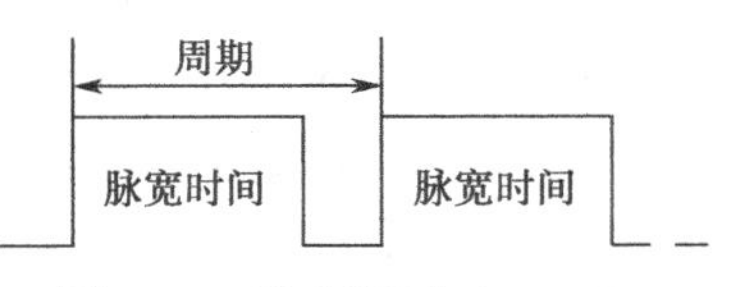

图 5-45　脉宽调制（PWM）

◆ 周期：10～65535μs 或者 2～65535ms。

◆ 脉宽：0～65535μs 或者 0～65535ms。

如表 5-16 所示，设定脉宽等于周期(使占空比为 100%)，输出连续接通，设定脉宽等于 0（使占空比为 0%），输出断开。

表 5-16　脉宽、周期和 PWM 功能的执行结果

脉宽/周期	结　果
脉宽>周期值	占空比为 100%，输出连续接通
脉宽= 0	占空比为 0%，输出断开
周期< 2 个时间单位	将周期默认地设定为 2 个时间单位

有如下两个方法改变 PWM 波形的特性。

◆ 同步更新：如果不需要改变时间基准，就可以进行同步更新。利用同步更新，波形特性的变化发生在周期边沿，提供平滑转换。

◆ 异步更新：PWM 的典型操作是当周期时间保持常数时变化脉冲宽度。所以，不需要改变时间基准。但是，如果需要改变 PTO/PWM 发生器的时间基准，就要使用异步更新。异步更新会造成 PTO/PWM 功能被瞬间禁止和 PWM 波形不同步，这会引起被控设备的振动，由于这个原因，建议使用 PWM 同步更新，选择一个适合于所有周期时间的时间基准。

注意：

控制字节中的 PWM 更新方式位（SM67.4 或 SM77.4）用于指定更新方式。当 PLS 指令执行时变化生效。如果改变了时间基准，会产生一个异步更新，而与 PWM 更新方式位的状态无关。

5.7.3 使用 SM 来配置和控制 PTO/PWM 操作

PLS 指令会从特殊存储器 SM 中读取数据，使程序按照其存储控制 PTO/PWM 发生器。SMB67 控制 PTO0 或者 PWM0，SMB77 控制 PTO1 或者 PWM1。表 5-17 对用于控制 PTO/ PWM 操作的存储器给出了描述。可以使用表 5-18 作为一个快速参考，用其中的数值作为 PTO/PWM 控制寄存器的值来实现需要的操作。

可以通过修改 SM 存储区（包括控制字节），然后执行 PLS 指令来改变 PTO 或 PWM 波形的特性。可以在任意时刻禁止 PTO 或者 PWM 波形，方法：首先将控制字节中的使能位（SM67.7 或者 SM77.7）清 0，然后执行 PLS 指令。

PTO 状态字节中的空闲位（SM66.7 或者 SM76.7）标志着脉冲串输出完成。另外，在脉冲串输出完成时，可以执行一段中断服务程序。如果使用多段操作，可以在整个包络表完成之后执行中断服务程序。

注意：

如果要装入新的脉冲数（SMD72、SMD82）、脉冲宽度（SMW70、SMW80）或周期（SMW68、SMW78），应该在执行 PLS 指令前装入这些值和控制寄存器。如果要使用多段脉冲串操作，在使用 PLS 指令前也需要装入包络表的起始偏移量（SMW168 或 SMW178）和包络表的值。

下列条件使 SM66.4（或 SM76.4）、SM66.5（或 SM76.5）置位：

◆ 如果周期增量使 PTO 在许多脉冲后产生非法周期值，会产生一个算术溢出错误，这会终止 PTO 功能并在状态字节中将增量计算错误位（SM66.4 或者 SM76.4）置“1”，PLC 的输出变为由映像寄存器控制。

◆ 如果要手动终止一个正在进行中的 PTO 包络，要把状态字节中的用户终止位（SM66.5 或 SM76.5）置“1”。

◆ 当管线满时，如果试图装载管线，状态存储器中的 PTO 溢出位（SM66.6 或者 SM76.6）置“1”，如果想用该位检测序列的溢出，必须在检测到溢出后手动清除该位。当 CPU

切换至RUN模式时，该位被初始化为“0”。

表5-17 PTO/PWM控制存储器的SM标志

Q0.0	Q0.1	状态字节
SM66.4	SM76.4	PTO包络由于增量计算错误而终止 0=无错误； 1=终止
SM66.5	SM76.5	PTO包络由于用户命令而终止 0=无错误； 1=终止
SM66.6	SM76.6	PTO管线上溢/下溢 0=无溢出； 1=上溢/下溢
SM66.7	SM76.7	PTO空闲 0=执行中； 1=PTO空闲
Q0.0	Q0.1	控制字节
SM67.0	SM77.0	PTO/PWM更新周期值 0=不更新； 1=更新周期值
SM67.1	SM77.1	PWM更新脉冲宽度值 0=不更新； 1=脉冲宽度值
SM67.2	SM77.2	PTO更新脉冲数 0=不更新； 1=更新脉冲数
SM67.3	SM77.3	PTO/PWM时间基准选择 0=1μs/格 1=1ms/格
SM67.4	SM77.4	PWM更新方法 0=异步更新； 1=同步更新
SM67.5	SM77.5	PTO操作 0=单段操作； 1=多段操作
SM67.6	SM77.6	PTO/PWM模式选择 0=选择PTO； 1=选择PWM
SM67.7	SM77.7	PTO/PWM允许 0=禁止； 1=允许
Q0.0	Q0.1	其他PTO/PWM寄存器
SMW68	SMW78	PTO/PWM周期值（范围：2～65535）
SMW70	SMW80	PWM脉冲宽度值（范围：0～65535）
SMD72	SMD82	PTO脉冲计数值（范围：1～4，294，967，295）
SMB166	SMB176	进行中的段数（仅用在多段PTO操作中）
SMW168	SMW178	包络表的起始位置，用从VD开始的字节偏移表示（仅用在多段PTO操作中）
SMB170	SMB180	线性包络状态字节
SMB171	SMB181	线性包络结果寄存器
SMD172	SMD182	手动模式频率寄存器

表5-18 PTO/PWM控制字节参考

控制寄存器（十六进制）	执行PLS指令的结果							
	允许	模式选择	PTO段操作	PWM更新方法	时基	脉冲数	脉冲宽度	周期
16#81	Yes	PTO	单段		1μs/周期			装入
16#84	Yes	PTO	单段		1μs/周期	装入		
16#85	Yes	PTO	单段		1μs/周期	装入		装入
16#89	Yes	PTO	单段		1ms/周期			装入
16#8C	Yes	PTO	单段		1ms/周期	装入		
16#8D	Yes	PTO	单段		1ms/周期	装入		装入
16#AD	Yes	PTO	多段		1μs/周期			
16#A8	Yes	PTO	多段		1ms/周期			
16#D1	Yes	PWM		同步	1μs/周期			装入
16#D2	Yes	PWM		同步	1μs/周期		装入	
16#D3	Yes	PWM		同步	1μs/周期		装入	装入
16#D9	Yes	PWM		同步	1ms/周期			装入
16#DA	Yes	PWM		同步	1ms/周期		装入	
16#DB	Yes	PWM		同步	1ms/周期		装入	装入

5.7.4 计算包络表的值

PTO/PWM 发生器的多段线管功能在许多应用中非常有用，尤其在步进电动机控制中。例如，可以用带有脉冲包络的 PTO 来控制一台步进电动机，来实现一个简单的加速、匀速和减速过程或者一个由最多 255 段脉冲包络组成的复杂过程，而其中每一段包络都是加速，匀速或者减速操作。

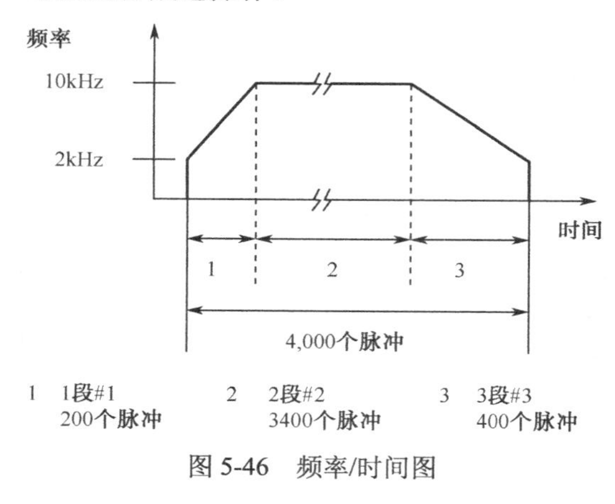

图 5-46 频率/时间图

图 5-46 中的示例给出的包络表值要求产生一个输出波形包括三段：步进电动机加速（第一段）、步进电动机匀速（第二段）和步进电动机减速（第三段）。

对该例，假设需要 4000 个脉冲达到要求的电动机转动数，启动和结束频率是 2kHz，最大脉冲频率是 10kHz，由于包络表中的值是用周期表示的，而不是用频率，需要把给定的频率值转换成周期值。所以，启动和结束的脉冲周期为 500μs，最高频率的对应周期为 100μs，在输出包络的加速部分，要求在 200 个脉冲左右达到最大脉冲频率，假设包络的减速部分，在 400 个脉冲完成。

在该例中，使用一个简单公式计算 PTO/PWM 发生器用来调整每个脉冲周期所使用的周期增量值，公式如下：

$$给定段的周期增量=|ECT-ICT|/Q$$

式中：ECT=该段结束周期时间；

ICT=该段初始化周期时间；

Q=该段的脉冲数量。

利用上面这个公式，可算得加速部分（第 1 段）的周期增量是-2，由于第 2 段是恒速控制，因此，该段的周期增量是 0。相似地，减速部分（第 3 段）的周期增量是 1。

假设包络表存放在从 VB500 开始的 V 存储器区，表 5-19 给出了产生所要求波形的值。该表的值可以在用户程序中用指令放在 V 存储器中，一种方法是在数据块中定义包络表的值。

表 5-19 包络表值

V 存储器地址	值	中 断 描 述	
VB500	3	总段数	
VW501	500	初始周期	段#1
VW503	-2	周期增量	
VD505	200	脉冲数	
VW509	100	初始周期	段#2
VW511	0	周期增量	
VD513	3400	脉冲数	
VW517	100	初始周期	段#3
VW519	1	周期增量	
VD521	400	脉冲数	

段的最后一个脉冲的周期在包络中不直接给定，但必须计算出来（除非周期增量是“0”）。如果在段之间需要平滑转换，段的最后一个脉冲的周期是有用的。计算段的最后一个脉冲周期的公式为：

段的最后一个脉冲的周期时间=ICT+(DEL×(Q−1))

式中：ICT=该段的初始化周期时间；

DEL=该段的增量周期时间；

Q=该段的脉冲数量。

上面的简例是有用的，实际应用可能需要更复杂的波形包络。注意：周期增量只能以微秒数或毫秒数指定，周期的修改在每个脉冲上进行。这两项的影响使对于一个段的周期量的计算可能需要迭代方法。对于结束周期值或给定段的脉冲个数，可能需要作调整。在确定校正包络表值的过程中，包络段的持续时间很有用。按照下面的公式可以计算完成一个包络段的时间长短：

包络段的持续时间=Q×(ICT+((DEL/2)×(Q−1)))

式中：Q=该段的脉冲基数；

ICT=该段的初始化周期时间；

DEL=该段的增量周期时间。

5.7.5 脉冲输出指令应用举例

CPU 214 有两个脉冲输出，可以用来产生控制步进电动机驱动器的脉冲。功率驱动器将控制脉冲按照某种模式转换成步进电动机线圈的电流，产生旋转磁场，使得转子只能按固定的步数（步角 a）来改变它的位置。连续的脉冲序列产生与其对应的同频率（同步机）步序列。如果控制频率足够高，步进电动机的转动可看作一个连续的转动。

本例叙述用 Q0.0 的输出脉冲触发步进电动机驱动器。示意图和流程图分别如图 5-47 和图 5-48 所示，当输入端 I1.0 发出“START”（启动）信号后，控制器将输出固定数目的方法脉冲，使步进电动机按对应的步数转动。当输入端 I1.1 发出“STOP”（停止）信号后，步进电动机停止转动。接在输入端 I1.5 的方向开关位置决定电动机正转或反转。

1．硬件要求

数量	设备	制造厂/定货号
1	SIMATIC S7-200 CPU-214	Siemens/6ES7214-1AC00-0XB0
1	PC/PPI 电缆	Siemens/6ES7901-3BF00-0XA0
1	编程设备或 PC	
1	带有标准的功率驱动器和相关连接电缆的步进电动机	
1	用于传输控制信号到功率驱动器的电缆	
1	开关	
2	按钮	

例图

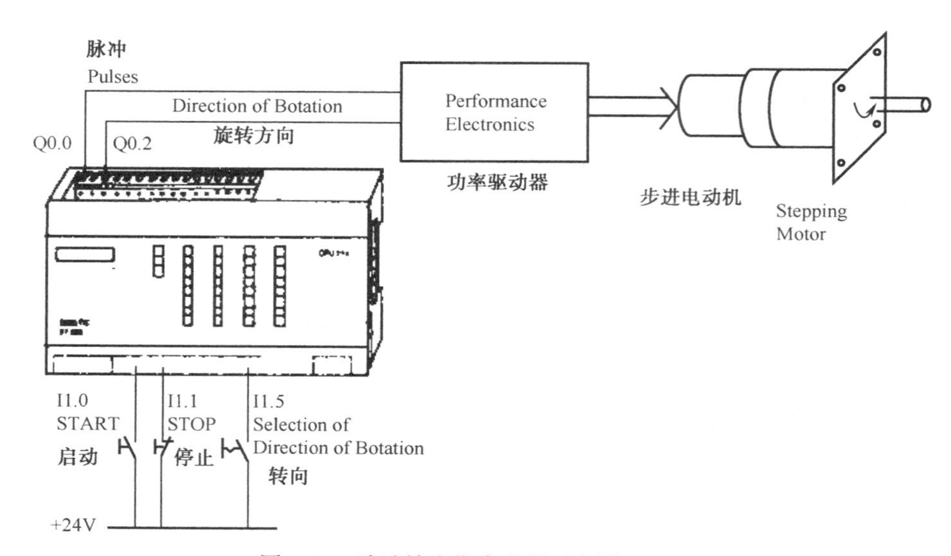

图 5-47　脉冲输出指令应用示意图

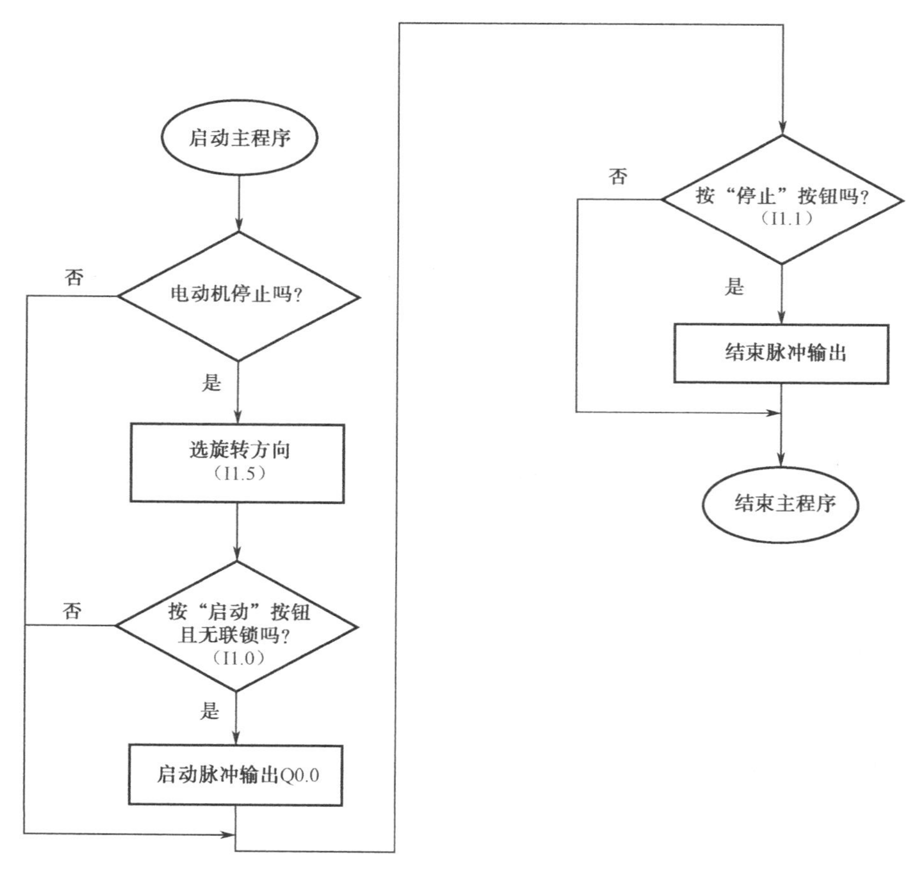

图 5-48　脉冲输出指令应用流程图

2．程序和注释

1）初始化

在程序的第一个扫描周期（SM0.1=1），为两种脉冲输出功能（PTO 和 PTW）选择参数，本例从中选择了 PTO，并规定了脉冲周期和脉冲数。

2）选择转动方向

用接在输入端 I1.5 的开关来选择转动方向。如果 I1.5=1，将输出 Q0.2 置成高电位，电动机逆时针转动。如果 I1.5=0，将输出 Q0.2 置成低电位，电动机顺时针转动。为保护电动机避免漏步，电动机转动方向的改变只能在电动机处于停止状态（M0.1=0）时进行。

3）启动电动机

启动电动机的三个条件如下：

（1）单击“START”（启动）按钮，在输入端 I1.0 产生脉冲上升沿（从 0 升到 1）。

（2）无联锁，即联锁标志 M0.2=0。

（3）电动机处于停止状态，即操作标志 M0.1=0。

如果同时具备上述三个条件，则将 M0.1 置位（M0.1=1），控制器执行 PLS0 指令，在输出端 Q0.0 输出脉冲，其他必须预先具备的条件，已经在首次扫描（SM0.1=1）设置，主要是脉冲输出功能的基本数据。例如，时基、周期和脉冲数。这些数据置于相应的属于 PTO/PWM 的特殊存储字 SWM68、SWM70 和 SWD72。

4）停止电动机

停止电动机的两个条件如下：

（1）单击“STOP”（停止）按钮，在输入端产生脉冲上升沿（从 0 升到 1）。

（2）电动机处于转状态，即操作标志 M0.1=1。

如果同时具备上述两个条件，则将标志 M0.1 复位（M0.1=0），并中断输出端 Q0.0 的脉冲输出。这与执行 PLS0 指令有关，它将脉宽调制（PWM）输出的脉冲宽度减为“0”（所需的基本设置已在第一个扫描周期中定义了），因而输出信号被抑制。

在完整的脉冲序列输出后，中断程序 0 将标志 M0.1 复位（M0.1=0），从而使电动机能够重新启动。为更清晰起见，这部分程序不包括在本例程序流程图中。

5）联锁

为保护人员和设备的安全，在单击“STOP”（停止）按钮（I1.1）之后，必须规定驱动器联锁（或称阻塞），将联锁标志 M0.2 置位（M0.2=1），立即关断驱动器。只有在 M0.2 复位（M0.2=0）后，才能重新启动电动机。当“STOP”按钮松开后，为防止电动机的意外启动，只有在“START”按钮和“STOP”按钮都松开后，才能将 M0.2 复位（M0.2=0），如果要再次启动电动机，则必须再发出一个启动信号。

6）程序清单

本程序长度为 64 个字。

```
//标题：驱动器功能测试
LD        SM0.1           //仅首次扫描周期 SM0.1 置位（SM0.1=1）
MOVW      500，SMW68      //输出脉冲周期为 500μs
```

```
MOVW      0，SMW70            //脉宽为 0（脉宽调制）
MOVD      40000，SMD72        //输出 40000 个脉冲
ATCH      0，19               //把中断程序 0 分配给中继事件 19（PLS0 脉冲输出结束）
ENI                           //允许中断
//设置转动方向
LDN    M0.1                   //若电动机处于停止状态
A      I1.5                   //且转向开关置于 1
S      Q0.2，1                //则逆时针转动（Q0.2=1）
LDN    M0.1                   //若电动机处于停止状态
AN     I1.5                   //且转向开关置于 0
R      Q0.2，1                //则顺时针转动（Q0.2=0）
//联锁和解除联锁
LD     I1.1                   //若按“STOP”（停止）按钮
S      M0.2，1                //则联锁有效（M0.2=1）
LDN    I1.0                   //若“START”（启动）按钮松开
AN     I1.1                   //且“STOP”（停止）按钮松开
R      M0.2，1                //则解除联锁（M0.2=0）
//启动电动机
LD     I1.0                   //若按“START”（启动）按钮
EU                            //上升沿
AN     M0.2                   //且无联锁
AN     M0.1                   //且电动机停止
MOVB   16#85，SMB67           //则置脉冲输出功能的控制位
PLS    0                      //启动脉冲输出（Q0.0）
S      M0.1，1                //电动机运行标志 M0.1 置位（M0.1=1）
//停止电动机
LD     I1.1                   //若按“STOP”（停止）按钮
EU                            //上升沿
A      M0.1                   //且电动机正在转动
R      M0.1，1                //则电动机运行标志 M0.1 复位（M0.1=0）
MOVB   16#CB，SMB67           //置脉冲输出功能的控制位，PWM 的脉宽为 0
PLS    0                      //输出端 Q0.0 无脉冲
MEND                          //主程序结束
//***********************
INT0                          //中断程序 0
R      M0.1，1                //电动机运行标志 M0.1 复位（M0.1=0）
RETI                          //中断程序 0 结束
```

5.8　PID 指令

PID 回路控制指令（PID）利用表（TBL）中的输入和配置信息，在被参考的 LOOP 上执行 PID 回路计算。如表 5-20 所示。

表 5-20　PID 指令

名　称	LAD	STL	作　用
比例/积分、微分回路控制指令	PID EN　ENO TBL LOOP	PID　TBL，LOOP	在 EN 端口执行条件存在时，运用回路表中的输入信息和组态信息，进行 PID 运算

PID 回路指令（包含比例、积分、微分回路）可以用来进行 PID 运算。但是，可以进行这种 PID 运算的前提条件是逻辑堆栈栈顶（TOS）值必须为“1”。该指令有两个操作数：TBL 和 LOOP。其中，TBL 是回路表的起始地址；LOOP 是回路号，可以是从 0～7 的整数。

在程序中最多可用 8 条 PID 指令，如果两个或两个以上的 PID 指令用了同一个回路号，那么即使这些指令的回路表不同，这些 PID 运算之间也会相互干涉，产生不可预料的结果。

回路表包含 9 个参数，用来控制和监视 PID 运算，这些参数分别是过程变量当前值（PV_n）、过程变量前值（PV_{n-1}）、给定值（SP_n）、输出值（M_n）、增益（K_c）、采样时间（T_s）、积分时间（TI）、微分时间（TD）和积分项前值（MX）。

为了让 PID 运算以预想的采样频率工作，PID 指令必须用在定时发生的中断程序中，或者用在主程序中被定时器所控制以一定频率执行。采样时间必须通过回路表输入到 PID 运算中。

自整定功能已经集成到 PID 指令中。PID 整定控制面板只能用于由 PID 向导创建的 PID 回路。

STEP7-Micro/WIN 提供了 PID 指令向导，指导定义一个闭环控制过程的 PID 算法。在命令菜单中选择 Tools>Instruction Wizard，然后在指令向导窗口中选择 PID 指令。

注意：

下限设置点和上限设置点要和过程变量的下限和上限相对应。

5.8.1　PID 算法

PID 控制器调节输出，保证偏差（e）为零，使系统达到稳定状态，偏差（e）是给定值（SP）和过程变量（PV）的差。PID 控制的原理基于下面的算式；输出 $M(t)$是比例项、积分项和微分项的函数。

$$M(t)=K_c \times e+K_c\int_0^t e\mathrm{d}t+M_{\text{initial}}+K_c \times \mathrm{d}e/\mathrm{d}t$$

输出=比例项+积分项+微分项

式中：$M(t)$ ——PID 回路的输出，是时间的函数；

K_c ——PID 回路的增益；

e ——PID 回路的偏差（给定值与过程变量只差）；

M_{initial} ——PID 回路输出的初始值。

为了能让数字计算机处理这个控制算式，连续算式必须离散化为周期采样偏差算式，才能用来计算输出值。数字计算机处理的算式如下：

$$M_n=K_c \times e_n+K_1 \times \sum_1^n e_x+M_{\text{initial}}+K_D \times (e_n-e_{n-1})$$

输出=比例项+积分项+微分项

式中：M_n ——在第 n 采样时刻，PID 回路输出的计算值；

K_c ——PID 回路的增益；

e_n ——采样时刻 n 的回路偏差值；

e_{n-1} ——采样时刻 n-1 的回路偏差值；

e_x ——采样时刻 x 的回路偏差值；

K_1 ——积分项的比例常数；

M_{initial} ——回路输出的初始值；

K_D ——微分项的比例常数。

从这个公式可以看出，积分项是从第一个采样周期到当前采样周期所有误差项的函数，微分项是当前采样和前一次采样的函数，比例项仅是当前采样的函数。在数字计算机中，不保存所有的误差项，实际上也不必要。

由于计算机从第一次采样开始，每有一个偏差采样值必须计算一次输出值，只需要保存偏差前值和积分项前值，作为数字计算机解决的重复性的结果，可以得到在任何采样时刻必须计算的方程的一个简化算式。简化算式如下：

$$M_n=K_c \times e_n+K_1 \times e_n+MX+K_D \times (e_n-e_{n-1})$$

输出=比例项+积分项+微分项

式中：M_n ——在采样时刻 n，PID 回路输出的计算值；

K_c ——PID 回路的增益；

e_n ——采样时刻 n 的回路偏差值；

e_{n-1} ——采样时刻 n-1 的回路偏差值；

K_1 ——积分项的比例常数；

MX——积分项前值；

K_D ——微分项的比例常数。

CPU 实际使用以上简化算式的改进形式计算 PID 输出。这个改进算式为

$$M_n = MP_n + MI_n + MD_n$$

输出=比例项+积分项+微分项

式中：M_n——第 n 采样时刻的计算值；

MP_n——第 n 采样时刻的比例项值；

MI_n——第 n 采样时刻的积分项值；

MD_n——第 n 采样时刻的微分项值。

1. PID 方程的比例项

比例项 MP 是增益（K_c）和偏差（e）的乘积。其中，K_c 决定输出对偏差的灵敏度，偏差（e）是给定值（SP）与过程变量值（PV）之差。S7-200 解决的求比例项的算式如下：

$$MP_n = K_c \times (SP_n - PV_n)$$

式中：MP_n——第 n 采样时刻比例项的值；

K_c——增益；

SP_n——第 n 采样时刻的给定值；

PV_n——第 n 采样时刻的过程变量值。

2. PID 方程的积分项

积分项值 MI_n 与偏差和成正比。S7-200 解决的求积分的算式如下：

$$M_n = K_c \times Ts/T_I \times (SP_n - PV_n) + MX$$

式中：M_n——第 n 采样时刻的积分项值；

K_c——增益；

T_S——采样时间间隔；

T_I——积分时间；

SP_n——第 n 采样时刻的给定值；

PV_n——第 n 采样时刻的过程变量值；

MX——第 n−1 采样时刻的积分值（积分项前值），也称积分和或偏置。

积分和（MX）是所有积分项前值之和，在每次计算出 MI_n 之后，都要用 MI_n 去更新 MX。其中，MI_n 可以被调整或限定。MX 的初值通常在第一次计算输出以前被设置为 M_{initial}（初值），积分项还包括其他几个常数：增益（K_c）、采样时间间隔（T_S）和积分时间（T_I）。其中，采样时间是重新计算输出的时间间隔，而积分时间控制积分项在整个输出结果中影响的大小。

3. PID 方程的微分项

微分项值 MD 与偏差的变化成正比。S7-200 使用下列算式来求解微分项：

$$MD_n = K_c \times T_D/T_S \times ((SP_n - PV_n) - (SP_{n-1} - PV_{n-1}))$$

为了避免给定值变化的微分作用而引起的跳变，假设给定值不变（$SP_n = SP_{n-1}$）。这样，可以用过程变量的变化替代偏差的变化，计算算式可改进为

$$MD_n=K_c\times T_D/T_S\times((SP_n-PV_n-SP_n+PV_{n-1}))$$

或

$$MD_n=K_c\times T_D/T_S\times(PV_n-PV_{n-1})$$

式中：MD_n——第 n 采样时刻的微分项值；

K_c——回路增益；

T_S——回路采样时间；

T_D——微分时间；

SP_n——第 n 采样时刻的给定值；

SP_{n-1}——第 n-1 采样时刻的给定值；

PV_n——第 n 采样时刻的过程变量值；

PV_{n-1}——第 n-1 采样时刻的过程变量值。

为了下一次计算微分项值，必须保存过程变量，而不是偏差。在第一采样时刻，初始化为

$$PV_n=PV_{n-1}$$

4．回路控制类型的选择

在许多控制系统中，只需要一种或两种回路控制类型。例如，只需要比例回路或者比例积分回路。通过设置常量参数，可以选择需要的回路控制类型。

如果不想要积分动作（PID 计算中没有“I”），可以把积分时间（复位）置为无穷大“INF”。即使没有积分作用，积分项还是不为零，因为有初值 MX。

如果不想要微分回路，可以把微分时间置为零。

如果不想要比例回路，但需要积分或积分微分回路，可以把增益设为“0.0”，系统会在计算积分项和微分项时，把增益当作 1.0 看待。

5.8.2　回路输入的转化和标准化

每个 PID 回路有两个输入量，给定值（SP）和过程变量（PV），给定值通常是一个固定值。例如，设定的汽车速度，过程变量是与 PID 回路输出有关，可以衡量输出对控制系统作用的大小。在汽车速度控制系统的实例中，过程变量应该是测量轮胎转速的测速计输入。

给定值和过程变量度可能是现实世界的值，它们的大小范围和工程单位都可能不一样。在 PID 指令对这些现实世界的值进行运算之前，必须把它们转换成标准的浮点型表达形式。

转换的第一步是把 16 位整数值转换成浮点型实数值。下面的指令序列提供了实现这种转换的方法：

```
ITD  AIW0，AC0        //将输入值转换为双整数
DTR  AC0，AC0         //将 32 位双整数转换为实数
```

下一步是将现实世界的值的实数值表达形式转换成 0.0～1.0 之间的标准化值。下面的算式可以用于标准化给定值或过程变量值：

$$R_{Norm}=((R_{Raw}/S_{Pan})+\text{Offset})$$

式中：R_{Norm}——标准化的实数值；

R_{Raw}——没有标准化的实数值或原值；

Offset——单极性为 0.0，双极性为 0.5；

S_{Pan}——值域大小，可能的最大值减去可能的最小值；

单极性为 32,000（典型值）；

双极性为 64,000（典型值）。

下面的指令把双极性实数标准化为 0.0～1.0 之间的实数，通常用在第一步转换之后。

```
/R      64000.0，AC0    //累加器中的标准化值
+R      0.5，AC0        //加上偏置，使其在 0.0～1.0 之间
MOVR    AC0，VD100      //标准化的值存入回路表
```

5.8.3　回路输出值转换成刻度整数值

回路输出值一般是控制变量，例如，在汽车速度控制中，可以是油阀开度的设置。回路输出是 0.0 和 1.0 之间的一个标准化了的实数值。在回路输出可以用于驱动模拟输出之前，回路输出必须转换成一个 16 位的标定整数值。这一过程是给定值或过程变量的标准化转换的逆过程。第一步是使用下面给出的公式，将回路输出转换成一个标定的实数值。

$$R_{Scal}=(M_n-\text{Offset})\times S_{Pan}$$

式中：R_{Scal}——回路输出的刻度实数值；

M_n——回路输出的标准化实数值；

Offset——单极性为 0.0，双极性为 0.5；

S_{Pan}——值域大小，可能的最大值减去可能的最小值；

单极性为 32,000（典型性）；

双极性为 64,000（典型值）。

这一过程可以用下面的指令序列完成：

```
MOVR    VD108，AC0      //把回路输出移植入累加器
-R      0.5，AC0        //仅双极性有此句
*R      64000.0，AC0    //在累加器中得到刻度值
```

下一步是把回路值输出的刻度转换成 16 位整数，可通过下面的指令序列来完成：

```
ROUND   AC0，AC0        //把实数转换为 32 位整数
DTI     AC0，LW0        //把 32 位整数转换为 16 位整数
MOVW    LW0，AQW0       //把 16 位整数写入模拟输出寄存器
```

5.8.4 正作用或反作用回路

如果增益为正，那么该回路为正作用回路。如果增益为负，那么是反作用回路（对于增益值为 0.0 的 I 或 ID 控制，如果指定积分时间、微分时间为正，就是正作用回路；如果指定为负值，就是反作用回路）。

1. 变量和范围

过程变量和给定值是 PID 运算的输入值，因此，回路表中的这些变量只能被 PID 指令读而不能被改写。

输出变量是由 PID 运算产生的，所以在每一次 PID 运算完成之后，需更新回路表中的输出值，输出值被限定在 0.0～1.0 之间。当 PID 指令从手动方式转变到自动方式时，回路表中的输出值可以用来初始化输出值。

如果使用积分控制，积分项前值要根据 PID 运算结果更新。这个更新了的值用作下一次 PID 运算的输入，当输出值超过范围（大于 1.0 或小于 0.0），那么积分项前值必须根据下列公式进行调整：

$$\mathrm{MX}=1.0-(\mathrm{MP}_n+\mathrm{MD}_n) \quad \text{当计算输出 } M_n>1.0$$

或

$$\mathrm{MX}=-(\mathrm{MP}_n+\mathrm{MD}_n) \quad \text{当计算输出 } M_n<0.0$$

式中：MX——经过调整了的积分和（积分项前值）；

MP_n——第 n 采样时刻的比例项值；

MD_n——第 n 采样时刻的微分项值；

M_n——第 n 采样时刻的输出值。

这样调整积分值前，一旦输出回到范围后，可以提高系统的响应性能。而且积分项前值也要限制在 0.0～0.1 之间，然后在每次 PID 运算结束之后，把积分项前值写入回路表，以备在下次 PID 运算中使用。

用户可以在执行 PID 指令以前修改回路表中积分项前值。在实际运用中，这样做的目的是找到由于积分项前值引起的问题。手工调整积分项前值时，必须小心谨慎，还应保证写入的值在 0.0～1.0 之间。

回路表中的给定值与过程变量的差值（e）是用于 PID 运算中的差分运算，用户最好不要去修改此值。

2. 控制方式

S7-200 的 PID 回路没有设置控制方式，只要 PID 块有效，就可以执行 PID 运算。在这种意义上说，PID 运算存在一种“自动”运行方式。当 PID 运算不被执行时称为“手动”模式。

同计数器指令相似，PID 指令有一个使能位。当该使能位检测到一个信号的正跳变（从 0～1），PID 指令执行一系列的动作，使 PID 指令从手动方式无扰动地切换到自动方式。为了达到无扰动切换，在转变到自动控制前必须用手动方式把当前输出值填入回路表中的 M_n

栏。PID 指令对回路表中的值进行下列动作，以保证当使能位正跳变出现时，从手动方式无扰动切换到自动方式：

◆ 置给定值（SP_n）=过程变量（PV_n）。

◆ 置过程变量前值（PV_{n-1}）=过程变量现值（PV_n）。

◆ 置积分项前值（MX）=输出值（M_n）。

PID 使能位的默认值是“1”，在 CPU 启动或从 STOP 方式转到 RUN 方式时建立。CPU 进入 RUN 方式后首次使 PID 块有效，没有检测到使能位的正跳变，那么就没有无扰动切换的动作。

3. 报警与特殊操作

PID 指令是执行 PID 运算的简单而功能强大的指令。如果需要其他处理，如报警检查或回路变量的特殊计算器，则这些处理必须使用 S7-200 支持的基本指令来实现。

4. 出错条件

如果指令指定的回路表起始地址或 PID 回路号操作数超出范围，那么在编译期间，CPU 将产生编译错误（范围错误），从而编译失败。

PID 指令不检查回路表中的值是否在范围之内，所以必须小心操作以保证过程变量和设定值不超界。PID 指令不检查回路表中的值是否超界，必须保证过程变量和设定值（偏置和前一次过程变量）必须在 0.0～1.0 之间。

如果 PID 计算的算术运算发生错误，那么，特殊存储器标志位 SM1.1（溢出或非法值）会被置“1”，并且中止 PID 指令的执行（要想消除这种错误，靠改变回路表中的输出值是不够的，正确的方法是在下一次执行 PID 运算之前，改变引起算术运算错误的输入值，而不是更新输出值）。

5. 回路表

回路表有 80 字节长，它的格式如表 5-21 和表 5-22 所示。

表 5-21　回路表

偏 移 地 址	域	格　式	定时器类型	中 断 描 述
0	过程变量（PV_n）	REAL	输入	过程变量，必须在 0.0～1.0 之间
4	设定值（SP_n）	REAL	输入	给定值，必须在 0.0～1.0 之间
8	输出位（M_n）	REAL	输入/输出	输出值，必须在 0.0～1.0 之间
12	增益（K_c）	REAL	输入	增益是比例常数，可正可负
16	采样时间（T_S）	REAL	输入	单位为秒，必须是正数
20	积分时间（T_I）	REAL	输入	单位为分钟，必须是正数
24	微分时间（T_D）	REAL	输入	单位为分钟，必须是正数
28	积分项前项（MX）	REAL	输入/输出	积分项前项，必须在 0.0～1.0 之间
32	过程变量前值（PV_{n-1}）	REAL	输入/输出	包含最后一次执行 PID 指令时存储的过程变量值

续表

偏移地址	域	格 式	定时器类型	中断描述
36～79	保留给自整定变量。对于详细信息，参考表 5-22			

表 5-22 扩展的回路表

偏移地址	参数名	格 式	类 型	描 述
0	过程变量（PV_n）	实数	输入	过程变量，必须在 0.0～1.0 之间
4	设定值（SP_n）	实数	输入	设定值，必须在 0.0～1.0 之间
9	输出值（M_n）	实数	输入/输出	输出值，必须在 0.0～1.0 之间
12	增益（K_c）	实数	输入	增益是比例常数，可正可负
16	采样时间（T_g）	实数	输入	单位是秒，必须是正数
20	积分时间（T_I）	实数	输入	单位是分钟，必须是正数
24	微分时间（T_D）	实数	输入	单位是分钟，必须是正数
28	积分项前项（MX）	实数	输入/输出	积分项前项，必须在 0.0～1.0 之间
32	过程变量前值（PV_{n-1}）	实数	输入/输出	最近一次 PID 运算的过程变量值
38	PID 网路表 ID	ASCII 码	常数	PIDA（PID 扩展表，版本 A）ASCII 码常数
40	AT 控制（ACNTL）	字节	输入	见表 5-21
41	AT 控制（ASTAT）	字节	输出	见表 5-21
42	AT 结果（ARES）	字节	输入/输出	见表 5-21
43	AI 配置（ACNFG）	字节	输入	见表 5-21
44	偏移（EDV）	实数	输入	归一化以后的过程变量振幅最大值（范围：0.025～0.25）
48	滞后（HYS）	实数	输入	归一化以后的过程变量滞后值，用于确定零相交（范围：0.005～0.1）当 EDV 与 HYS 的比率小于 4 时，自整定过程中会发出警告
52	初始输出阶跃幅度（STEP）	实数	输入	归一化以后的输出值阶跃变化幅度，用于减小过程变量的振动（范围：0.05～0.4）
58	看门狗时间（WDOG）	实数	输入	两次零相交之间允许的最大时间间隔，单位是秒（范围：60～7200）
60	推荐增益（AT_Kc）	实数	输入	自整定过程推荐的增益值
64	推荐积分时间（AT_T_I）	实数	输出	自整定过程推荐的积分时间值
68	推荐微分时间（AT_T_D）	实数	输出	自整定过程推荐的微分时间值
72	实际输出阶跃幅度（ASTEP）	实数	输出	自整定过程确定的归一化以后的输出阶跃幅度
76	实际滞后（AHYS）	实数	输出	自整定过程确定的归一化以后的过程变量滞后值

5.8.5 PID 指令应用举例

水箱水位 PID 控制如图 5-49 所示。

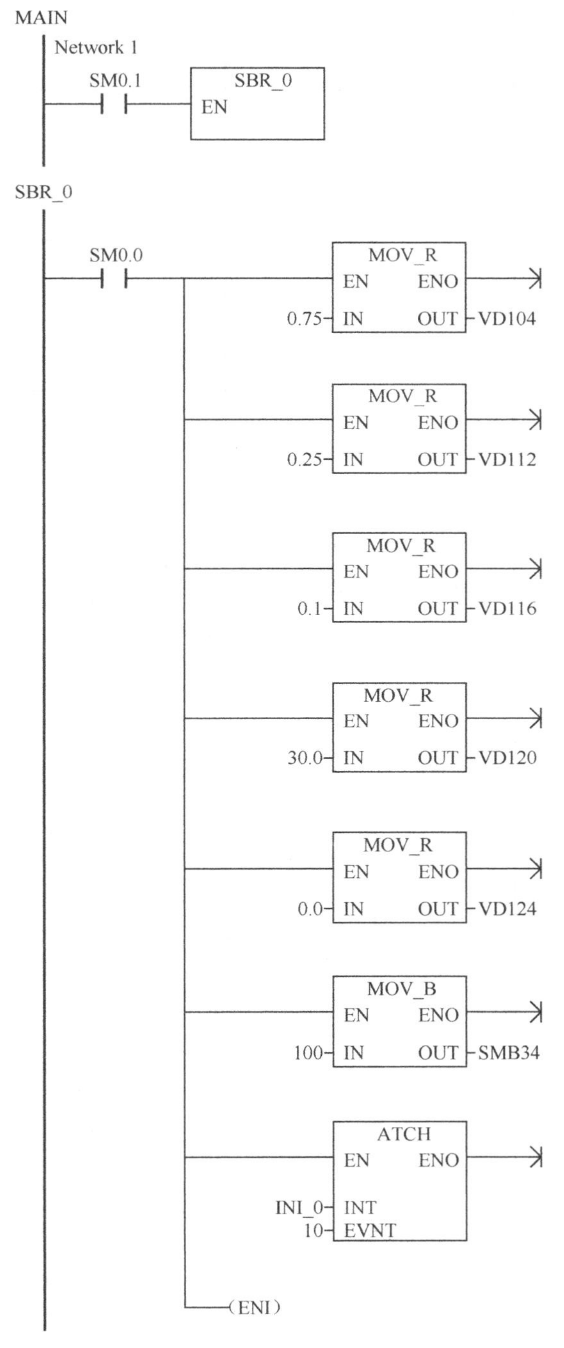

图 5-49 水箱水位 PID 控制

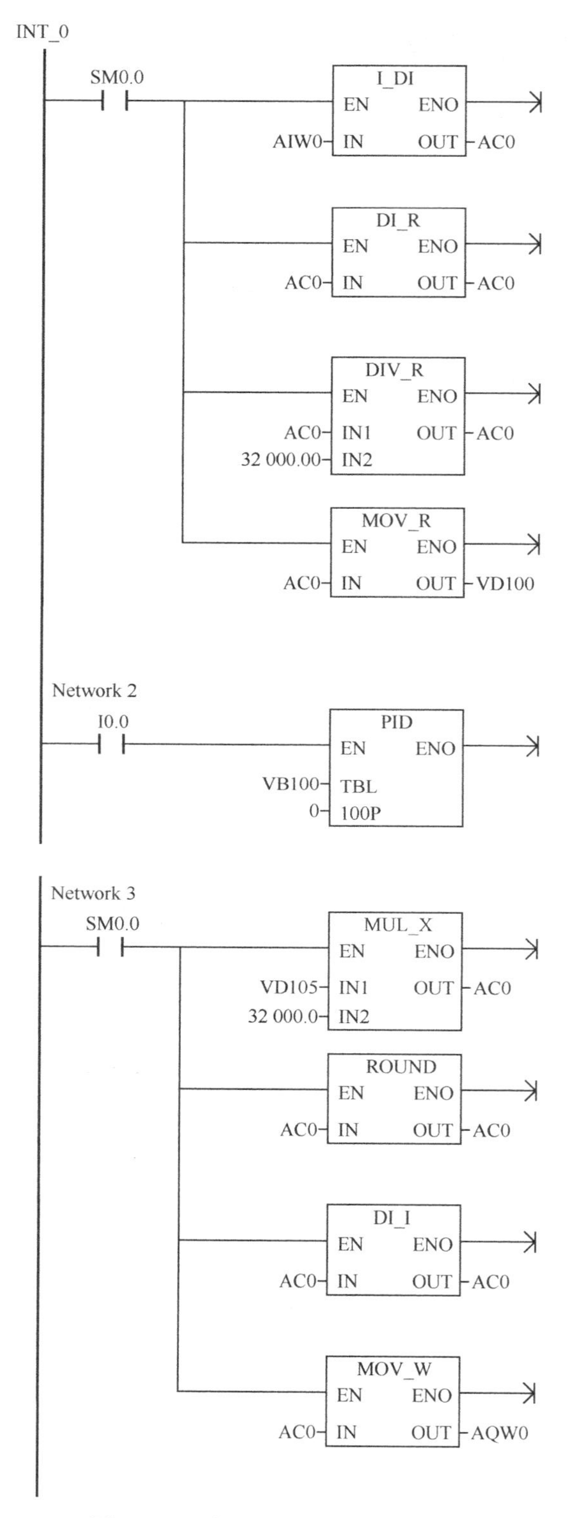

图 5-49　水箱水位 PID 控制（续）

第 6 章　PLC 应用系统设计

主要内容

（1）梯形图的基本电路。
（2）梯形图的经验设计方法。
（3）梯形图的顺序控制设计方法。
（4）PLC 控制举例。

我们学习 PLC 的最终目的就是把它应用到实际的工业控制系统中去。虽然各种工业控制系统的功能、要求不同，但是在设计 PLC 控制系统时，基本步骤和设计方法都基本相同。

PLC 控制系统设计的一般步骤如图 6-1 所示。

（1）深入了解控制要求，确定控制的操作方式和应完成的动作。

详细分析被控对象的工艺过程及工作特点，了解被控对象机、电、液之间的配合，提出被控对象对 PLC 控制系统的控制要求，确定控制方案，拟定设计任务书。

控制要求主要是指控制的基本方式、必须完成的动作顺序和动作条件，应具备的操作方式（手动、自动、间断和连续等）、必要的保护和联锁等，可用控制流程图或系统框图的形式来描述。

（2）确定所需信号的输入元件、输出执行元件，据此确定 PLC 的点数，进行 I/O 点的分配。

根据系统的控制要求，确定系统所需的全部输入设备（如按钮、位置开关、转换开关及各种传感器）和输出设备（如接触器、电磁阀、信号指示灯及其他执行器等）从而确定与 PLC 有关的输入/输出设备，以确定 PLC 的 I/O 点数。

（3）选定 PLC 型号。

PLC 的选择包括对 PLC 的机型、容量、I/O 模块、电源等的选择。

选择合适的机型是 PLC 控制系统硬件配置的关键问题。目前，国内外生产 PLC 的厂家很多，如西门子、三菱、松下、欧姆龙、LG、ABB 公司等，不同厂家的 PLC 产品虽然基本功能相似，但是有些特殊功能、价格、服务及使用的编程指令和编程软件都不相同。而同一厂家的 PLC 产品又有不同的系列，同一系列中又有不同的 CPU 型号，不同系列、不同型号的产品在功能上有较大的差别，所以，选择合适的机型非常重要。

对于 PLC 的容量，一般情况是这样的：

◆ 开关量输入元件：10～20B/点。
◆ 开关量输出元件：5～10B/点。
◆ 定时器/计数器：2B/个。

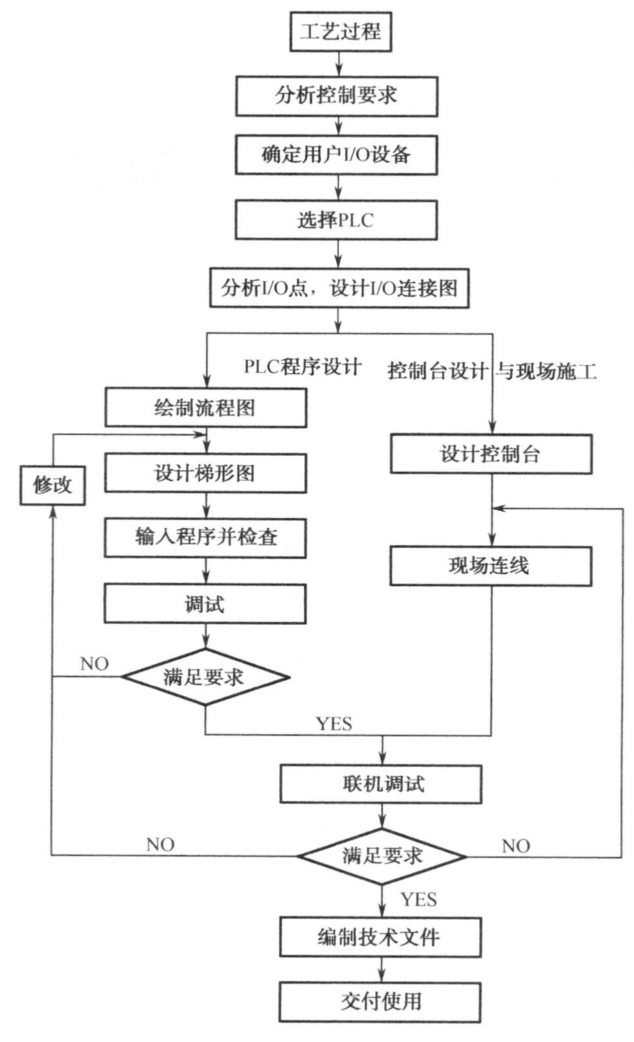

图 6-1　PLC 控制系统设计步骤

◆ 模拟量：100～150B/点。

◆ 通信接口：一个接口一般需要 300B 以上。

根据上面算出的总字节数再加上 25%左右的备用量，就是用户程序所需要的内存容量，从而选择合适的 PLC 内存。PLC 内存有 EPROM、EEPROM 和带锂电池供电的 RAM。一般微型和小型 PLC 的存储容量是固定的，介于 1～2KB 之间。

I/O 点数是 PLC 的一项重要指标。合理选择 I/O 点数既可以使系统满足控制要求，又可以使系统总投资最低。PLC 的 I/O 总点数和种类应根据被控对象所需控制的模拟量、开关量来确定。一般情况下，一个输入/输出元件要占用一个 I/O 点。考虑到日后的调整和扩充，一般是在估计的总点数上再加 20%～30%的备用量。

PLC 的内部电源一般都是 DC 24V 电源，用作集电极开路传感器的电源。但是该电源容量较小，当用作本机输入信号的工作电源时，需要考虑电源的容量。如果电源容量要求超出了内部 DC 24V 电源的额定值时，必须采用外接电源，建议采用稳压电源。

（4）绘制 PLC 外部接线图，设计控制系统的主电路。

首先要分配 I/O 点，画出 PLC 的 I/O 点与输入/输出设备的连接图或对应关系表；接着是 PLC 外围硬件线路，画出系统其他部分的电气线路图，包括主电路和未进入 PLC 的控制电路等；由 PLC 的 I/O 连接图和 PLC 外围电气线路图组成系统的电气原理图。这样系统的硬件电气线路图即能确定。

（5）设计 PLC 控制程序。

PLC 控制程序一般包括控制程序、初始化程序、检测与故障诊断及显示程序、保护和联锁程序。

（6）模拟调试。

根据产生现场信号的方式不同，模拟调试有硬件模拟法和软件模拟法两种形式。

（7）制作控制柜。

设计控制柜和操作台等部分的电气布置图及安装接线图；设计系统各部分之间的电气互联图；根据施工图纸进行现场接线，并进行详细检查。

由于程序设计与硬件实施可同时进行，因此，PLC 控制系统的设计周期可大大缩短。

（8）进行现场调试。

现场调试就是将通过模拟调试的程序进一步进行在线统调。现场调试过程是循序渐进的，从 PLC 只连接输入设备、连接输出设备、再接上实际负载等逐步进行调试。如不符合要求，则对硬件和程序做调整，通常只需修改部分程序即可。

全部调试完毕后，交付试运行。经过一段时间运行，如果工作正常，程序就不需要修改，应将程序固化到 EPROM 中，以防程序丢失。

（9）编写技术文件。

技术文件包括设计说明书、硬件原理图、安装接线图、电器元件明细表、PLC 程序及使用说明书等。

6.1 梯形图的基本电路

在 PLC 中，复杂的应用程序都是由一些典型的基本电路构成的。下面就介绍几种梯形图的基本电路。

6.1.1 启保停电路

电动机的启动、保持和停止是最常见的控制，一般需要设置启动按钮、停止按钮及接触器等器件进行控制。

如图 6-2 所示是 PLC 控制的启保停电路。

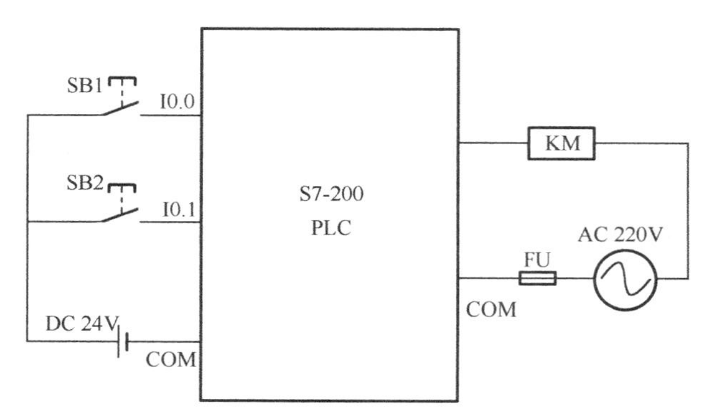

图 6-2　用 PLC 控制的启保停电路

控制要求：按下启动按钮 SB1，电动机启动，然后就一直保持转动状态，当按下停止按钮 SB2 时，电动机停转。

根据上述要求，我们分析出输入信号为启动按钮 SB1 和停止按钮 SB2，输出信号为接触器 KM，所以 I/O 分配如下。

（1）输入信号：

- 启动按钮 SB1　　　I0.0
- 停止按钮 SB2　　　I0.1

（2）输出信号：

KM 接触器　　　Q0.0

启保停电路梯形图如图 6-3 所示。

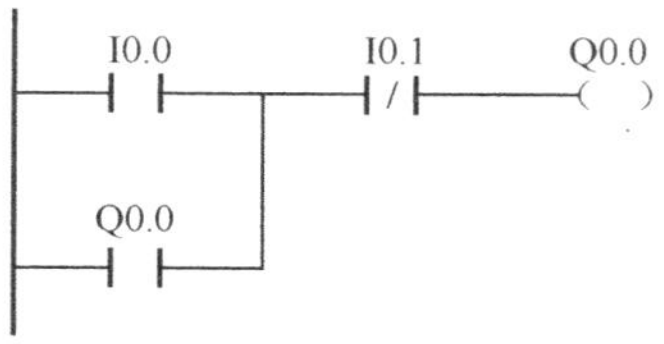

I0.0　I0.1　Q0.0
Q0.0

图 6-3　启保停电路梯形图

说明：

这种电路具有自锁或自保持作用。按一下停止按钮 I0.1，常闭触点断开，使 Q0.0 线圈断电，接触器 KM 也断电，电动机停转。

6.1.2　双向控制电路

双向控制电路用于控制电动机的正、反转。

电动机的正、反转控制是常用的控制形式。如图 6-4 所示，要求按下正转启动按钮 SB1 时，电动机正转，按下反转启动按钮 SB2 时，电动机反转，按下停止按钮 SB3 时，电动机停转。

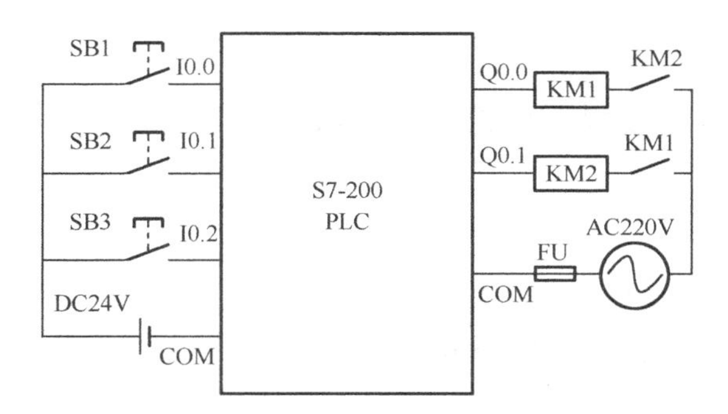

图 6-4　电动机正、反转控制电路

经分析，I/O 分配如下。

（1）输入信号：

- 正转启动按钮 SB1　　I0.0
- 反转启动按钮 SB2　　I0.1
- 停止按钮 SB3　　I0.2

（2）输出信号：

- 电动机正转　　Q0.0
- 电动机反转　　Q0.1

电动机正、反转梯形图如图 6-5 所示。

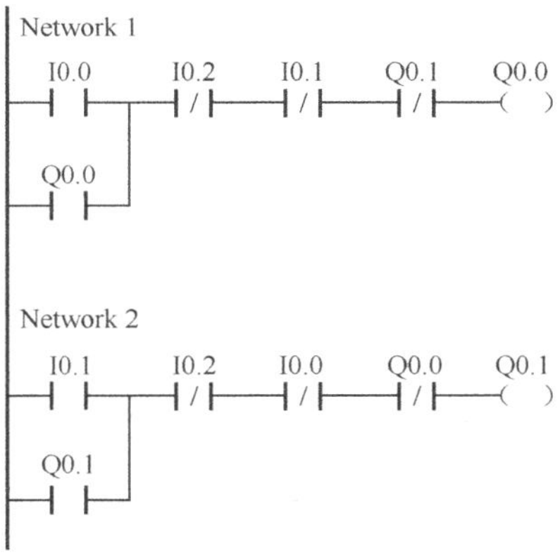

Network 1
I0.0　I0.2　I0.1　Q0.1　Q0.0
Q0.0

Network 2
I0.1　I0.2　I0.0　Q0.0　Q0.1
Q0.1

图 6-5　电动机正、反转梯形图

说明：

- 在梯形图中，用两个启保停电路来分别控制电动机的正转和反转。
- Q0.0、Q0.1 的常闭触点分别与对方线圈串联，保证它们不会同时为 ON，称为互锁电路。
- I0.0、I0.1 的常闭触点接入对方的回路，称为按钮互锁电路。假设电动机在正转，改成反转时，可不按停止按钮 SB3，直接按反转按钮 SB2，I0.1 常闭触点断开 Q0.0 线圈。
- 梯形图中的互锁和按钮互锁电路只能保证输出模块中与 Q0.0、Q0.1 对应的硬件继电器的触点不能同时接通，但不能保证控制电动机的主触点由于电弧熔焊等故障不能正常断开时，造成三相短路的事故。

6.1.3 定时器和计数器的应用程序

1．单脉冲电路

单脉冲电路用于产生脉宽一定的单脉冲。

单脉冲电路梯形图及时序图如图 6-6 所示。

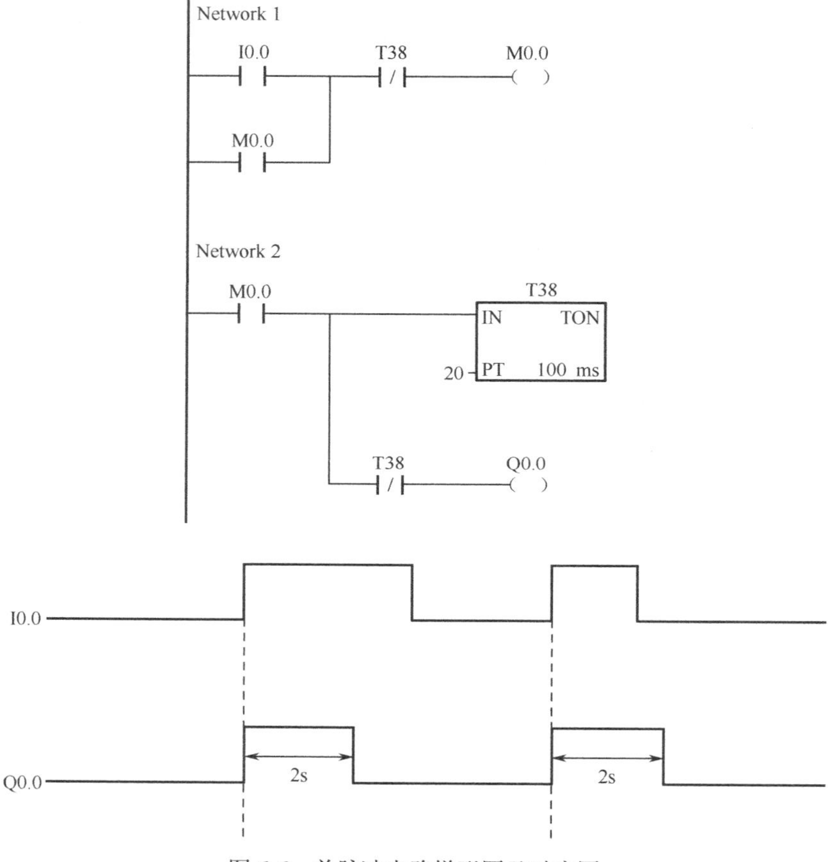

图 6-6 单脉冲电路梯形图及时序图

说明：

控制输入 I0.0 接通时，M0.0 线圈得电并自锁，M0.0 常开触点闭合，使 T38 开始定时、Q0.0 线圈得电，2s 时间到，T38 常闭触点断开，使 Q0.0 线圈断电。

2．闪烁电路

闪烁电路可产生周期性方脉冲。

闪烁电路梯形图及时序图如图 6-7 所示。

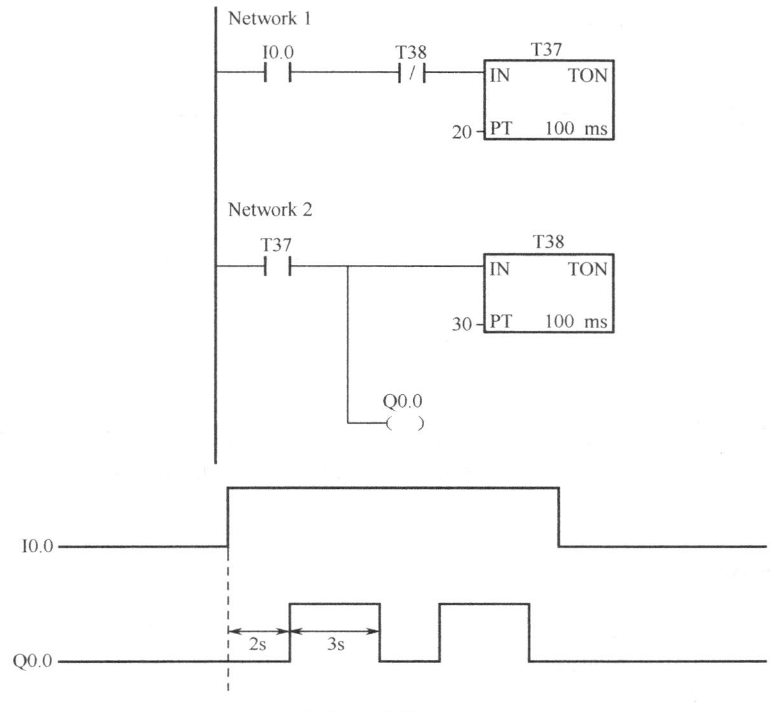

图 6-7　闪烁电路梯形图及时序图

说明：

- ◆ 当输入信号 I0.0 接通后，定时器 T37 开始计时，2s 后，使输出信号 Q0.0 激励，同时定时器 T38 开始计时；3s 后，T37 复位，定时器 T38 也复位；一个扫描周期后，定时器 T37 又开始计时，重复上述过程。输出线圈 Q0.0 每隔 2s 接通 3s 的时间，如果负载是灯，就会出现闪烁现象。
- ◆ 这里的 I0.0 在工作期间始终保持接通状态，直至工作结束时再断开。

3. 周期性脉冲序列发生器

自复位定时器如图 6-8 所示。

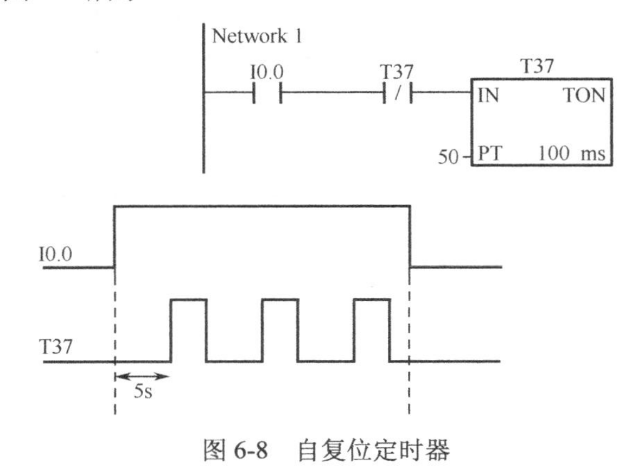

图 6-8　自复位定时器

自复位计数器如图 6-9 所示。

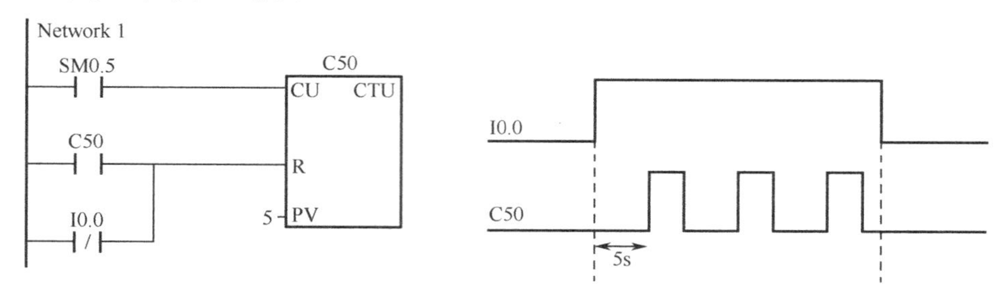

图 6-9　自复位计数器

说明：

电路中定时器的线圈串接自身的常闭触点，定时时间到时，常闭触点断开，使其自身线圈断电。因此，这种电路又称自复位定时器。同自复位定时器一样，自复位计数器也可以产生周期性脉冲序列。

4．完成一小时的定时

S7-200 PLC 定时器的最大定时时间为 3276.7s。为产生更长的定时时间，可以将多个定时器、计数器联合使用。下面以定时一小时为例来说明定时器和计数器的扩展应用。

1）两个计数器实现

两个计数器实现一小时定时如图 6-10 所示。

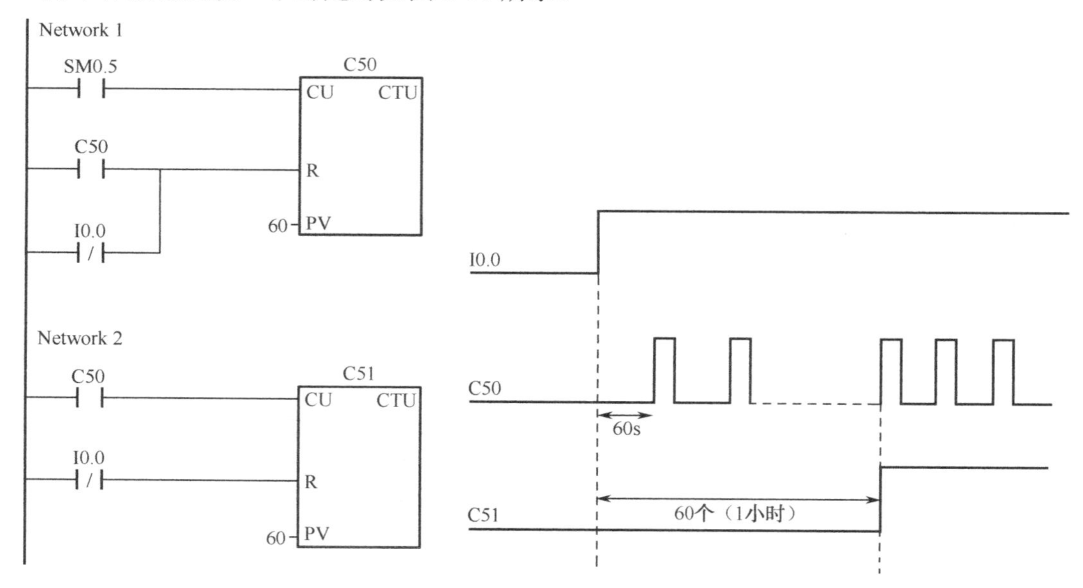

图 6-10　两个计数器实现一小时定时

2）一个定时器和一个计数器实现

定时器和计数器实现一小时定时如图 6-11 所示。

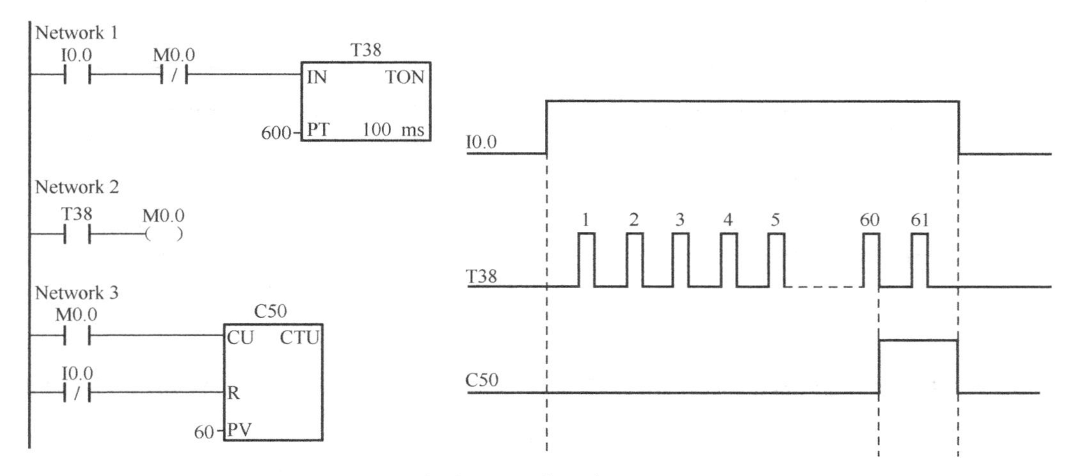

图 6-11　定时器和计数器实现一小时定时

3）两个定时器实现

两个定时器实现一小时定时如图 6-12 所示。

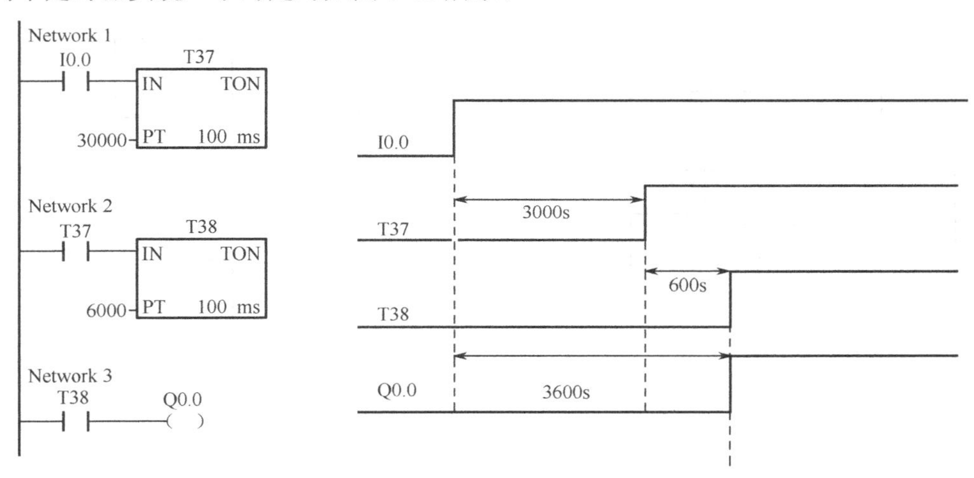

图 6-12　两个定时器实现一小时定时

若想实现长时间定时或大范围计数，可以将两个或两个以上的定时器或计数器级联起来应用。

5．延时接通/断开

1）两个接通延时定时器实现

两个接通延时定时器实现延时接通/断开如图 6-13 所示。

2）两个断开延时定时器实现

两个断开延时定时器实现延时接通/断开如图 6-14 所示。

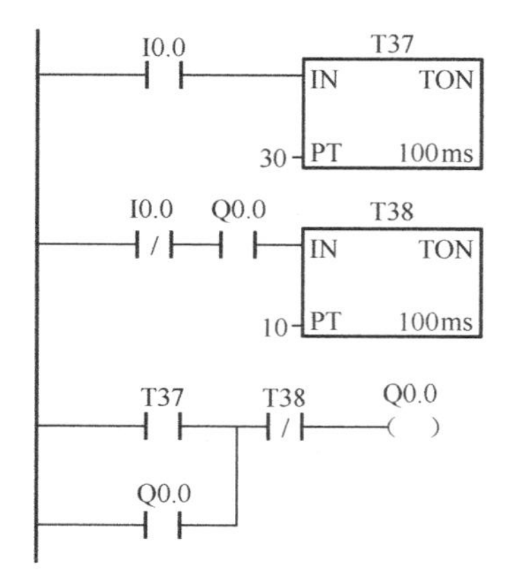

图 6-13　两个接通延时定时器实现延时接通/断开

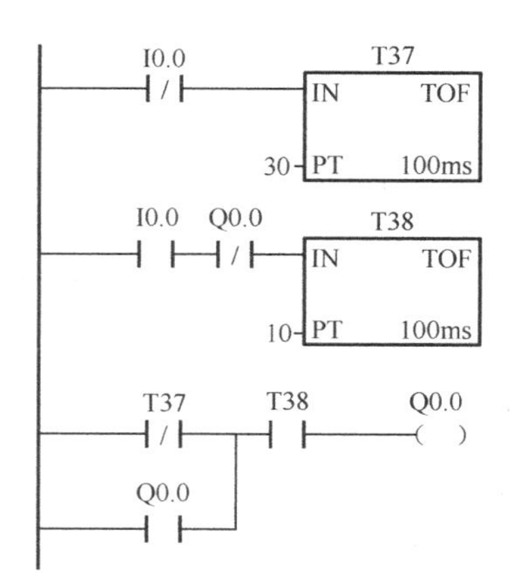

图 6-14　两个断开延时定时器实现延时接通/断开

3）接通延时定时器和断开延时定时器实现（a）

接通延时定时器和断开延时定时器实现延时接通/断开（a）如图 6-15 所示。

4）接通延时定时器和断开延时定时器实现（b）

接通延时定时器和断开延时定时器实现延时接通/断开（b）如图 6-16 所示。

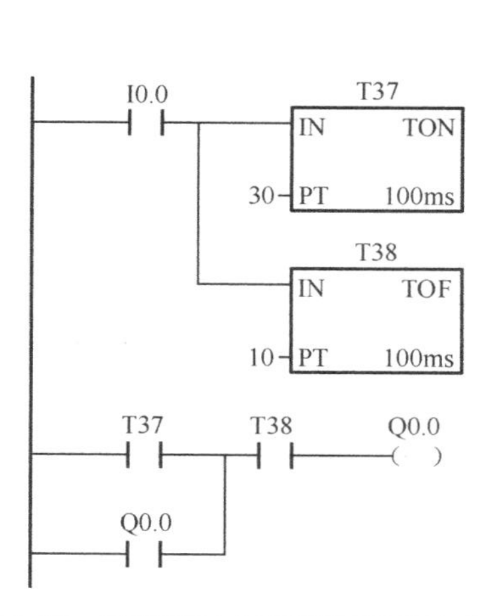

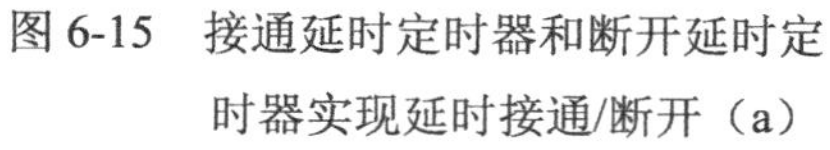

图 6-15　接通延时定时器和断开延时定时器实现延时接通/断开（a）

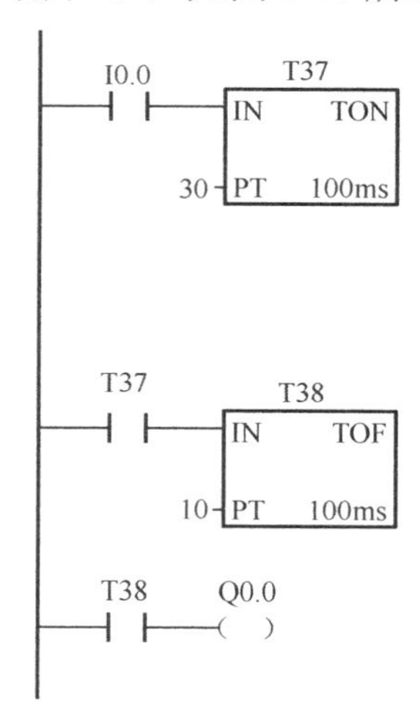

图 6-16　接通延时定时器和断开延时定时器实现延时接通/断开（b）

5）接通延时定时器和断开延时定时器实现（c）

接通延时定时器和断开延时定时器实现延时接通/断开（c）如图 6-17 所示。

说明：

◆ 当 I0.0 闭合时，定时器 T37 开始计时。

◆ I0.0 断开，Q0.0 自我保持有输出，同时定时器 T38 开始计时。

◆ 当 T37 计时 3s 后，常开触点 T37 闭合，Q0.0 有输出。

◆ 当 T38 计时 1s 后，常闭触点 T38 断开，Q0.0 自我保持消失，Q0.0 无输出。

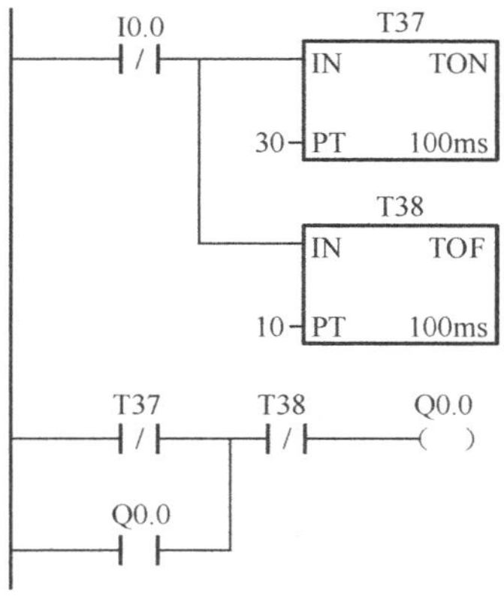

图 6-17 接通延时定时器和断开延时定时器实现延时接通/断开（c）

6.2 梯形图的经验设计方法

有一些简单的梯形图可以借鉴继电器控制的电路图来设计，即在一些经典电路的基础上，根据被控对象对控制系统的具体要求，进行修改和改善，得到符合控制要求的梯形图。因此，把这种设计方法称为经验设计方法。经验设计法要求设计者具有较丰富的实践经验，掌握较多的典型应用程序的基本环节。根据被控对象对控制系统的具体要求，凭经验选择基本环节，并把它们有机地结合起来。

6.2.1 送料小车自动控制系统

送料小车自动控制系统示意图如图 6-18 所示。

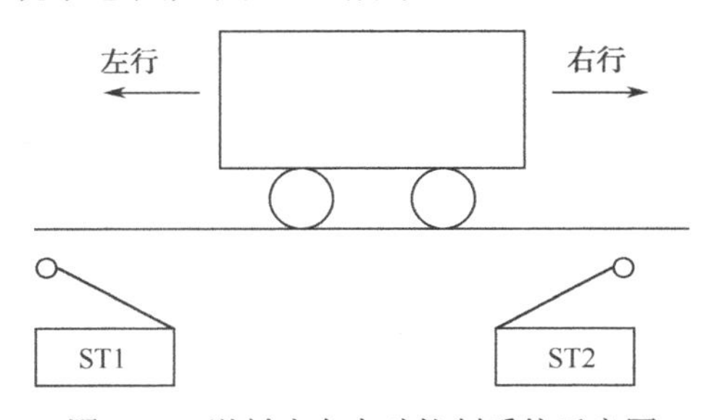

图 6-18 送料小车自动控制系统示意图

1．设计要求

送料小车可以左行，也可以右行，到左端碰到行程开关 ST1 后，小车就开始装料，15s 后，小车就自动右行，右行到右端的行程开关 ST2 后，小车就开始卸料，10s 后，小车就开始自动左行，左行到左端碰到行程开关 ST1 后，就又开始装料。15s 后，又开始右行……如此循环往复。

2. 设计步骤

（1）理解控制策略。
（2）I/O 分配。
（3）设计梯形图。

3. I/O 分配

输入：	右行启动按钮 SB1	I0.0
	左行启动按钮 SB2	I0.1
	停止按钮 SB3	I0.2
	右端行程开关 ST2	I0.3
	左端行程开关 ST1	I0.4
输出：	右行接触器	Q0.0
	左行接触器	Q0.1
	装料电磁阀	Q0.2
	卸料电磁阀	Q0.3

4. 程序

送料小车自动控制系统梯形图如图 6-19 所示。

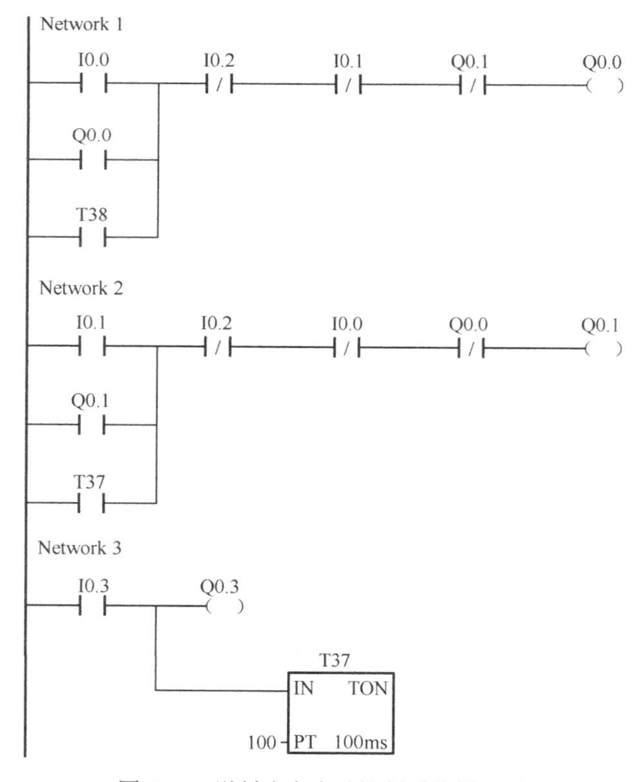

图 6-19　送料小车自动控制系统梯形图

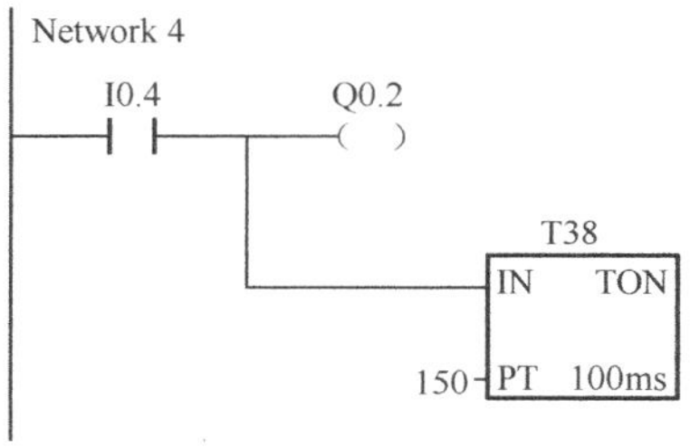

Network 4

I0.4　Q0.2

T38

IN　TON

150-PT　100ms

图 6-19　送料小车自动控制系统梯形图（续）

6.2.2　两处卸料的小车自动控制系统

两处卸料的小车自动控制系统示意图如图 6-20 所示。

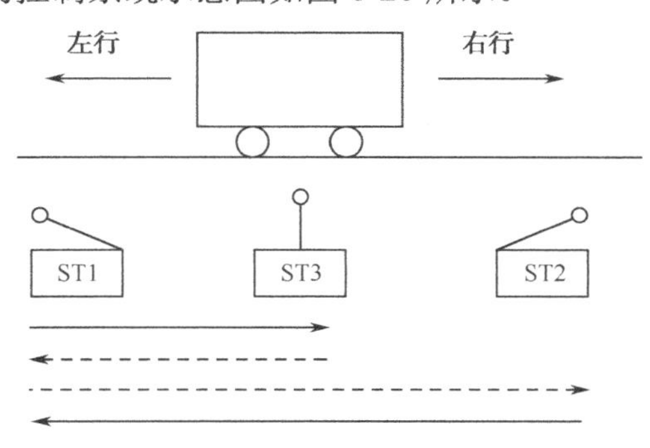

图 6-20　两处卸料的小车自动控制系统示意图

1．控制要求

和 6.2.1 中不同的是，小车在两处卸料，即奇数次在 ST3 处卸料，偶数次在 ST2 处卸料，虽然偶数次也经过 ST3，但是不卸料。装卸料的时间和 6.2.1 节相同。

2．设计步骤

（1）理解控制策略。

（2）I/O 分配。

（3）设计梯形图。

3．I/O 分配

输入：		
	右行启动按钮 SB1	I0.0
	左行启动按钮 SB2	I0.1
	停止按钮 SB3	I0.2
	右端行程开关 ST2	I0.3
	左端行程开关 ST1	I0.4
	中间行程开关 ST3	I0.5

输出：右行接触器　　Q0.0
　　　左行接触器　　Q0.1
　　　装料电磁阀　　Q0.2
　　　卸料电磁阀　　Q0.3

4．程序

两处卸料的小车自动控制系统梯形图如图 6-21 所示。

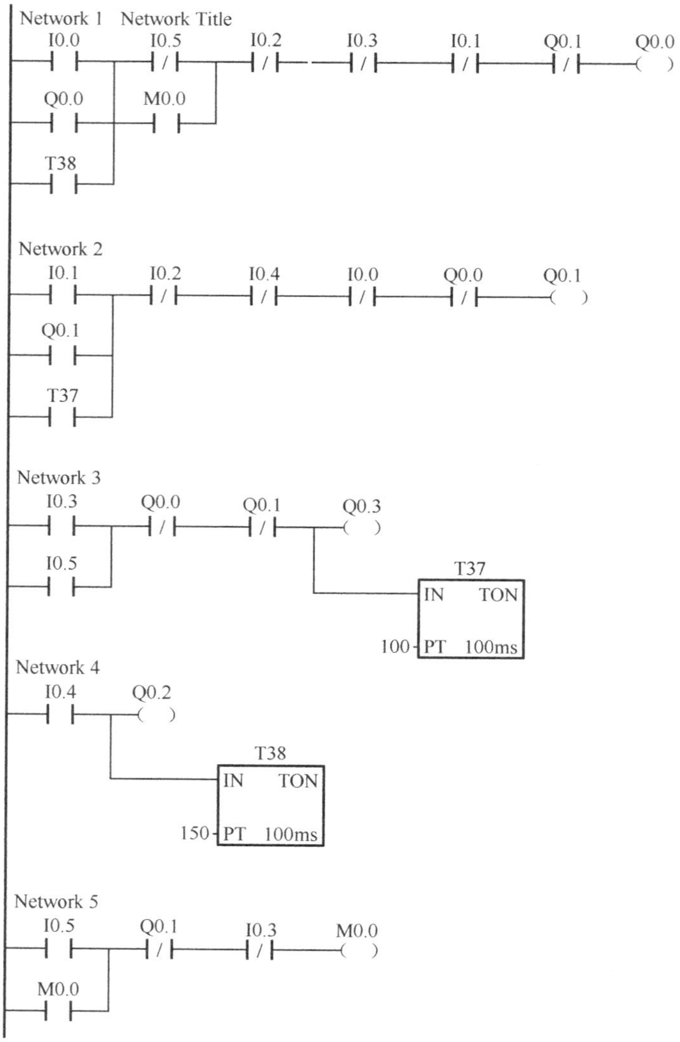

图 6-21　两处卸料的小车自动控制系统梯形图

6.2.3　电动机优先启动控制

1. 控制要求

有 5 个电动机 M1～M5，都有启动和停止控制按钮，要求按顺序启动，即前级电动机不启动时，后级电动机也无法启动；前级电动机停止，后级电动机也都停止。

2. I/O 分配

输入：

5 个启动按钮 SB1～SB5	I0.0	I0.2	I0.4	I0.6	I1.0
5 个停止按钮 SB6～SB10	I0.1	I0.3	I0.5	I0.7	I1.1

输出：

5 个控制电动机的接触器　Q0.0～Q0.4

3. 程序

电动机优先启动控制梯形图如图 6-22 所示。

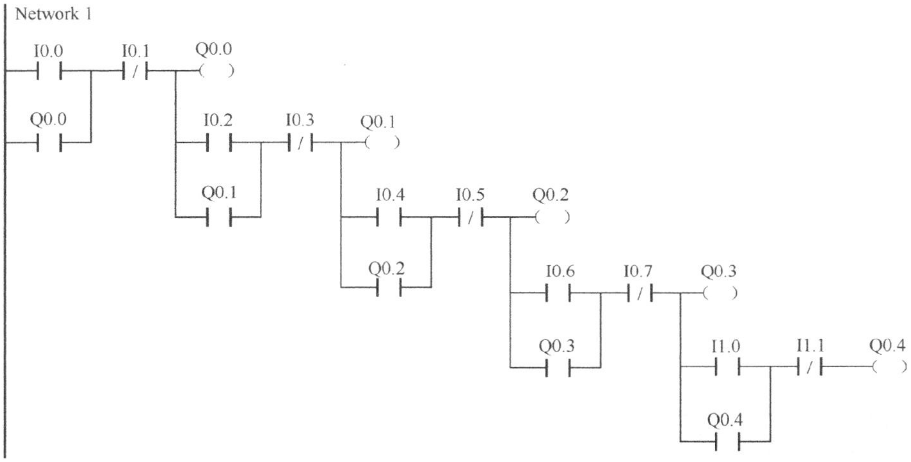

图 6-22　电动机优先启动控制梯形图

6.2.4　通风机监视

1. 控制要求

有三个通风机，设计一个监视系统，监视通风机的运转。如果两个或两个以上在运转，信号灯就持续发亮；如果只有一个通风机在运转，信号灯就以 0.5Hz 的频率闪烁；如果有三个通风机都不运转，信号灯就以 2Hz 的频率闪烁。用一个开关来控制系统的工作，开关闭合时系统工作，开关断开时，系统不工作，信号灯熄灭。

2．设计步骤

（1）理解控制策略。
（2）I/O 分配。
（3）设计梯形图。

3．I/O 分配

输入：风机状态 1～3　I0.0～I0.2
　　　控制开关　I0.3
输出：信号灯　　Q0.0

4．状态图和梯形图（分别见图 6-23 和图 6-24）

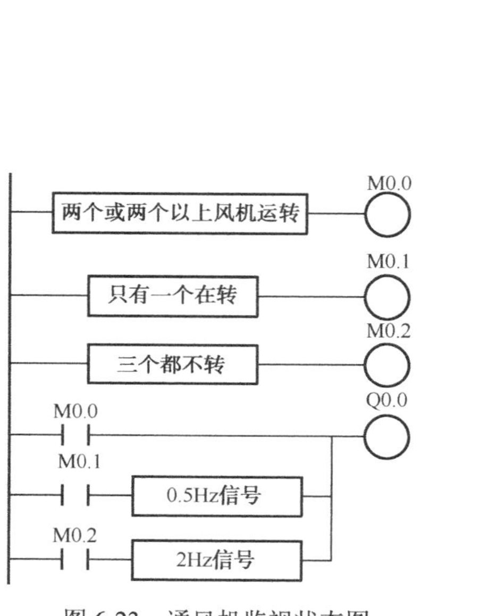

图 6-23　通风机监视状态图

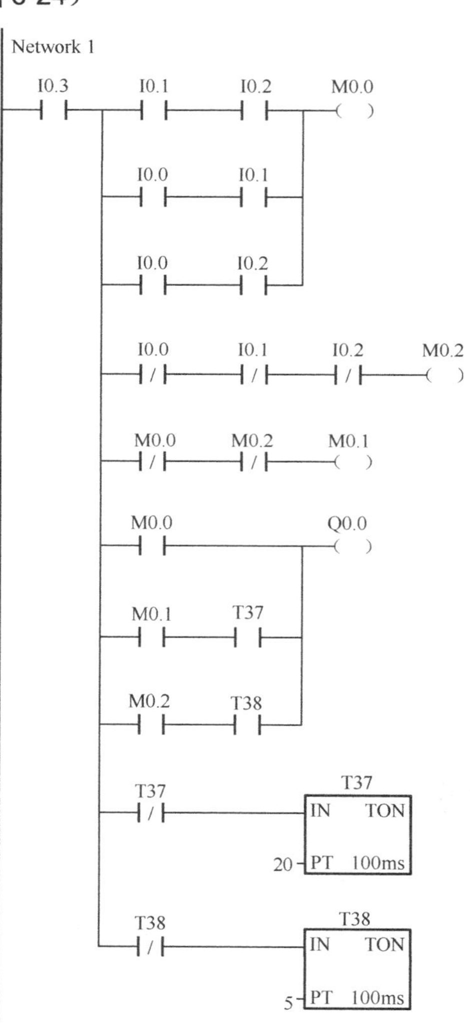

图 6-24　通风机监视梯形图

6.3　梯形图的顺序控制设计方法

经验设计法的设计方法不规范，没有一个普遍的规律可遵循，具有一定的试探性和随意性。

由于连锁关系复杂，用经验设计法进行设计一般难于掌握，且设计周期较长，设计出的程序可读性差，即使有经验的工程师阅读它也很费时；同时，给日后产品的使用、维护带来诸多不便。

与经验设计法相比，顺序控制设计法有明显的优势。

什么是顺序控制设计法呢，顺序控制设计法就是根据顺序功能图设计 PLC 顺序控制程序的方法。

它的基本思想就是将系统的一个工作周期分解成若干个顺序相连的阶段，即“步”。

6.3.1　顺序控制的特点

- ◆ 顺序功能图中的各“步”实现转换时，前级步的活动结束再使后续步的活动开始，步之间没有重叠。这可以使系统中大量复杂的连锁关系在“步”的转换中得以解决。
- ◆ 对于每一步的程序段，只需处理极其简单的逻辑关系。编程方法简单、易学，规律性强。
- ◆ 程序结构清晰、可读性好，调试方便，工作效率高。

6.2.1 节中送料小车自动控制系统示意图如图 6-25 所示。

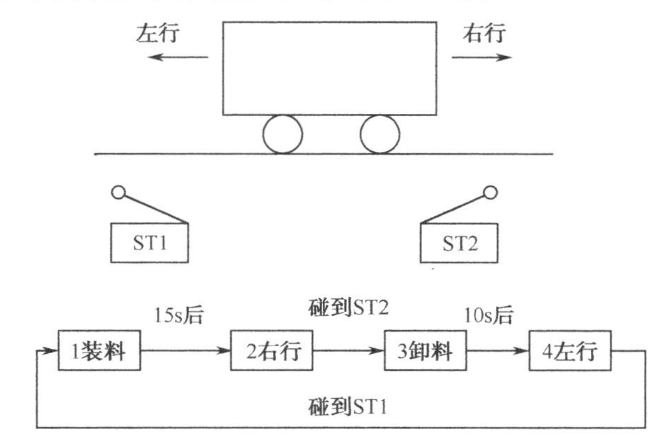

图 6-25　送料小车自动控制系统示意图

6.3.2　功能表图及其对应的梯形图

1. 功能表图的组成

功能表图又称状态转移图、状态图或流程图，由步、转向条件、有向连线和动作组成。

图 6-26 所示为送料小车自动控制系统功能表图。

2. 功能表图的结构

1）单序列结构

单序列由一系列相继激活的步组成。每一步的后面仅有一个转换条件，每一个转换条件后面仅有一步，如图 6-27 所示。

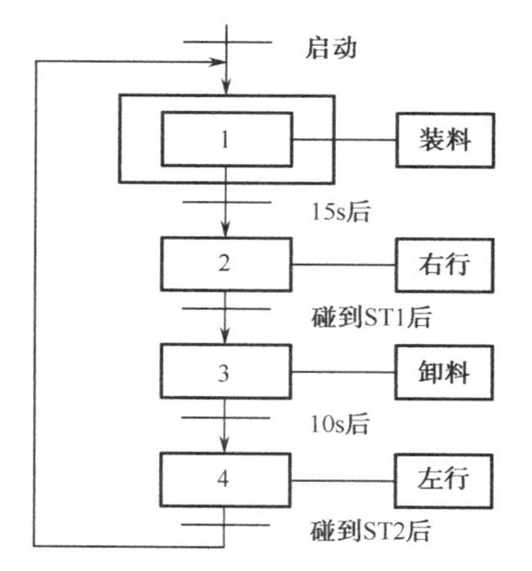

图 6-26 送料小车自动控制系统功能表图

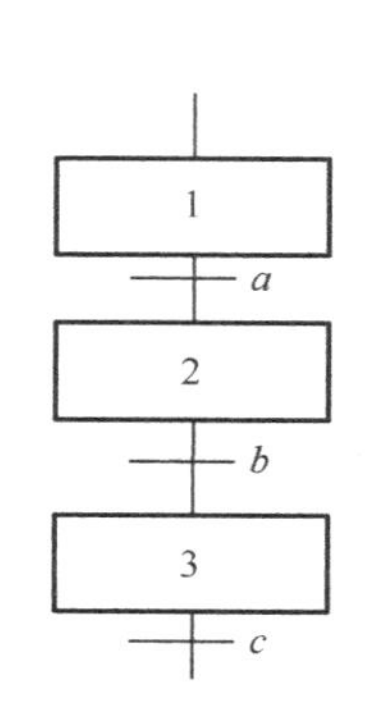

图 6-27 单序列结构

2）选择序列结构

选择序列的开始称为分支，选择序列的结束称为合并。某一步的后面有几个步，当满足不同的转换条件时，转向不同的步，如图 6-28 所示。

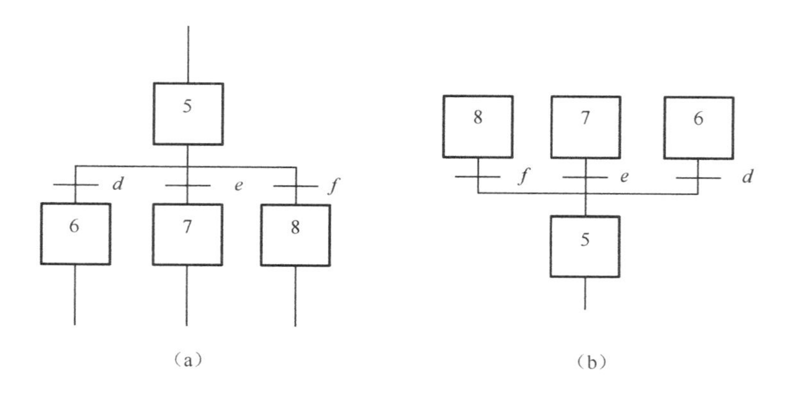

图 6-28 选择序列结构

3）并行序列结构

并行序列的开始称为分支，并行序列的结束称为合并。当转换的实现导致几个序列同时激活时，这些序列称为并行序列，如图 6-29 所示。

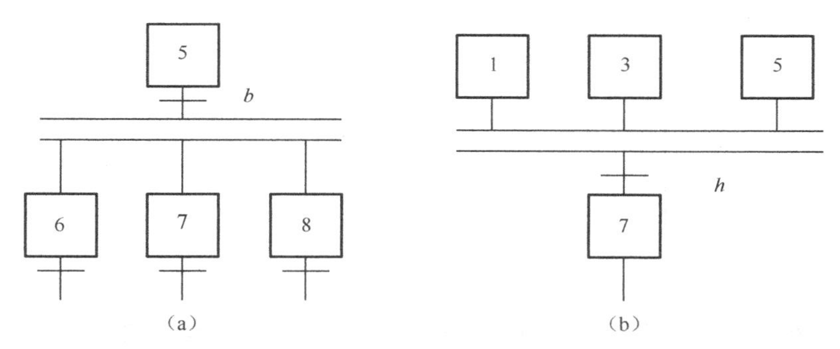

图 6-29　并行序列结构

4）综合结构

功能表的综合结构如图 6-30 所示。

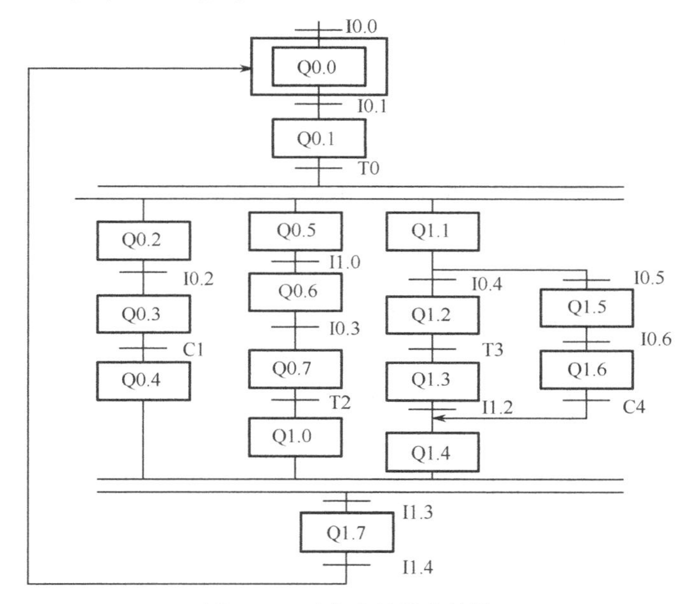

图 6-30　功能表的综合结构

3．功能表图对应的梯形图

（1）步 Q0.0 为起始步，它的前面有两条分支。

（2）步 Q0.1 的后面有了 3 条并行序列的分支。

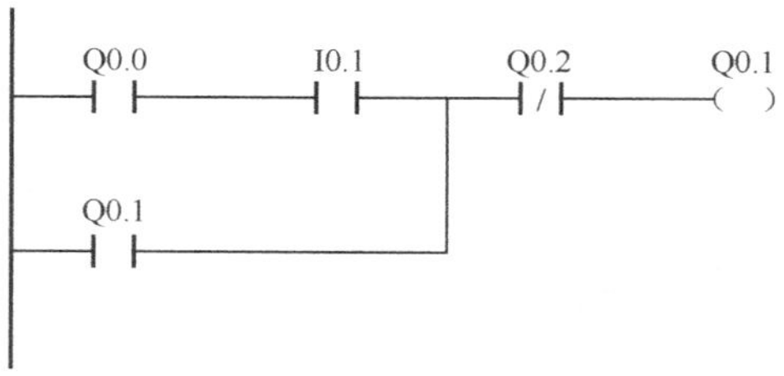

（3）步 Q0.6 是单序列的步，步 Q0.5、步 Q0.7 为其前级步和后续步。

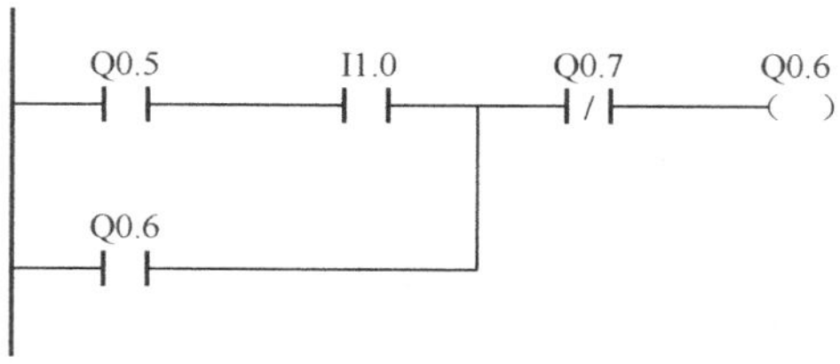

（4）步 Q1.1 后面有 2 条选择序列分支。

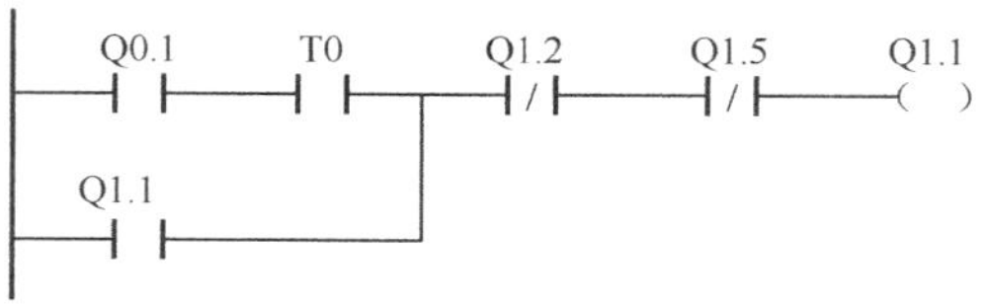

（5） 步 Q1.4 的前面有 2 条选择序列分支。

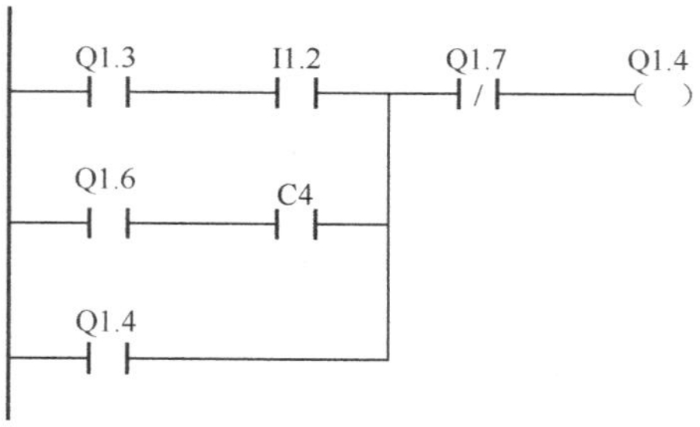

（6）步 Q1.7 的前面有 3 条选择序列分支（并行）。

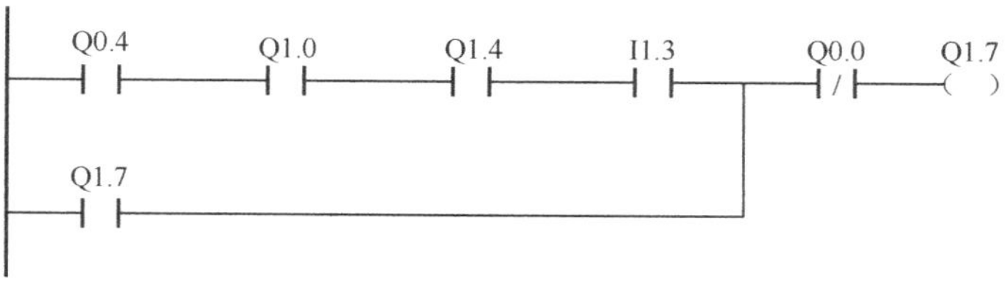

6.3.3 顺序控制程序设计举例

例 1 动力头进给运动。

动力头进给运动示意图如图 6-31 所示。

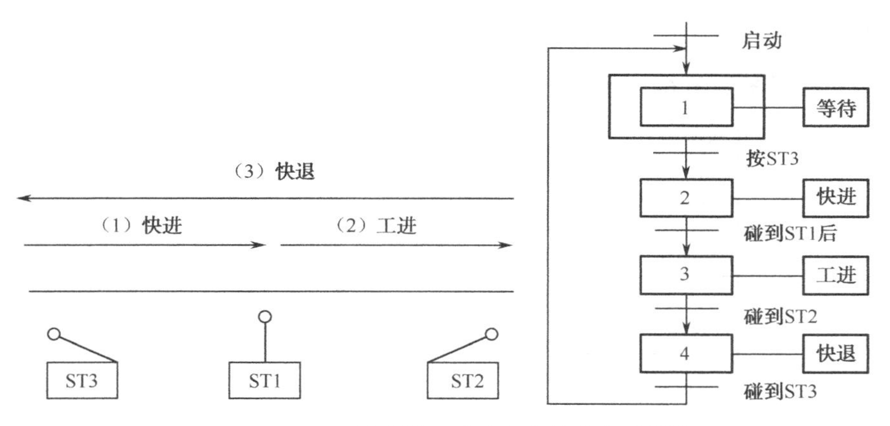

图 6-31　动力头进给运动示意图

1. I/O 分配

输入：

启动停止　I0.0
ST1　　　I0.1
ST2　　　I0.2
ST3　　　I0.3

输出：

快进　　Q0.0
工进　　Q0.1
快退　　Q0.2

2. 画出功能表图

动力头进给运动功能表图如图 6-32 所示。

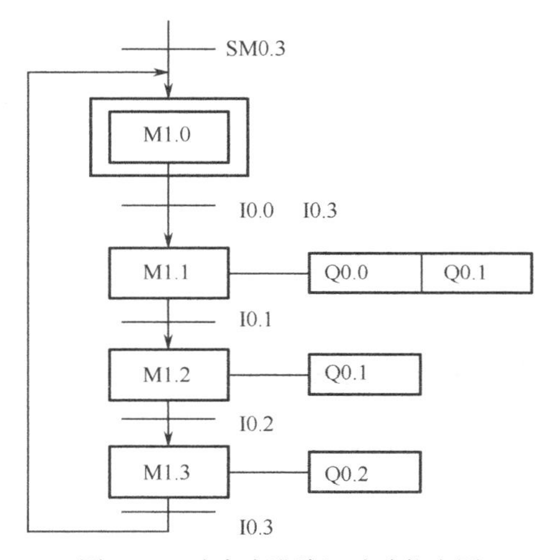

图 6-32　动力头进给运动功能表图

3. 设计梯形图

动力头进给运动梯形图如图 6-33 所示。

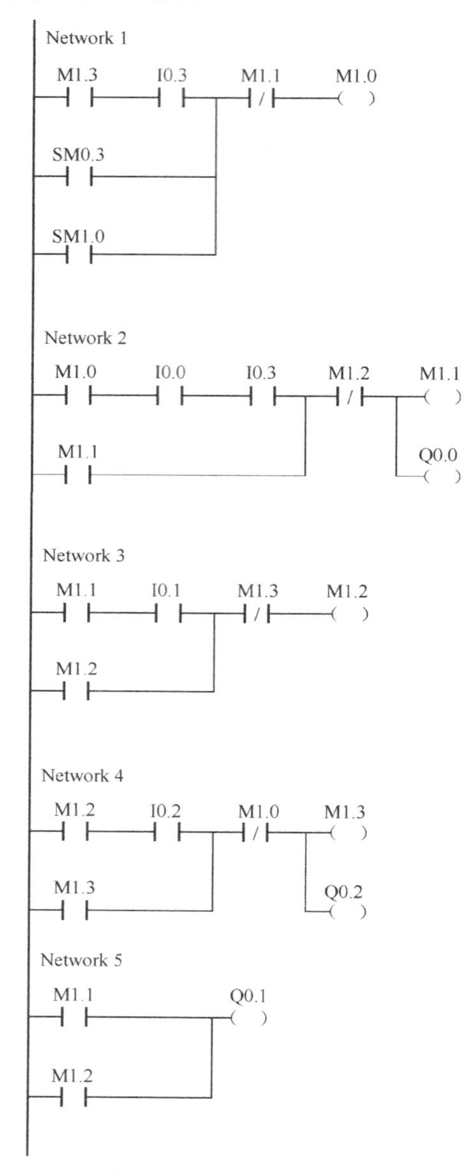

图 6-33　动力头进给运动梯形图

例 2　两处卸料小车的控制系统（见图 6-34）。

1. I/O 分配

输入：

　　启动按钮　　I1.0
　　停止按钮　　I1.1

左行程开关 ST1　　I0.1
中间行程开关 ST3　　I0.3
右行程开关 ST2　　I0.2

输出：

右行接触器　　Q0.0
左行接触器　　Q0.1
装料电磁阀　　Q0.2
卸料电磁阀　　Q0.3

2. 本例中的示意图、功能表图和梯形图

本例中的示意图、功能表图和梯形图分别如图 6-34、图 6-35 和图 6-36 所示。

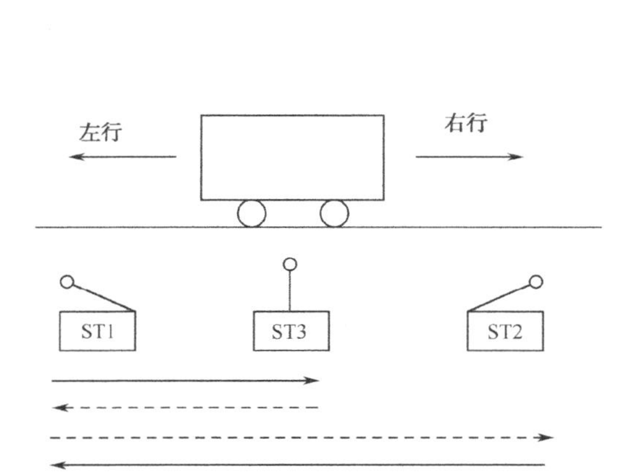

图 6-34　两处卸料小车的控制系统示意图

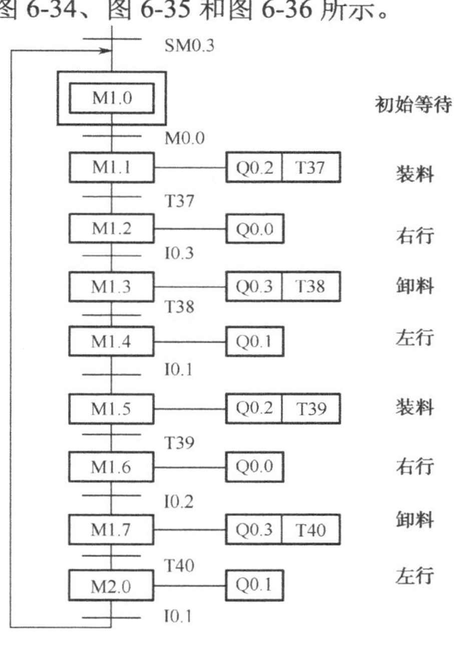

图 6-35　两处卸料小车的控制系统功能表图

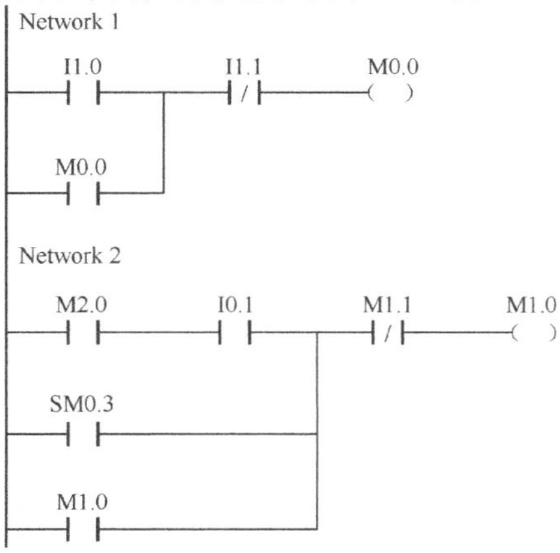

Network 1
I1.0　I1.1　M0.0
M0.0

Network 2
M2.0　I0.1　M1.1　M1.0
SM0.3
M1.0

图 6-36　两处卸料小车的控制系统梯形图

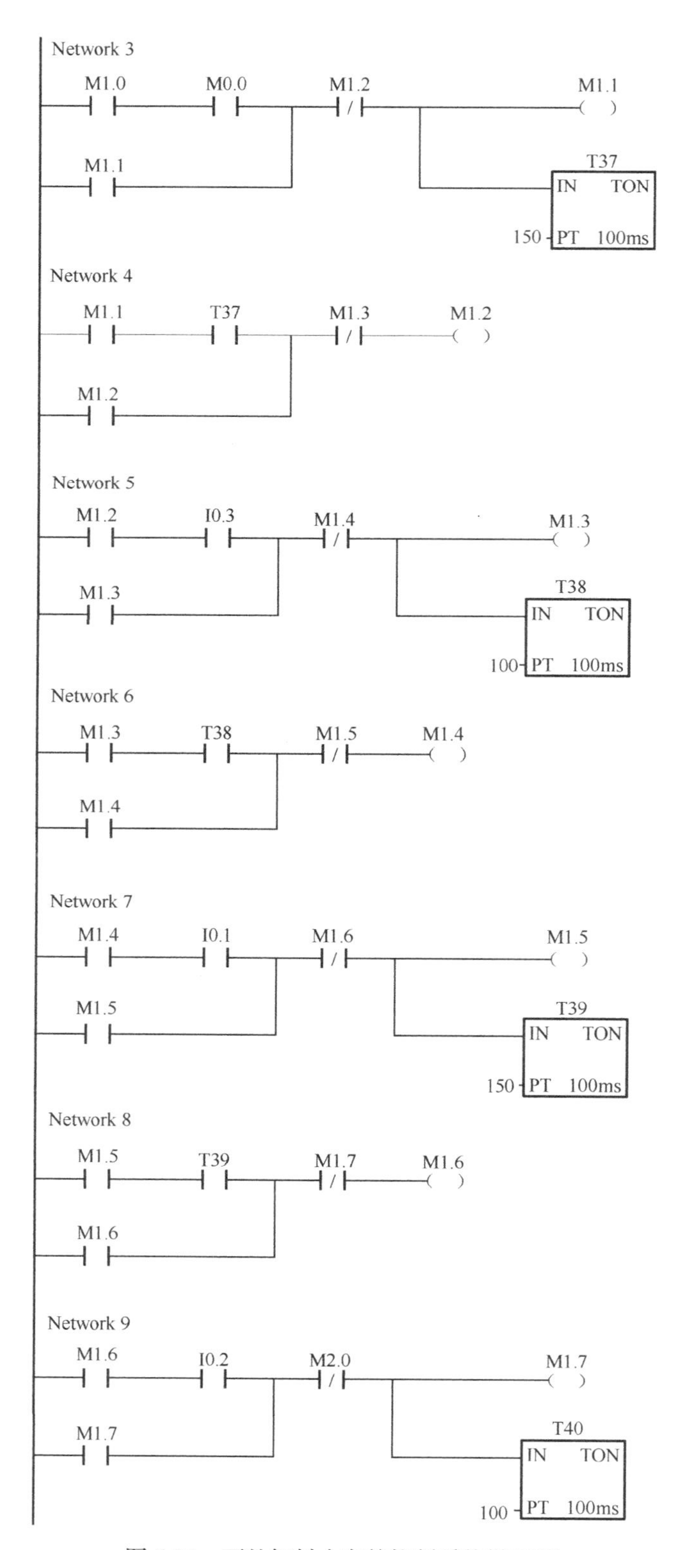

图 6-36　两处卸料小车的控制系统梯形图

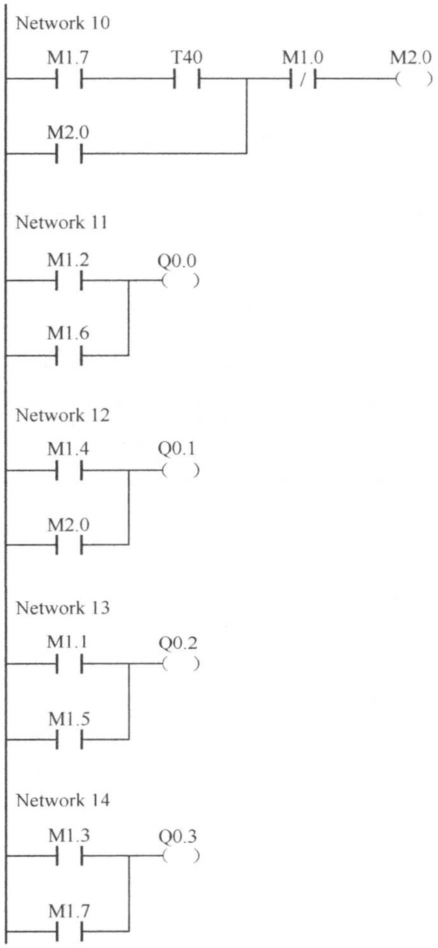

Network 10
M1.7 T40 M1.0 M2.0
M2.0

Network 11
M1.2 Q0.0
M1.6

Network 12
M1.4 Q0.1
M2.0

Network 13
M1.1 Q0.2
M1.5

Network 14
M1.3 Q0.3
M1.7

图6-36 两处卸料小车的控制系统梯形图（续）

6.4 PLC控制举例

6.4.1 全自动洗衣机PLC控制程序

控制要求：

接通电源，系统进入初始状态，准备启动，按下启动按钮，开始进水，水位达到高水位时停止进水，并开始正转洗涤。正转洗涤3s后，停止2s开始反转洗涤3s，然后又停止2s。若正、反转洗涤不满10次，则返回正转洗涤；若正、反转洗涤满10次，则开始排水。水位下降到零水位时，开始脱水并继续排水，脱水20s，即完成一次大循环，进行洗完报警。报警15s后，结束全部过程，自动停机。

在洗涤过程中，也可以按下停止按钮终止洗涤。

1. I/O 分配（见表 6-1）

表 6-1　全自动洗衣机西门子 S7-200 PLC 控制 I/O 分配表

输入信号			输出信号		
名　称	代　号	输入点编号	名　称	代　号	输出点标号
停止按钮	SB1	I0.0	进水电磁阀	YA1	Q0.0
启动按钮	SB2	I0.1	正向洗涤接触器	KM1	Q0.1
零水位传感器	SL	I0.2	反向洗涤接触器	KM2	Q0.2
高水位传感器	SH	I0.3	排水电磁阀	YA2	Q0.3
			洗涤结束报警	HY	Q0.4
			脱水电磁阀	YA3	Q0.5

2. 梯形图（见图 6-37）

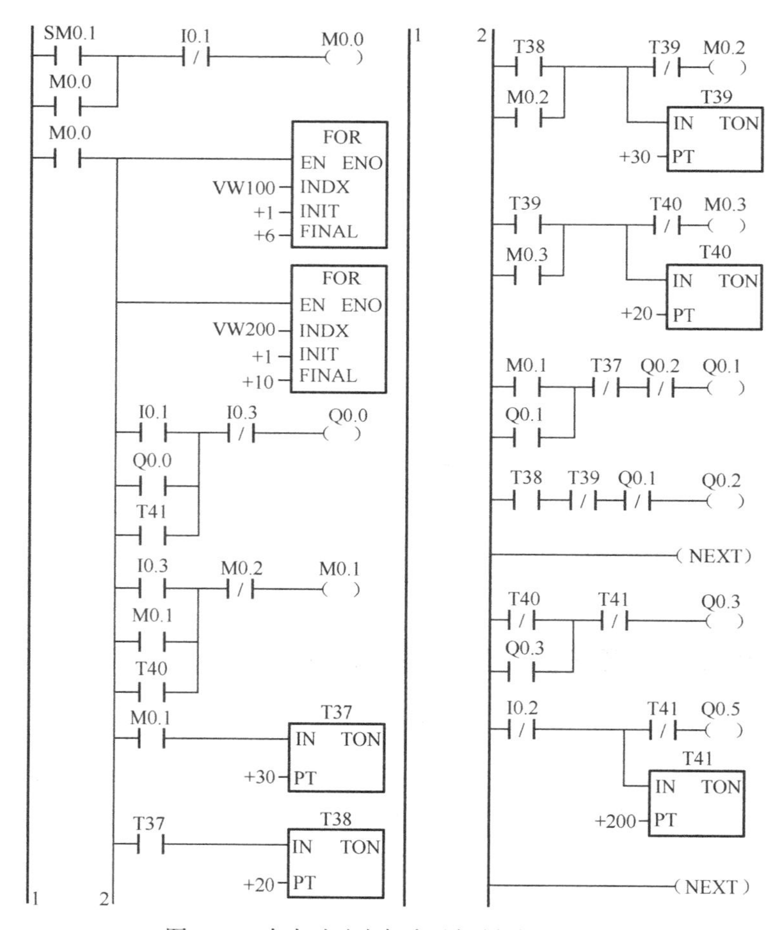

图 6-37　全自动洗衣机自动控制系统梯形图

6.4.2　自动门 PLC 控制程序

控制要求：

（1）门卫在警卫室通过开门开关、关门开关和停止开关控制大门。

（2）当门卫按下开门开关后，报警灯以 0.4s 的周期开始闪烁，5s 后，开门接触器闭合，门开始打开，直到碰到开门限位开关（门完全打开时），门停止运动，报警灯停止闪烁。

（3）当门卫按下关门开关后，报警灯以 0.4s 的周期开始闪烁，5s 后，关门接触器闭合，门开始打开，直到碰到关门限位开关（门完全关闭时），门停止运动，报警灯停止闪烁。

（4）门在运动过程中，任何时候只要门卫按下停止开关，门马上停止在当前位置，报警灯停止闪烁。

（5）在关门过程中，只要门夹住人或物品，安全压力板就会受到额定压力，门立即停止运动，以防止发生伤害。

（6）开门开关和关门开关都按下时，两个接触器都不动作，并发出错误提示音。

1．I/O 分配（见表 6-2）

表 6-2　自动门西门子 S7-200PLC 控制 I/O 分配表

输入信号			输出信号		
名　　称	代　　号	输入点编号	名　　称	代　　号	输出点标号
开门开关	SB1	I0.0	开门接触器	KM1	Q0.0
关门开关	SB2	I0.1	正向接触器	KM2	Q0.1
停止开关	SB3	I0.2	报警灯	HL	Q0.2
开门限位	SQ1	I0.3	错误提示	BY	Q0.3
关门限位	SQ2	I0.4			
安全开关	ST	I0.5			

2．梯形图（见图 6-38）

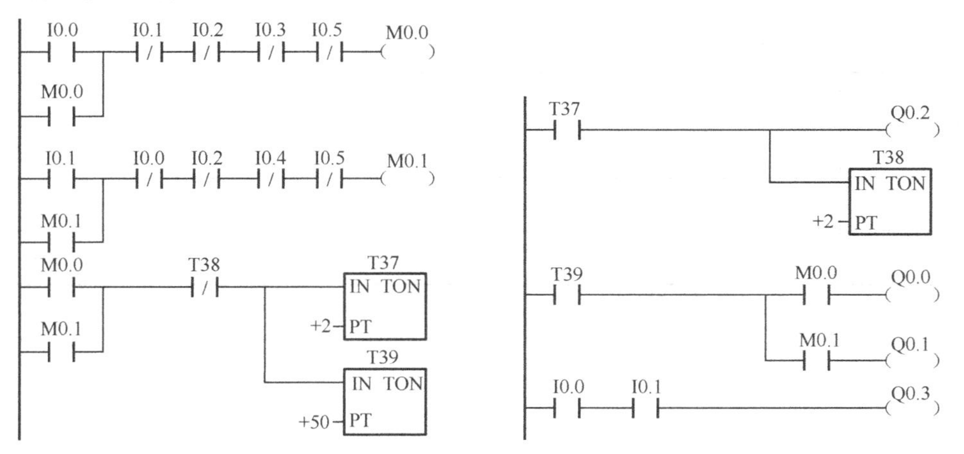

注：右图本应连在左图下，但因版面有限，故分左、右放置，下同。

图 6-38　自动门 PLC 控制梯形图

6.4.3 商场照明电路 PLC 控制程序

控制要求：

目前，PLC 已在高层建筑、办公大楼、大商场、体育馆及工厂等单位作为照明控制，使用 PLC 作为照明控制，不仅节省电力，还能确保照明的舒适感。

某大型商场照明总功率为 100kW，为了达到照明自动控制的目的，采用 PLC 进行控制，其全天的照明要求随时间变化如下：

（1）7 : 30～8 : 00，过渡暗光，照明功率为 20kW。

（2）8 : 00～9 : 30，顾客少减光，照明功率为 60kW。

（3）9 : 30～16 : 00，稍减光，照明功率为 80kW。

（4）16 : 00～20 : 30，顾客多全点灯，照明功率为 100kW。

（5）20 : 30～21 : 00，顾客少减光，照明功率为 60kW。

（6）21 : 00～21 : 30，过渡暗光，照明功率为 20kW。

（7）21 : 30～第二天 7 : 30，停止营业，灯全灭。

1. I/O 分配（见表 6-3）

表 6-3 商场照明电路西门子 S7-200PLC 控制 I/O 分配表

输入信号			输出信号		
名称	代号	输入点编号	名称	代号	输出点标号
启动按钮	SB1	I0.0	第一组接触器	KM1	Q0.0
			第二组接触器	KM2	Q0.1
			第三组接触器	KM3	Q0.2
			第四组接触器	KM4	Q0.3
			第五组接触器	KM5	Q0.4

2．梯形图（见图 6-39）

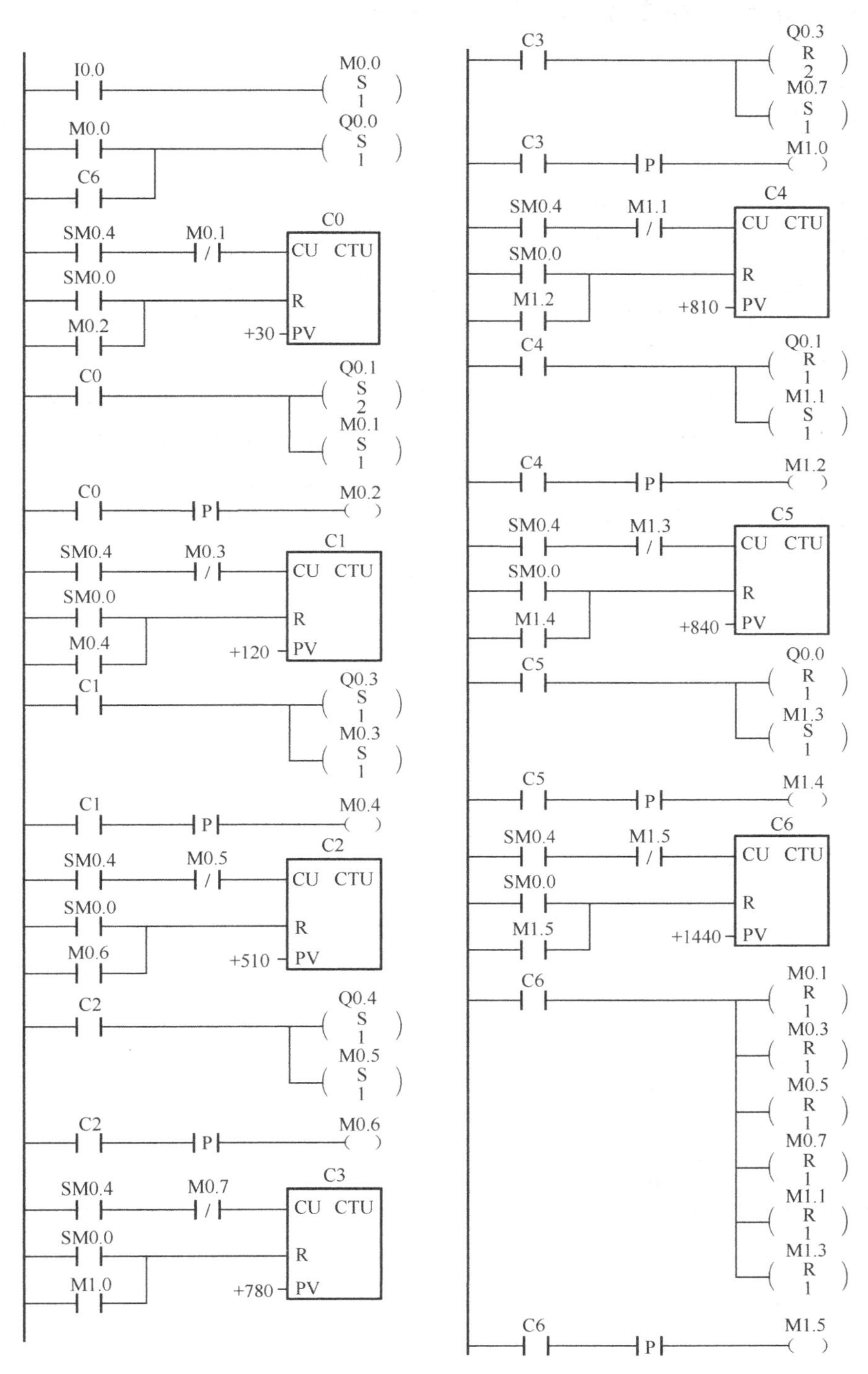

图 6-39　商场照明电路 PLC 控制梯形图

6.4.4 深孔钻组合机床 PLC 控制程序

控制要求：

深孔钻组合机床进行钻孔时，为了利于钻头排屑及冷却，需要周期性地从工件中退出钻头。

深孔钻组合机床工作示意图如图 6-40 所示。在初始位置 O 点时，行程开关 SQ1 被压合，并按下启动按钮 SB2，电动机启动正向运转，刀具前进。前进至行程开关 SQ2 处，撞击行程开关 SQ2，电动机反转，刀具第一次自动退刀。后退至行程开关 SQ1 处，SQ1 被压合，第一次退刀结束，电动机正转。刀具自动第二次进刀。进刀至行程开关 SQ3 处，撞击行程开关 SQ3，电动机反转，刀具第二次自动退刀。后退至行程开关 SQ1 处，SQ1 又被压合，第二次退刀结束，电动机正转，刀具自动第三次进刀。进刀至行程开关 SQ4 处，撞击行程开关 SQ4，电动机又反转，刀具进行第三次自动退刀。后退至行程开关 SQ1 处。SQl 被压合，第三次退刀结束。电动机停止运行，钻孔完毕，完成一个钻孔工作过程。

钻孔还要求能正反方向手动点动调整，当按下停止按钮 SB1 时能在任何位置停止。

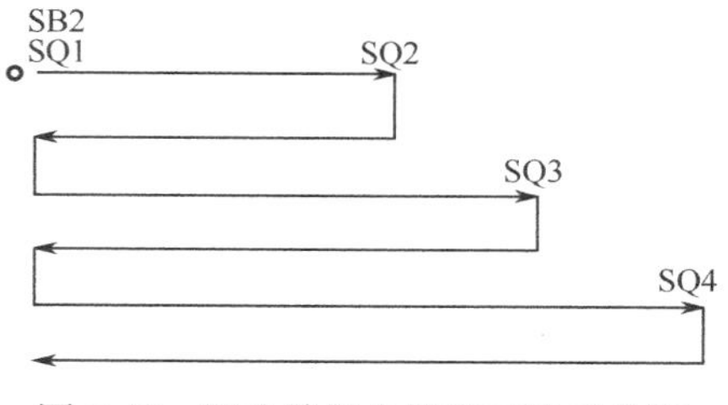

图 6-40　深孔钻组合机床工作示意图

1. I/O 分配（见表 6-4）

表 6-4　深孔钻组合机床西门子 S7-200 PLC 控制 I/O 分配表

输入信号			输出信号		
名称	代号	输入点编号	名称	代号	输出点编号
启动按钮	SB2	I0.1	电动机正转接触器	KM1	Q0.0
正向调整点动按钮	SB3	I0.2	电动机反转接触器	KM2	Q0.1
反向调整点动按钮	SB4	I0.3			
原始位置行程开关	SQ1	I0.4			
第一次退刀行程开关	SQ2	I0.5			
第二次退刀行程开关	SQ3	I0.6			
第三次退刀行程开关	SQ4	I0.7			

2．深孔钻组合机床 PLC 控制流程图（见图 6-41）

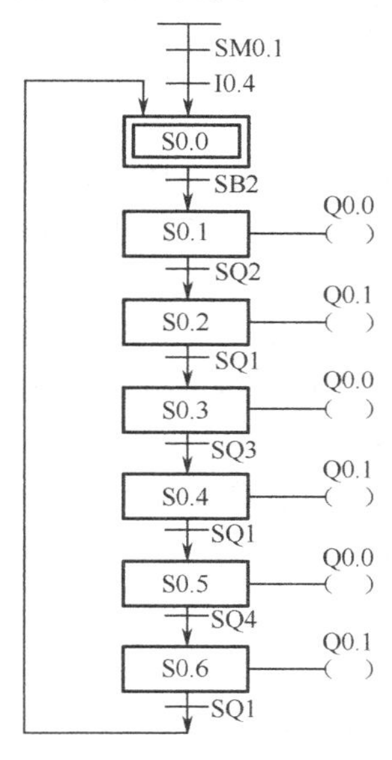

图 6-41　深孔钻组合机床 PLC 控制流程图

3．深孔钻组合机床 PLC 控制梯形图（见图 6-42）

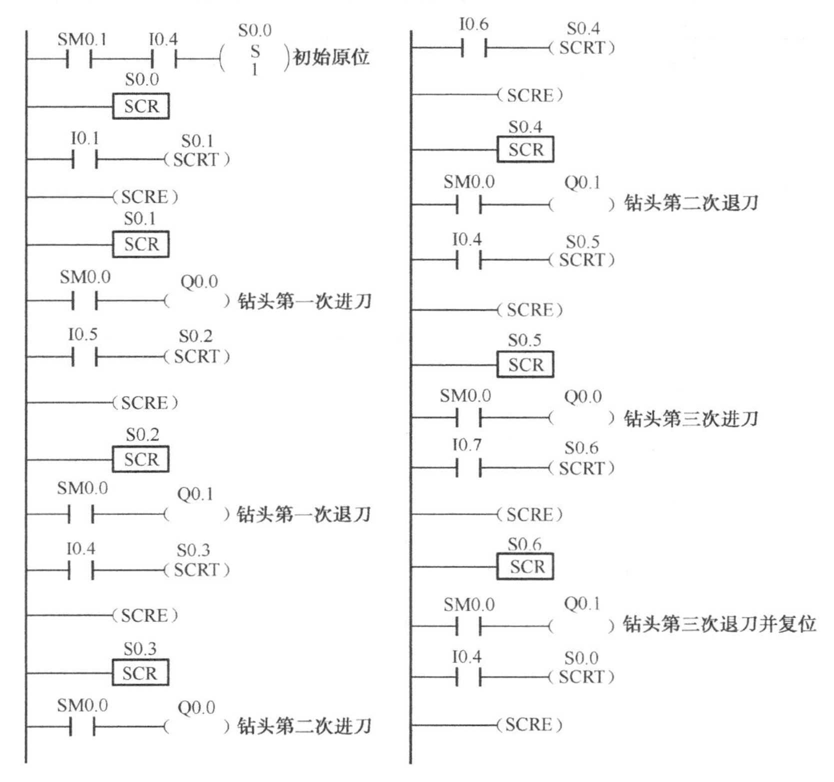

图 6-42　深孔钻组合机床 PLC 控制梯形图

6.4.5 密码锁控制程序

密码锁设有 6 个按键，具体控制如下：

（1）SB1 为千位按钮，SB2 为百位按钮，SB3 为十位按钮，SB4 为个位按钮。

（2）开锁密码为 2345。即按顺序按下 SB1 两次，SB2 三次，SB3 四次，SB4 五次，再按下确认键 SB5 后电磁阀 YV 动作，密码锁被打开。

（3）按钮 SB6 为撤销键，如有操作错误可按此键撤销后重新操作。

（4）当输入错误密码三次时，按下确认键后报警灯 HL 发亮，蜂鸣器 HA 发出报警声响。同时七段数码闪烁显示“0”和“8”。

（5）输入密码时，七段数码显示当前输入值。

（6）系统待机时，七段数码显示为“0”，等待开锁。

1. I/O 分配表（见表 6-5）

表 6-5　密码锁西门子 S7-200 PLC 控制 I/O 分配表

输入信号			输出信号		
名称	代号	输入点编号	名称	代号	输出点编号
千位键按钮	SB1	I0.0	七段显示“a”段	UA	Q0.0
百位键按钮	SB2	I0.1	七段显示“b”段	UB	Q0.1
十位键按钮	SB3	I0.2	七段显示“c”段	UC	Q0.2
个位键按钮	SB4	I0.3	七段显示“d”段	UD	Q0.3
确认键按钮	SB5	I0.4	七段显示“e”段	UE	Q0.4
撤销键按钮	SB6	I0.5	七段显示“f”段	UF	Q0.5
			七段显示“g”段	UG	Q0.6
			报警灯	HL	Q1.0
			蜂鸣器	HA	Q1.1

2. 密码锁 PLC 控制梯形图（见图 6-43）

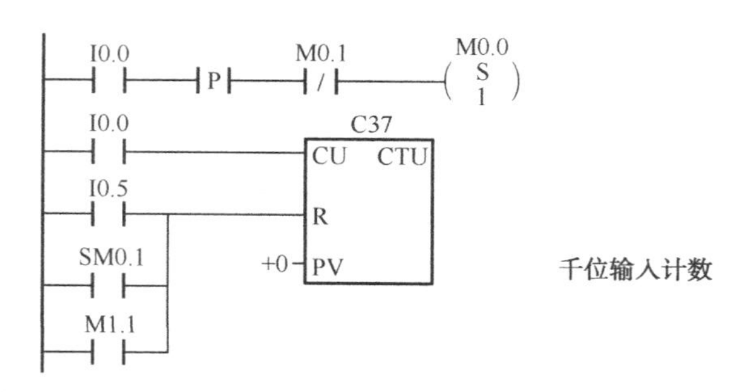

图 6-43　密码锁 PLC 控制梯形图

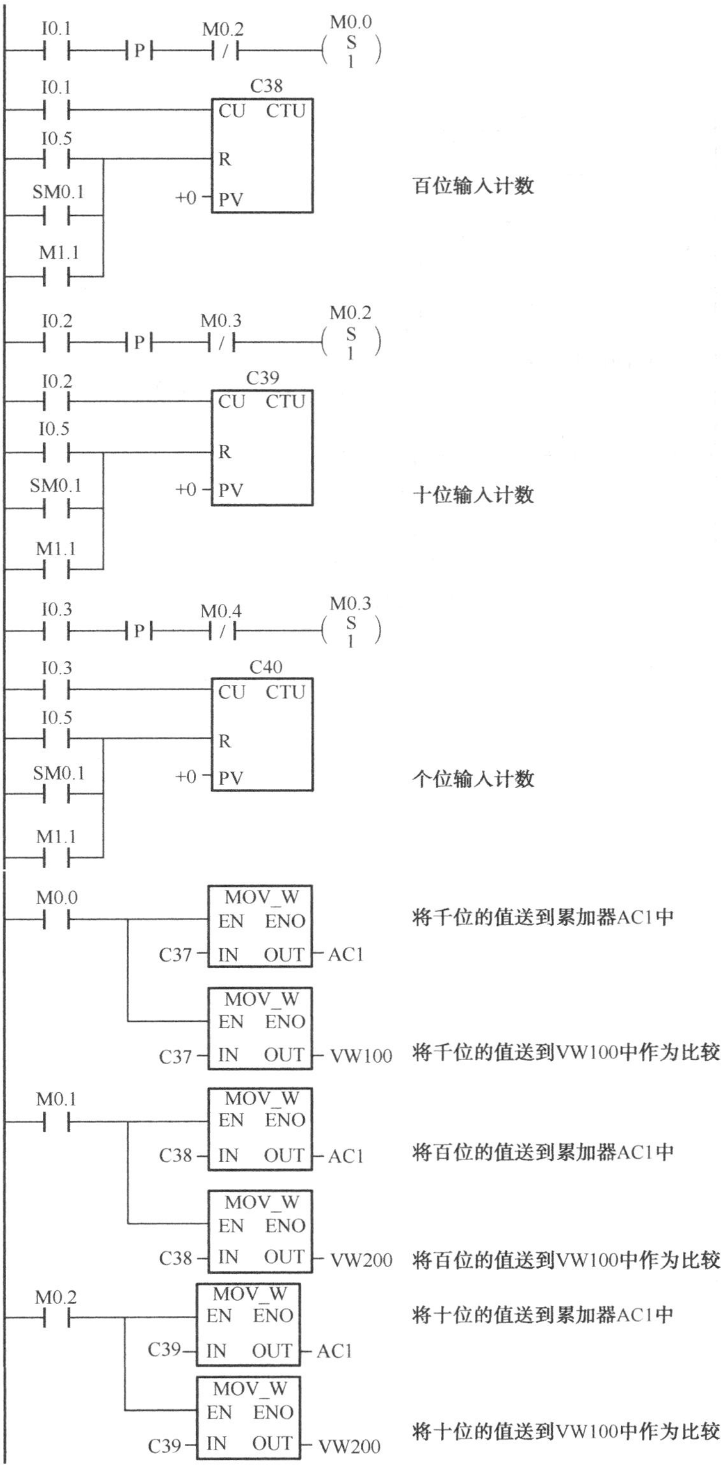

I0.1 P M0.2 M0.0 S 1

I0.1 C38 CU CTU

I0.5 R

SM0.1 +0 PV

M1.1

百位输入计数

I0.2 P M0.3 M0.2 S 1

I0.2 C39 CU CTU

I0.5 R

SM0.1 +0 PV

M1.1

十位输入计数

I0.3 P M0.4 M0.3 S 1

I0.3 C40 CU CTU

I0.5 R

SM0.1 +0 PV

M1.1

个位输入计数

M0.0 MOV_W EN ENO C37 IN OUT AC1

将千位的值送到累加器AC1中

MOV_W EN ENO C37 IN OUT VW100

将千位的值送到VW100中作为比较

M0.1 MOV_W EN ENO C38 IN OUT AC1

将百位的值送到累加器AC1中

MOV_W EN ENO C38 IN OUT VW200

将百位的值送到VW100中作为比较

M0.2 MOV_W EN ENO C39 IN OUT AC1

将十位的值送到累加器AC1中

MOV_W EN ENO C39 IN OUT VW200

将十位的值送到VW100中作为比较

图6-43 密码锁PLC控制梯形图（续）

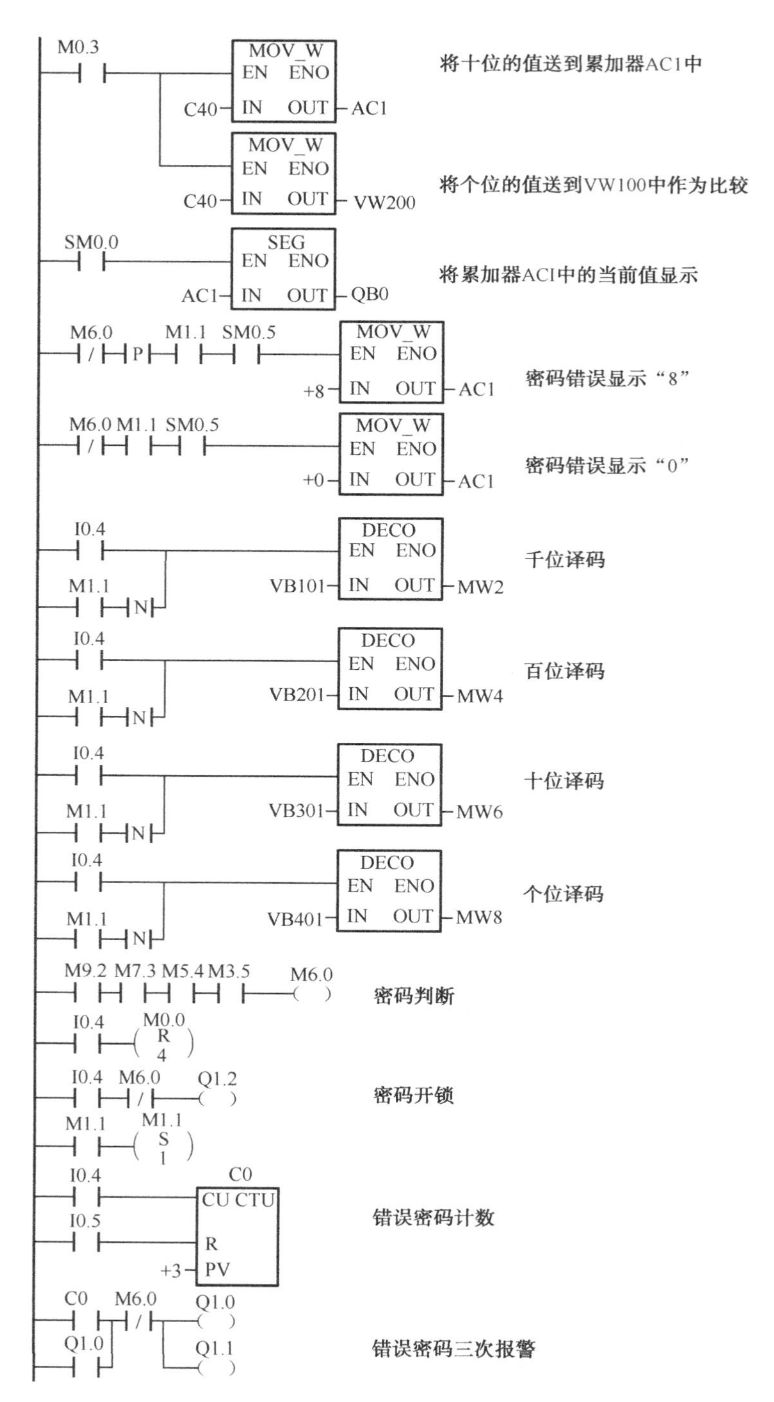

图 6-43　密码锁 PLC 控制梯形图（续）

6.4.6　自动车库 PLC 控制程序

（1）车到门前，车灯闪亮 3 次。

（2）车门传感器接收到 3 个车灯的亮、灭信号后，延时 5s，车库门自动上卷，动作指示灯亮。

（3）门上行碰到上限位行程开关，此时门全部打开，门停止上行。

（4）车进入车库，车位传感器检测车停到车位，延时 5s，门自动下行，动作指示灯亮。

（5）门下行碰到下限位行程开关，此时门已全部关闭，门停止下行。

（6）车库内和车库外还设有手动控制开关，可以控制门的开、关和停止。

1. I/O 分配表（见表 6-6）

表 6-6　自动车库西门子 S7-200 PLC 控制 I/O 分配表

输入信号			输出信号		
名称	代号	输入点编号	名称	代号	输出点编号
车感传感器	ST1	I0.0	门上行接触器	KM1	Q0.0
车位传感器	ST2	I0.1	门下行接触器	KM2	Q0.1
上限位开关	SQ1	I0.2	门上行指示灯	HL1	Q0.2
下限位开关	SQ2	I0.3	门下行指示灯	HL2	Q0.3
手动开门开关	SB1	I0.4			
手动关门开关	SB2	I0.5			
手动停止按钮	SB3	I0.6			

2. 自动车库 PLC 控制梯形图（见图 6-44）

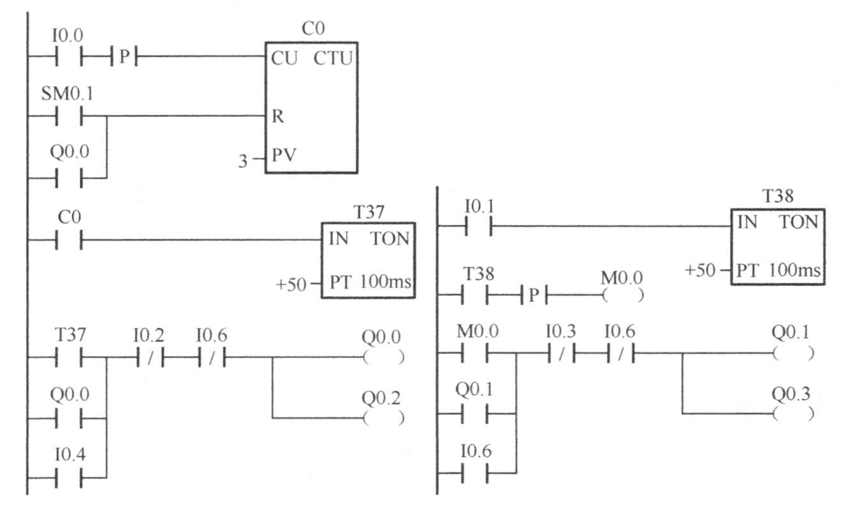

图 6-44　自动车库 PLC 控制梯形图

6.4.7 用 S7-200 实现 PID 控制

1. 概述

本例描述了用 S7-200 实现 PID 控制功能。这个程序是一个带过程仿真的独立执行的 PID 例子，它很容易修改后与模拟模块 EM235 一起使用。

2. 例图

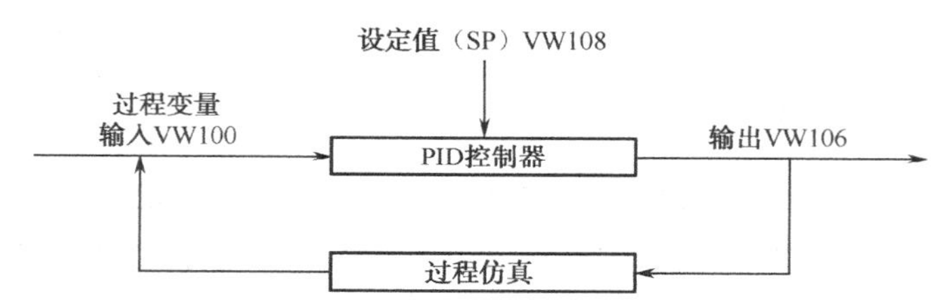

3. 程序结构图

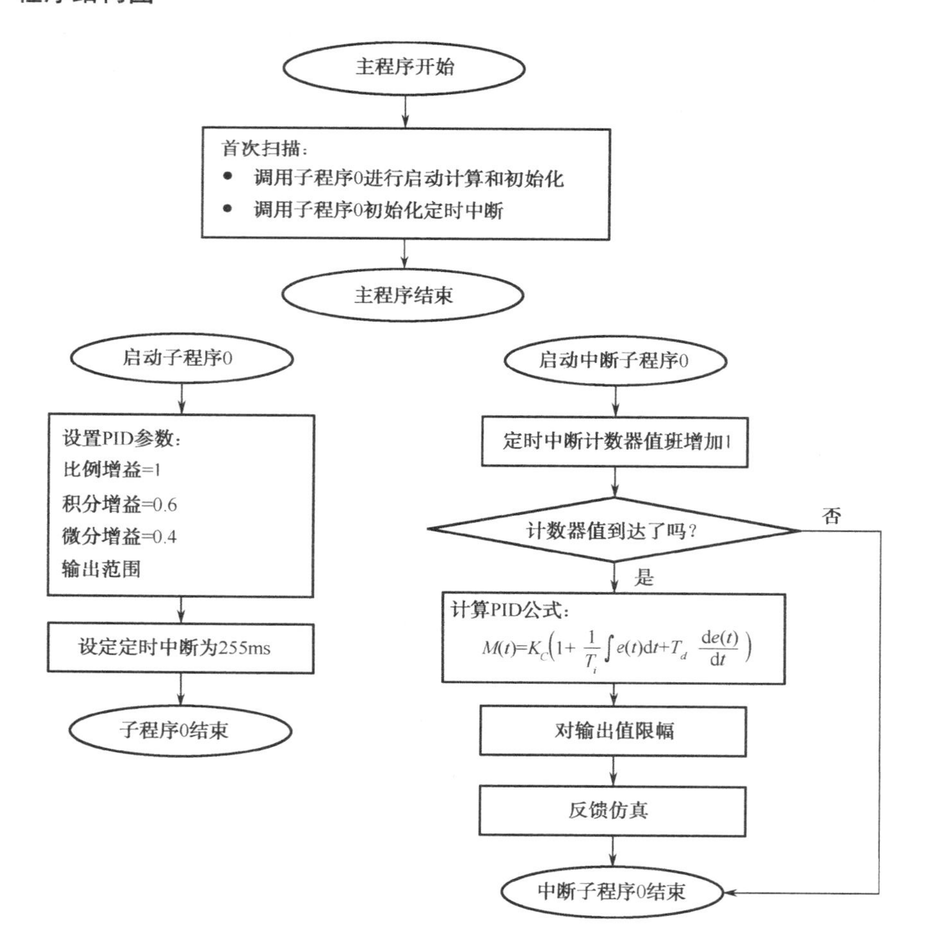

4. 程序及注解

初始化部分将 PID 的所有值复位，并定义了计算 PID 控制器的控制周期 T_C。

计算 PID 过程中，出现了某些数字方面的问题，以及控制周期 T_C 的计算。由于扫描时间的限制，除法运算通过移位来实现（1024 近似为 1000），而未调用专门的除法子程序。

积分和微分是另外 2 个比较灵敏的数学运算，采用如下公式。

（1）微分运算

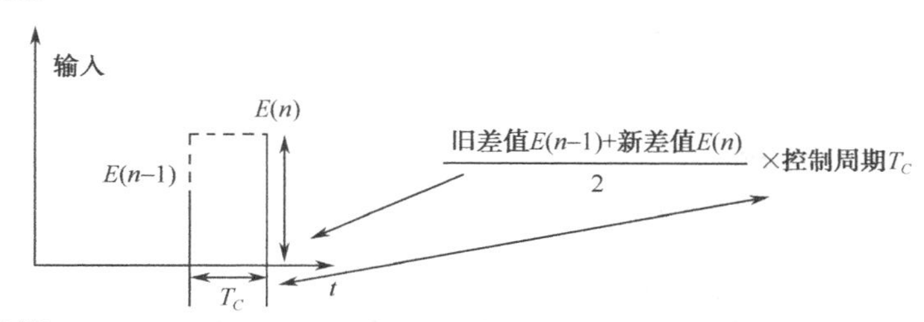

（2）积分运算

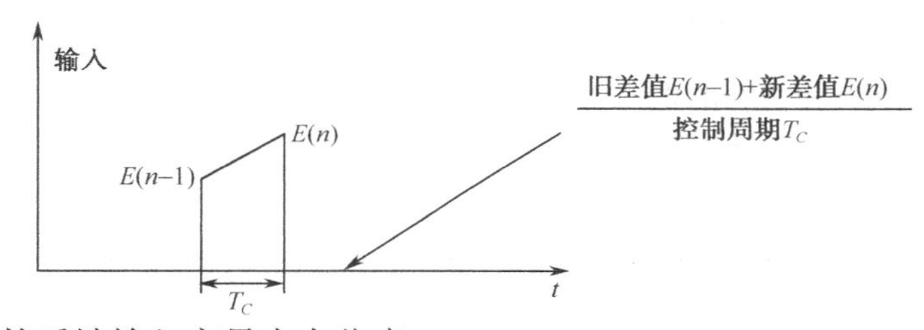

处理过程中的反馈输入变量来自仿真。

程序全长 370 字，如图 6-45 所示。

```
//主程序
//VW100=过程变量（PV）输入值
//如果模拟模块已准备好，它将是一个模拟输入字，并假设该输入的最大范围是
//−2047～2047
//VW102=新控制差值（运行期间计算）E(n)
//VW104=为输出值而设的计算缓冲器
//VW106=输出值
//VW108=设定值（在CPU214中，此值能够从模拟调节装置POTS中调入，
//VW110=预设定时中断个数，如果控制周期 大于255ms，则在此内存字中置数:
//计算TC的公式:
//                VW110×VB113=TC（单位：ms）
//VW112=未用
// VW113=定时中断0的时间（单位：ms）
//注意：若 VW110是0，则控制周期TC=VW113（ms）
//         若 VW110大于0，则控制周期TC= VW110×VW113（ms）
//VW114=控制周期TC（VW110和 VW113之积）
// VW116=未用


// VW118=比例增益，1…1000=0.0078～7.8
```

图 6-45　S7-200 实现 PID 控制

```
//      注意：例如，比例增益为1，可由VW118=128得到
//      注意：比例增益用于P、I、D部分，并与这三部分的和相乘。
// VW120=积分增益（1…1000=0.001～1）
// VW122=微分增益（1…1000=0.001～1）
// VW124=最大输出值（<= -2047），这是允许的最大输出值
// VW126=最小输出值（>-2047），这是允许的最小输出值
// VW128=输出上溢出，此值由启动时，VW124值加1得到
// VW130=输出下溢出，此值由启动时，VW126值减1得到
// VW132=旧的控制差值（缓冲值，启动时置0）E(n-1)
// VW134=积分寄存器（缓冲值，启动时置0）
// VW136=积分运算缓冲器
// VW138=积分值
// VW140=微分运算缓冲器
// VW142=微分值
// VW144=微分因子计算缓冲器
// VW146=微分因子，启动时，由微分增益/控制周期（1/ms）得到
//         （此值实际用于控制器运算）
// VW148至
// VW154=用于启动运算的运算缓冲器
// VW156=定时中断计数器
// VW200至
// VD214=用于反馈仿真
```

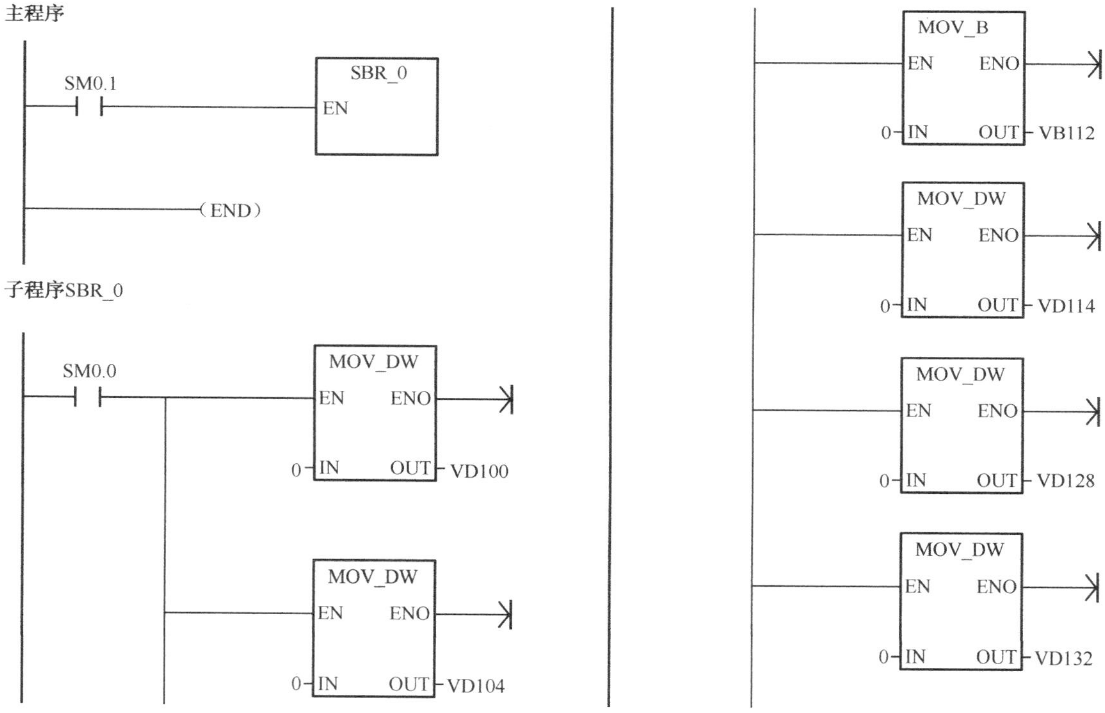

图 6-45　S7-200 实现 PID 控制（续）

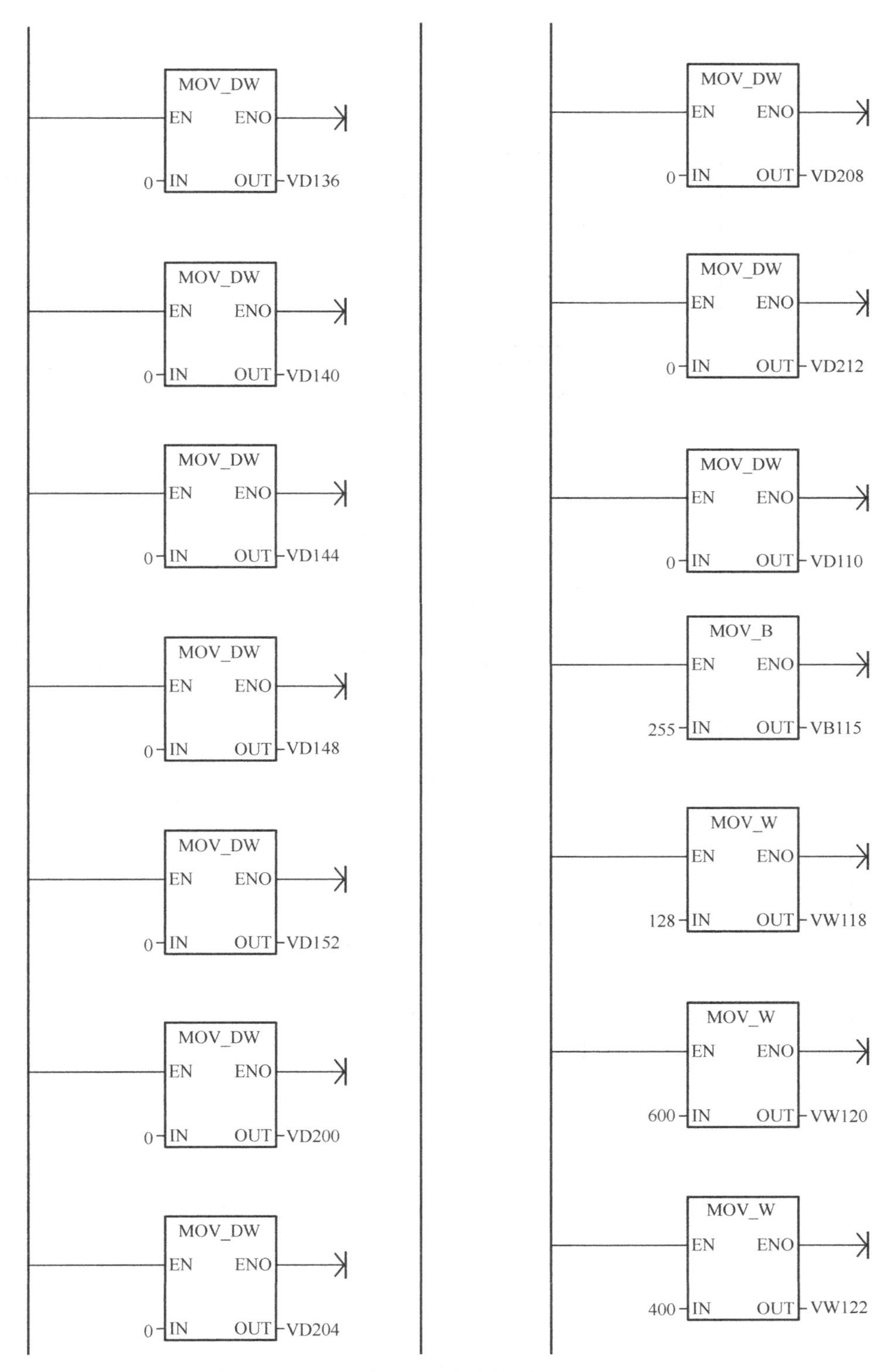

图6-45 S7-200实现PID控制（续）

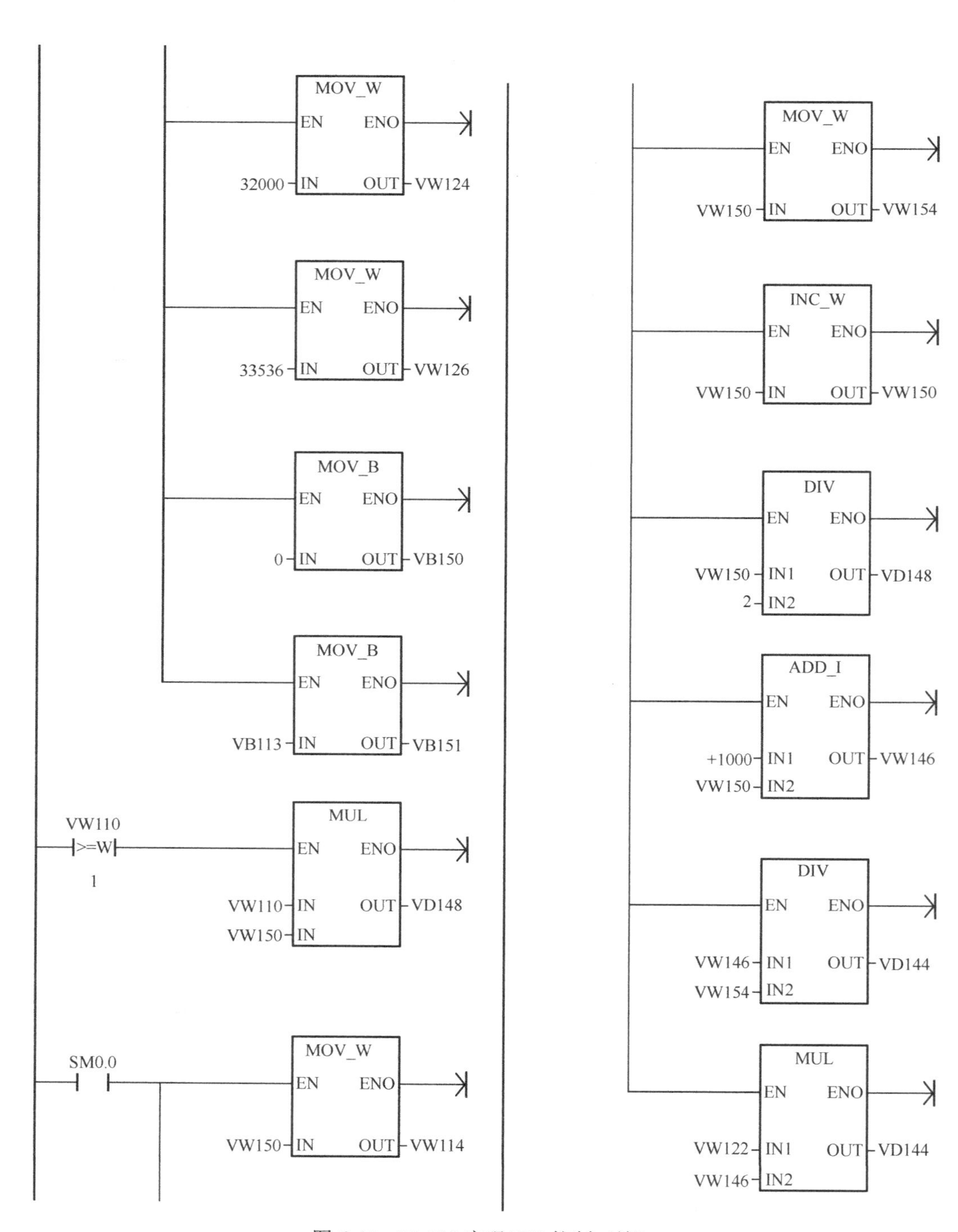

图 6-45 S7-200 实现 PID 控制（续）

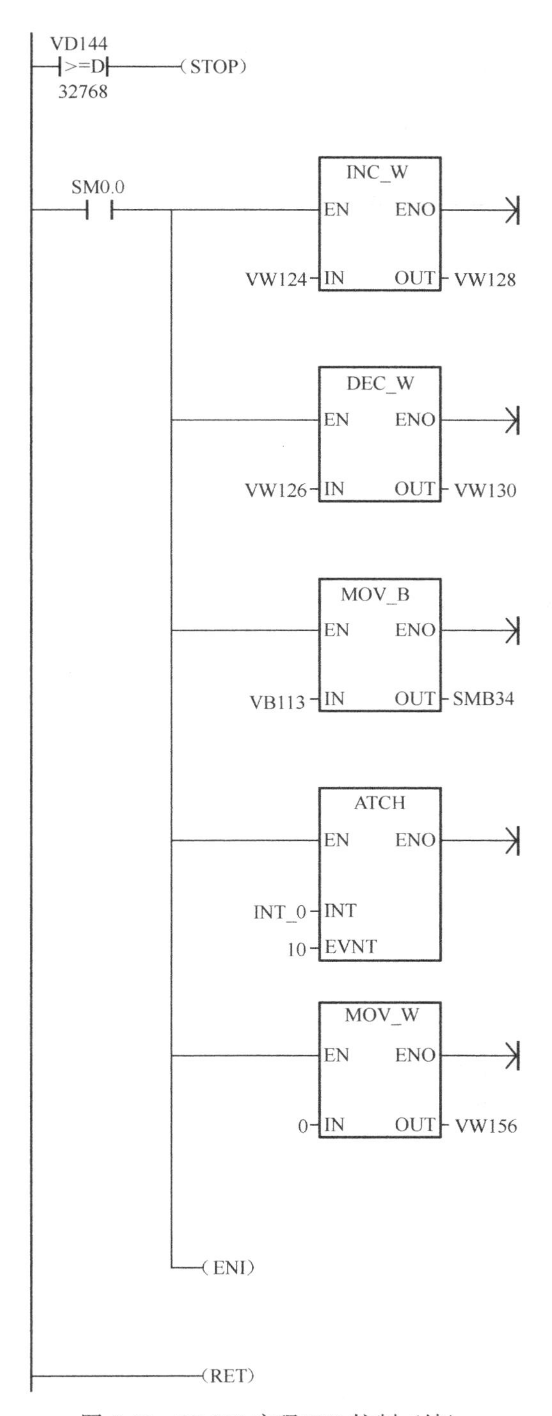

图 6-45　S7-200 实现 PID 控制（续）

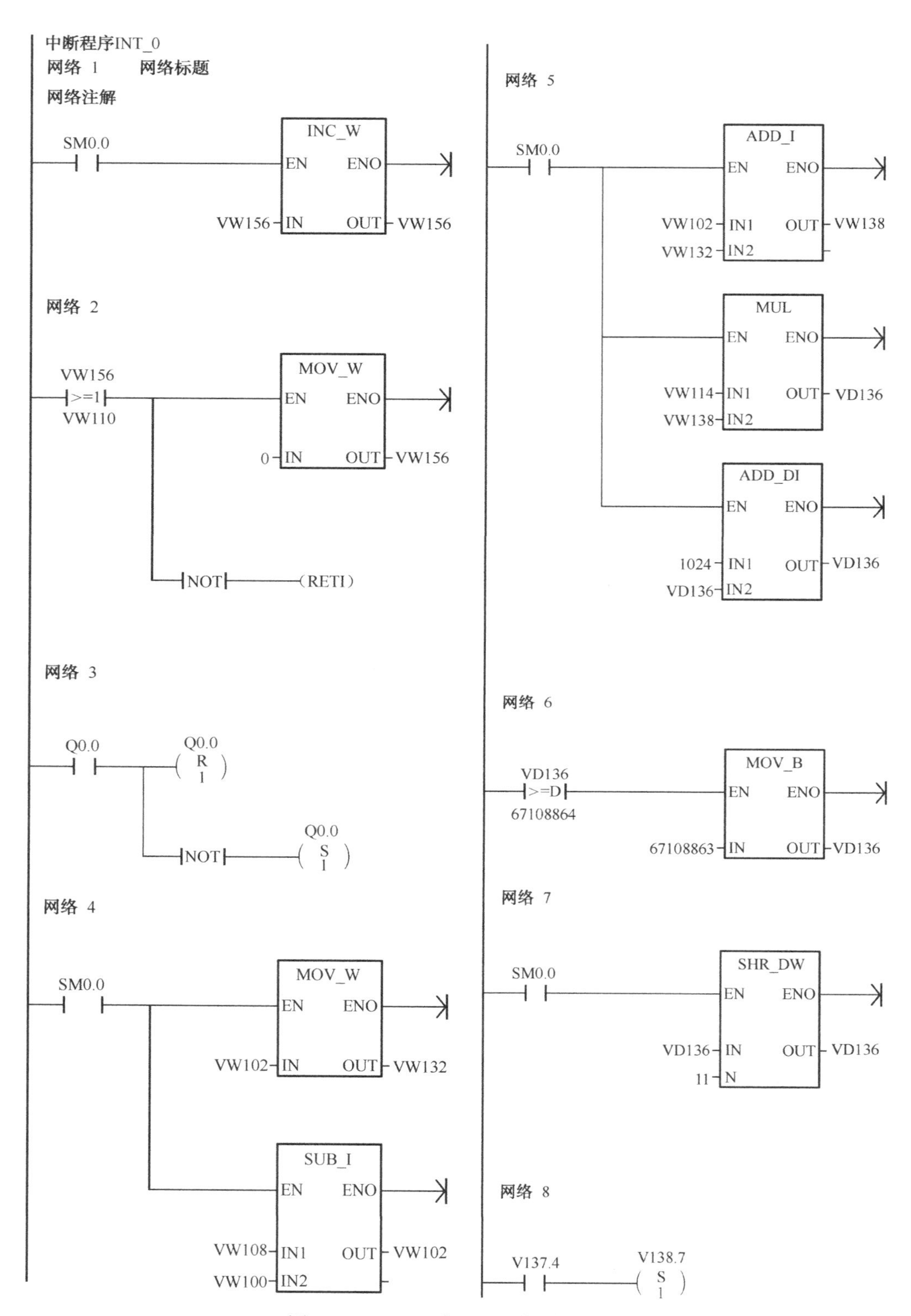

图 6-45　S7-200 实现 PID 控制（续）

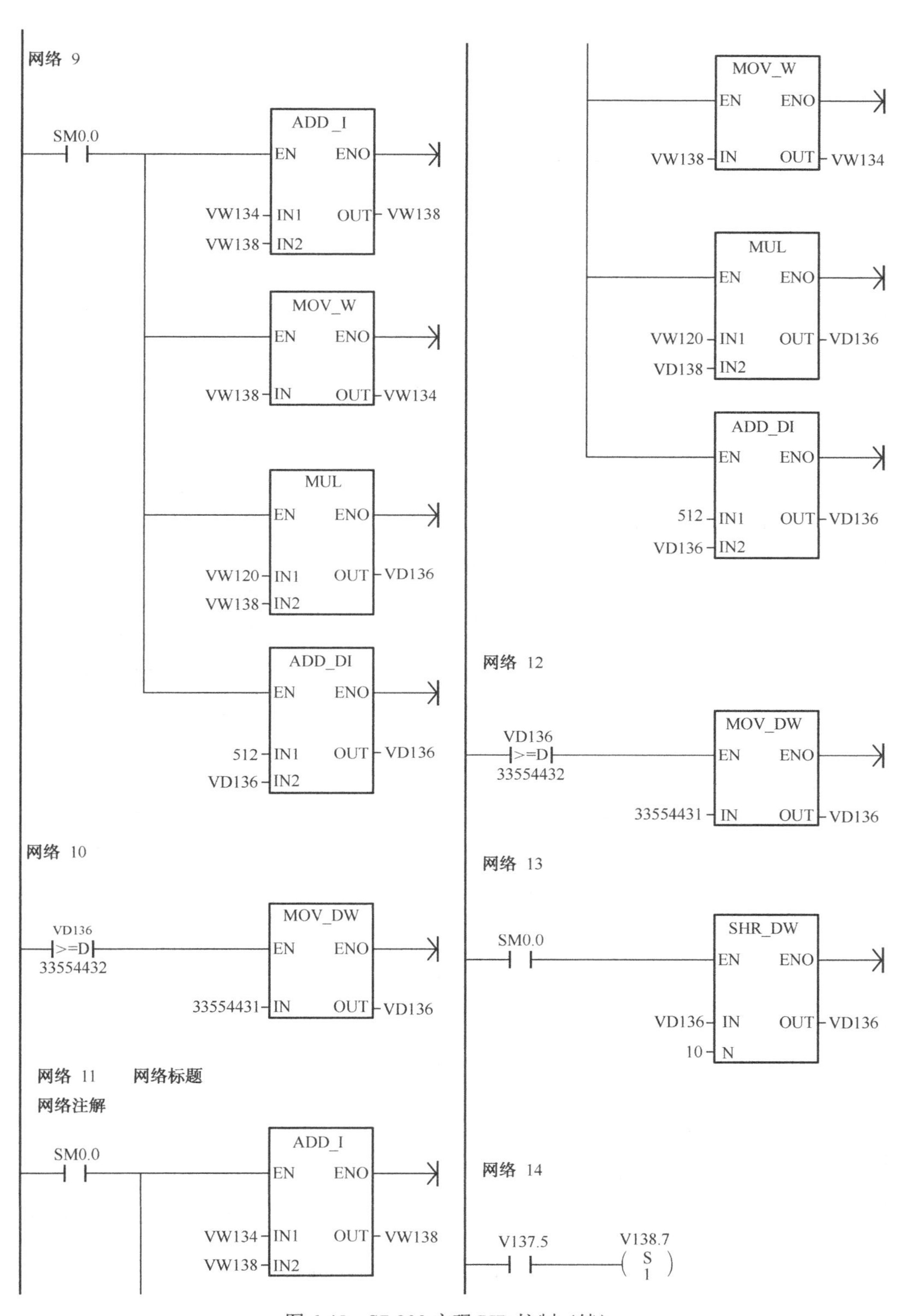

图 6-45 S7-200 实现 PID 控制（续）

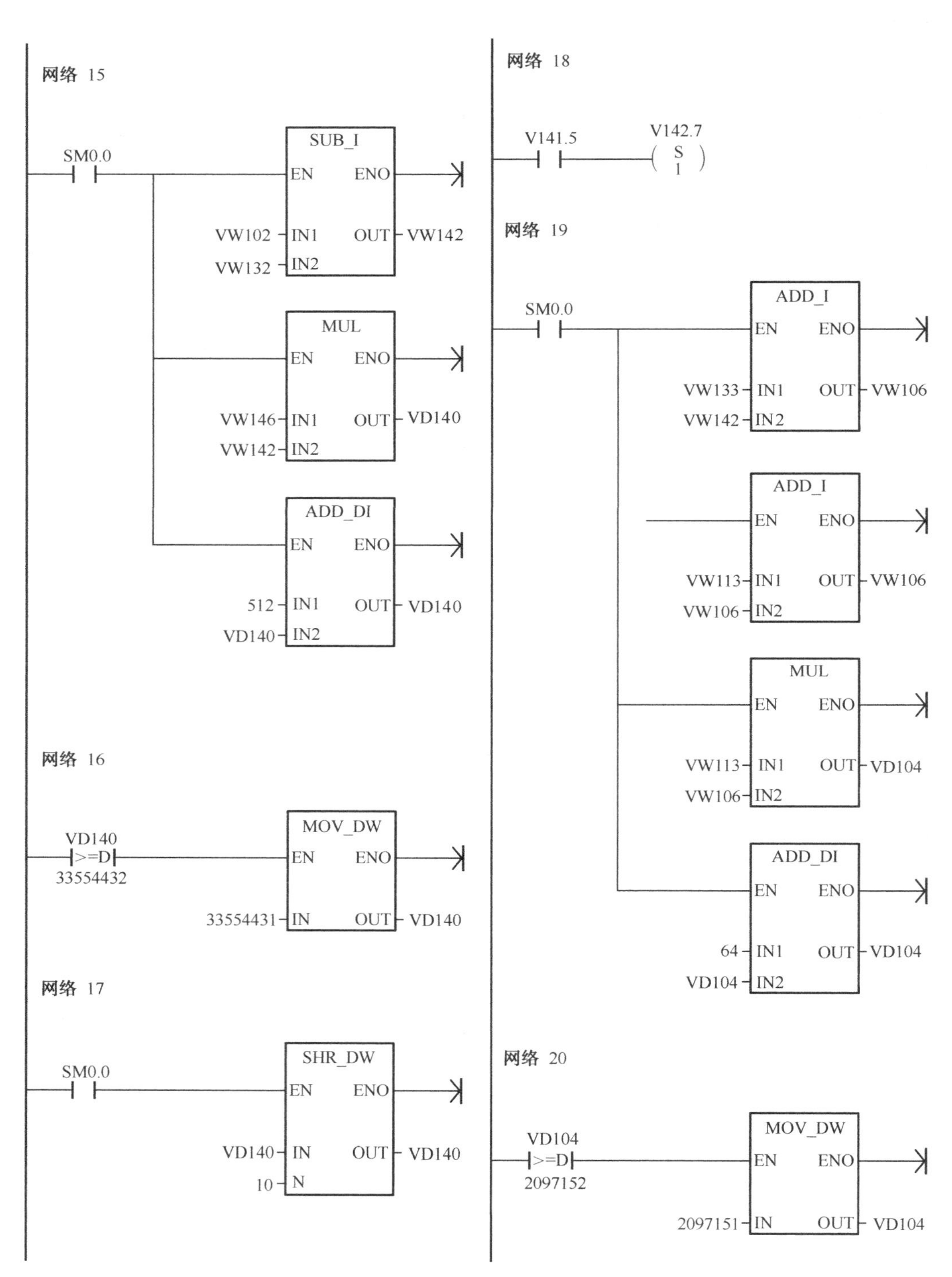

图 6-45　S7-200 实现 PID 控制（续）

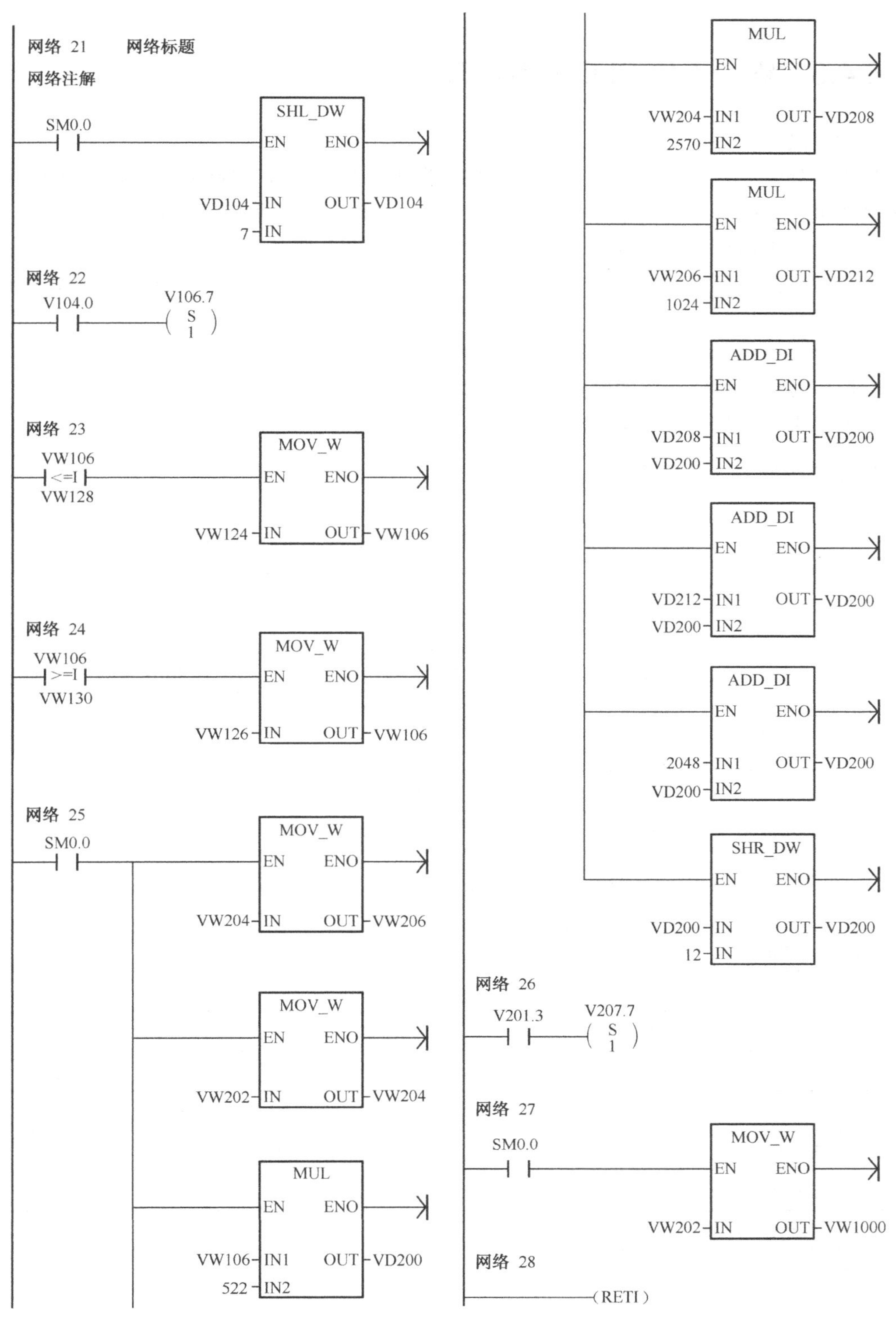

图 6-45　S7-200 实现 PID 控制（续）

6.4.8 锅炉水位 PLC 控制程序

控制要求：

当锅炉处于高水位时，高水位指示灯亮；当压力继电器低于控制压力时，锅炉按引风机—鼓风机—炉排—出渣程序进行自动控制运转，此时燃烧正常指示灯亮。

当压力继电器检测达到控制压力时，超压指示灯亮，锅炉停止运行。当水位低于危机水位时，缺水指示灯亮，同时电铃发出报警声，锅炉停止运行，且停炉指示灯亮，保证锅炉运行的安全。

当锅炉水位达到高水位时，延时 10s，水泵停止运转。

上煤信号用于限位开关的触点，实现锅炉用煤的翻斗车升降电动机的倒、顺控制。

此外，引风、鼓风、炉排和出渣也可用手动控制单独运转。

1. I/O 分配表（见表 6-7）

表 6-7　锅炉水位西门子 S7-200 PLC 控制 I/O 分配表

输入信号			输出信号		
名称	代号	输入点编号	名称	代号	输出点编号
高水位继电器	ST1	I0.0	高水位指示灯	HL1	Q0.0
低压力继电器	ST2	I0.1	燃烧正常指示灯	HL2	Q0.1
高压力继电器	ST3	I0.2	超压指示灯	HL3	Q0.2
危极低水位继电器	ST4	I0.3	缺水指示灯	HL4	Q0.3
上煤电动机启动按钮	SB1	I0.4	锅炉停炉指示灯	HL5	Q0.4
引风机手动启动按钮	SB2	I0.5	引风机启动接触器	KM1	Q0.5
引风机手动停止按钮	SB3	I0.6	引风机 Y 启动接触器	KM2	Q0.6
鼓风机手动启动按钮	SB4	I0.7	引风机△启动接触器	KM3	Q0.7
鼓风机手动停止按钮	SB5	I1.0	鼓风机接触器	KM4	Q1.0
炉排机手动启动按钮	SB6	I1.1	炉排机接触器	KM5	Q1.1
炉排机手动停止按钮	SB7	I1.2	出渣机接触器	KM6	Q1.2
出渣机手动启动按钮	SB8	I1.3	水泵电动机接触器	KM7	Q1.3
出渣机手动停止按钮	SB9	I1.4	上煤电动机上行接触器	KM8	Q1.4
上煤电动机上限位行程开关	SQ1	I1.5	上煤电动机下行接触器	KM9	Q1.5
上煤电动机下限位行程开关	SQ2	I1.6	报警电铃	BY	Q1.6
总启动按钮	SB10	I1.7			
总停止按钮	SB11	I2.0			

2. 锅炉水位 PLC 控制梯形图（见图 6-46）

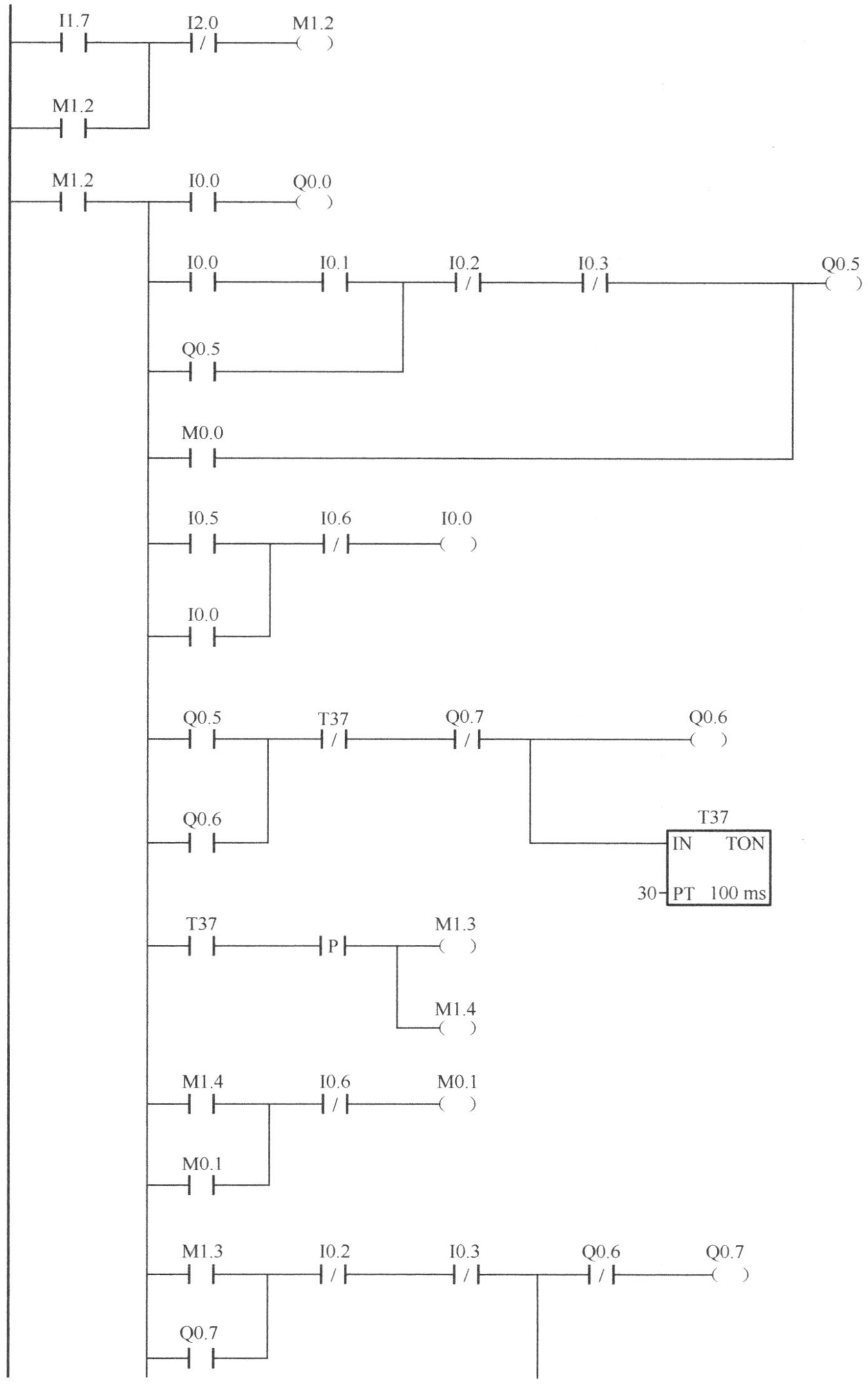

图 6-46　锅炉水位 PLC 控制梯形图

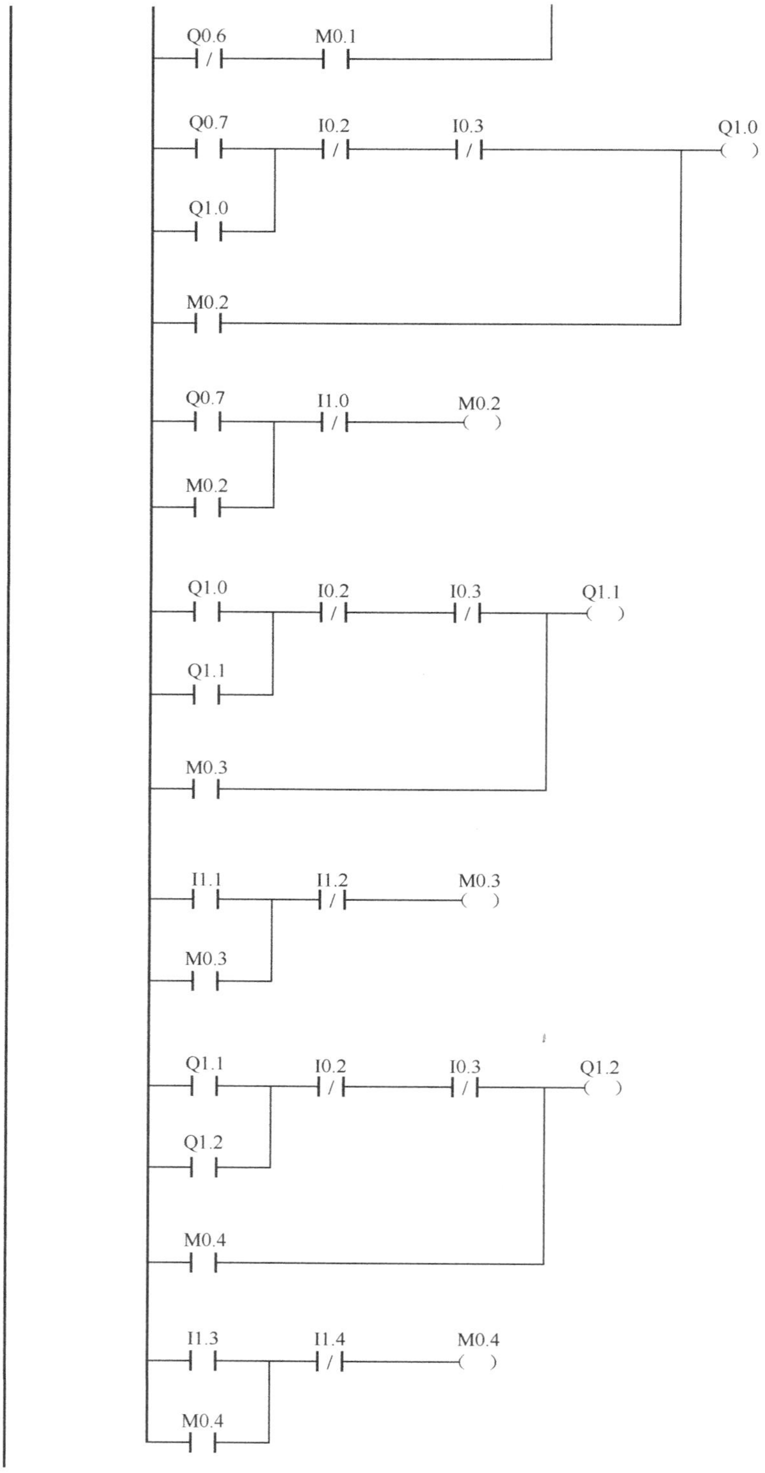

图 6-46　锅炉水位 PLC 控制梯形图（续）

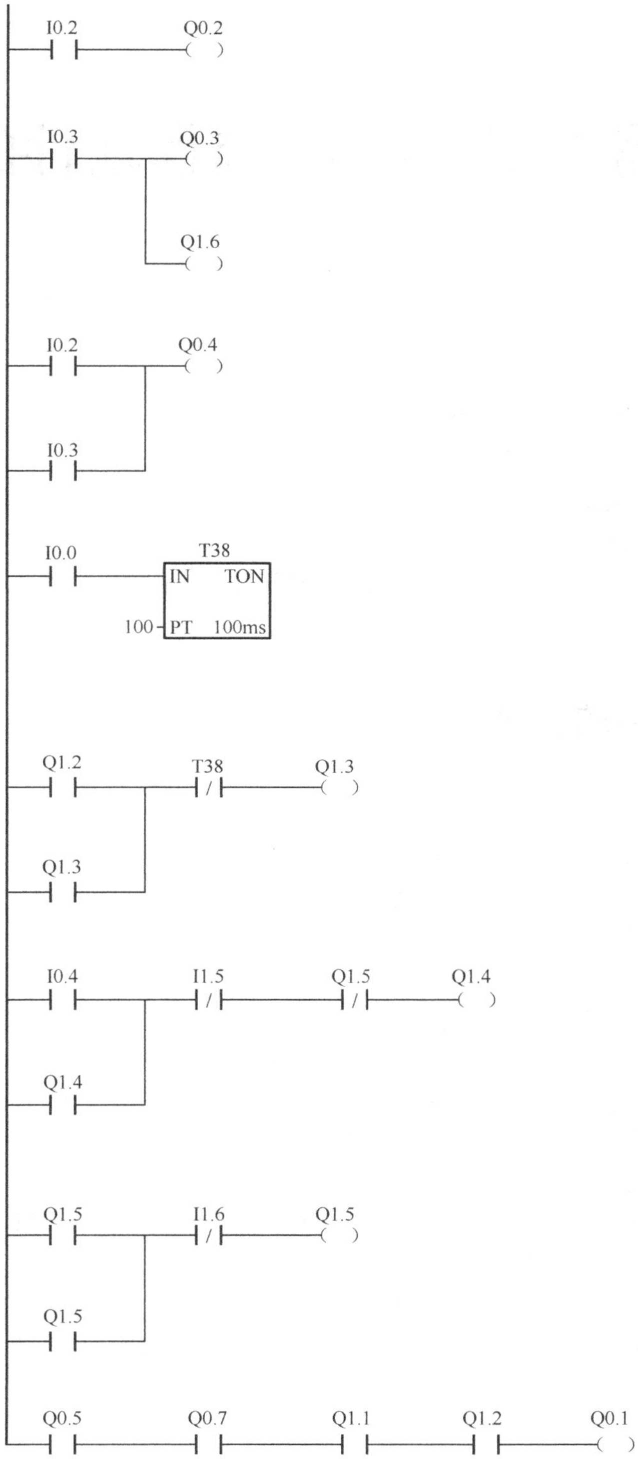

I0.2　Q0.2
I0.3　Q0.3　Q1.6
I0.2　Q0.4　I0.3
I0.0　T38　IN　TON　100　PT　100ms
Q1.2　T38　Q1.3　Q1.3
I0.4　I1.5　Q1.5　Q1.4　Q1.4
Q1.5　I1.6　Q1.5　Q1.5
Q0.5　Q0.7　Q1.1　Q1.2　Q0.1

图 6-46　锅炉水位 PLC 控制梯形图（续）

第7章 PLC编程软件的应用

主要内容

（1）软件的安装。

（2）软件的使用。

（3）程序编辑器中使用的惯例。

STEP 7-Micro/WIN32是西门子公司专为SIMATIC系列S7-200研制开发的编程软件，它是基于Windows平台的应用软件。STEP 7-Micro/WIN32可以使用个人计算机（以下简称为PC）作为图形编辑器，用于联机或脱机开发用户程序，并可以在线实时监控用户程序的执行状态。

7.1 软件的安装

1）系统要求

STEP 7-Micro/WIN32既可以在PC上运行，也可以在西门子公司的编程器上运行。PC或编程器的最小配置如下：操作系统为Windows 2000、Windows XP（专业版或家庭版）、至少100MB的硬盘空间及鼠标（推荐）。

2）安装STEP 7-Micro/WIN

将STEP 7-Micro/WIN的安装光盘装入PC的CD-ROM；双击光盘中的安装程序SETUP.EXE，选择English语言，进入安装向导；按照安装向导完成软件的安装，然后打开此软件，选择菜单Tools-Options-General-Chinese，完成汉化补丁的安装；软件安装完毕。图7-1给出了STEP 7-Micro/WIN软件打开后的界面。

3）通信方式选择

一般情况下，有两种方式连接S7-200和编程设备：通过PPI多主站电缆直接连接，或者通过带有MPI电缆的通信处理器（CP）卡连接。

要将计算机连接至S7-200，使用PPI多主站编程电缆是最常用和最经济的方式，它将S7-200的编程口与计算机的RS-232相连，PPI多主站编程电缆也能将其他通信设备连接至S7-200。

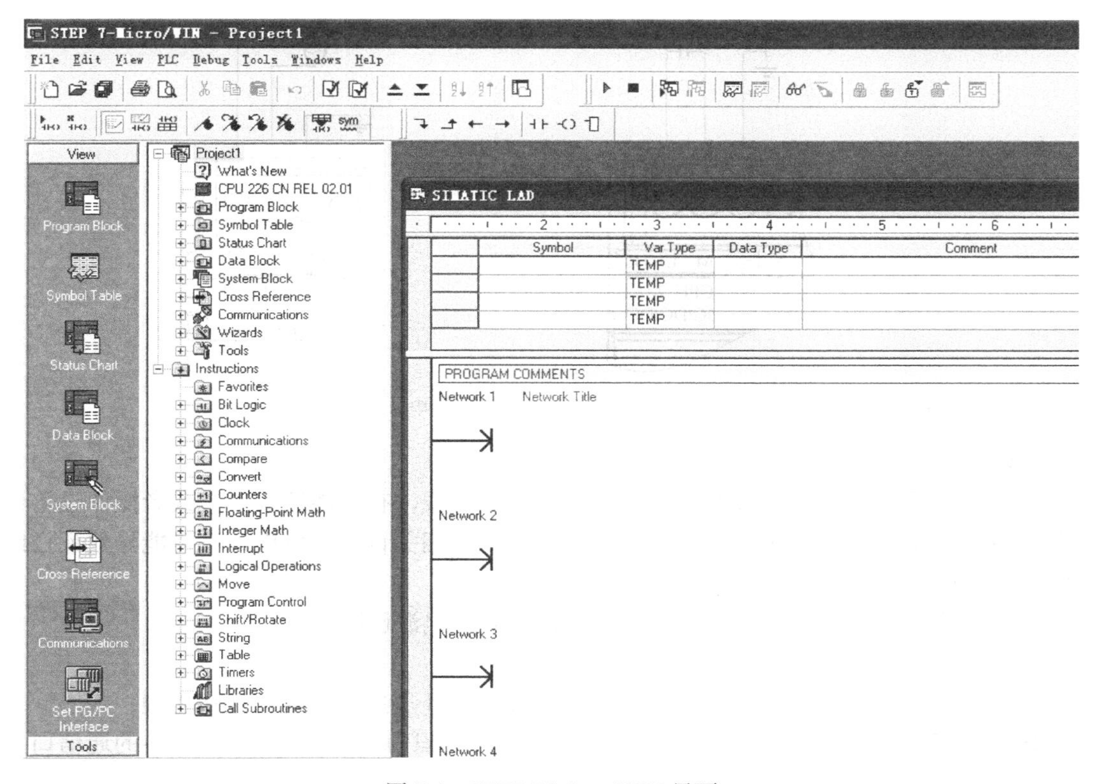

图 7-1　STEP 7-Micro/WIN 界面

7.2　软件的使用

STEP 7-Micro/WIN 软件能够很容易地对 S7-200 进行编程。通过一个简单例子程序的几个简短步骤，将学会如何在 S7-200 中连接、编程和运行程序。

为了完成这个例子程序，需要 PPI 多主站电缆、S7-200 CPU 和能运行 STEP 7-Micro/WIN 软件的编程设备。

7.2.1　连接 S7-200 CPU

连接 S7-200 十分容易。在本例中，只需要给 S7-200 CPU 供电，然后在编程设备与 S7-200 CPU 之间连上通信电缆即可。

1）给 S7-200 CPU 供电

第一个步骤就是要给 S7-200 CPU 供电。图 7-2 给出了直流供电和交流供电两种 CPU 模块的连接方式。

在安装和拆除任何电气设备之前，必须确认该设备的电源已断开。在安装和拆除 S7-200 之前，必须遵守相应的安全防护规范，并务必将其电源断开。

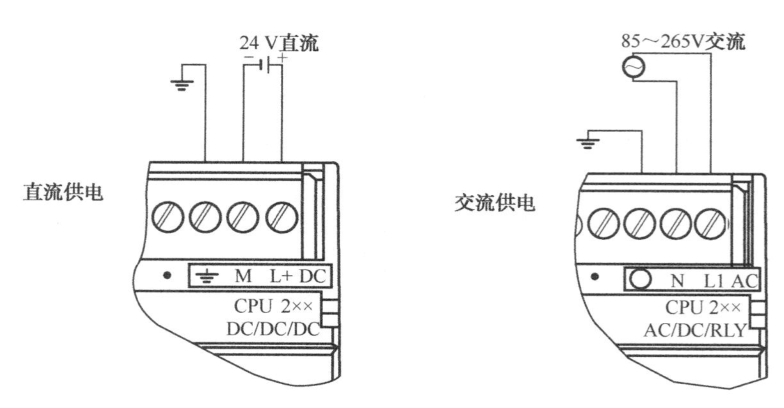

图 7-2 给 S7-200 CPU 供电

注意：

在带电情况下对 S7-200 及相关设备进行安装或接线，有可能造成电击或者操作设备误动作。在安装或拆卸过程中，如果没有切断 S7-200 及相关设备的供电，有可能导致死亡或者严重的人身伤害和设备损坏。

必须遵循适当的安全防护规范，并确认 S7-200 的电源已断开。

2）连接 RS-232/PPI 多主站电缆

图 7-3 所示为连接 S7-200 与编程设备的 RS-232/PPI 多主站电缆，连接电缆：

◆ 连接 RS-232/PPI 多主站电缆的 RS-232 端（标识为“PC”）到编程设备的通信口上（本例中为 COM1）。

◆ 连接 RS-232/PPI 多主站电缆的 RS-485 端（标识为“PPI”）到 S7-200 的端口 0 或者端口 1。

◆ 如图 7-3 所示，设置 RS-232/PPI 多主站电缆的 DIP 开关。

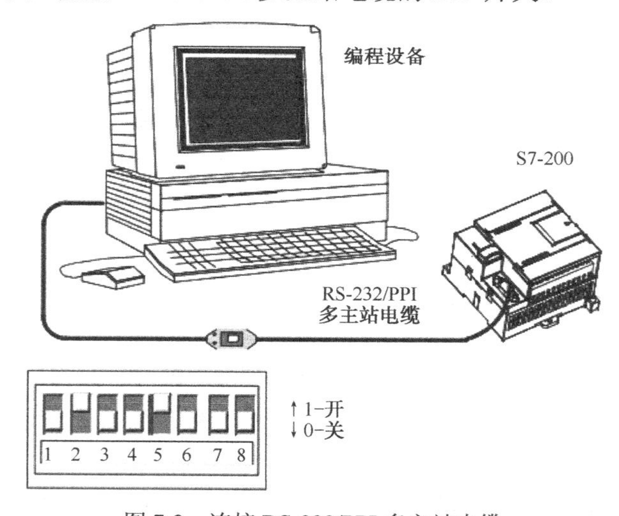

图 7-3 连接 RS-232/PPI 多主站电缆

3）打开 STEP 7-Micro/WIN

单击 STEP 7-Micro/WIN 的图标，打开一个新的项目，图 7-4 所示为一个新项目。注意左侧的操作栏，可以用操作栏中的图标，打开 STEP 7-Micro/WIN 项目中的操作。

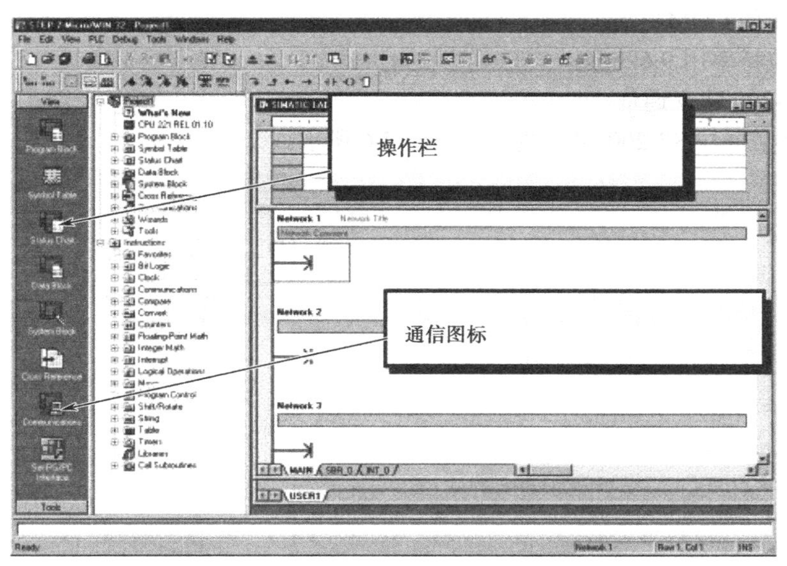

图 7-4　创建 STEP 7-Micro/WIN 项目

单击操作栏中的通信图标进入通信对话框，可以用这个对话框为 STEP 7-Micro/WIN 设置通信参数。

4）为 STEP 7-Micro/WIN 设置通信参数

在示例项目中使用的是 STEP 7-Micro/WIN 和 RS232/PPI 多主站电缆的默认设置。检查下列设置，如图 7-5 所示。

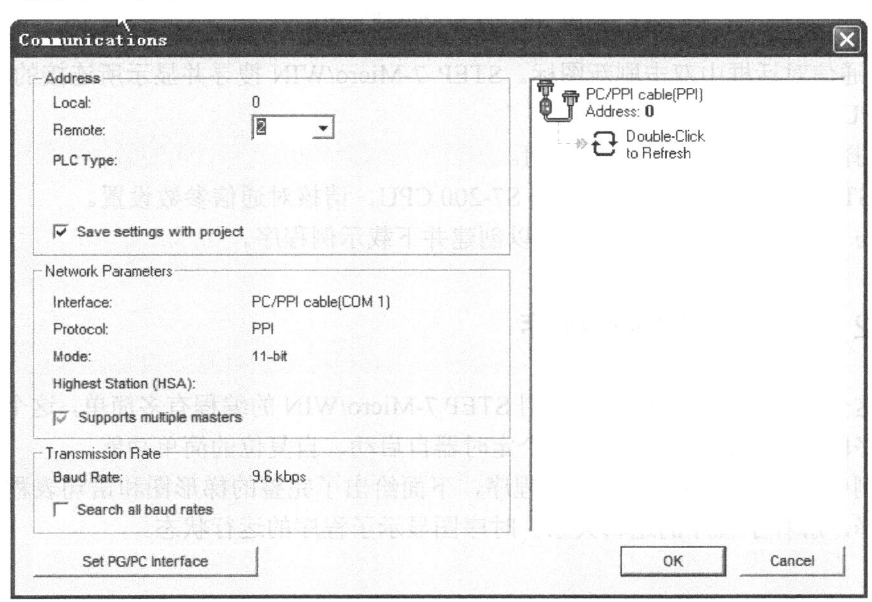

图 7-5　为 STEP 7-Micro/WIN 设置通信参数

◆ PC/PPI 电缆的通信地址设为“0”。
◆ 接口使用 COM1。
◆ 传输波特率用 9.6kbps。

5）与 S7-200 建立通信

用通信对话框与 S7-200 建立通信，如图 7-6 所示。

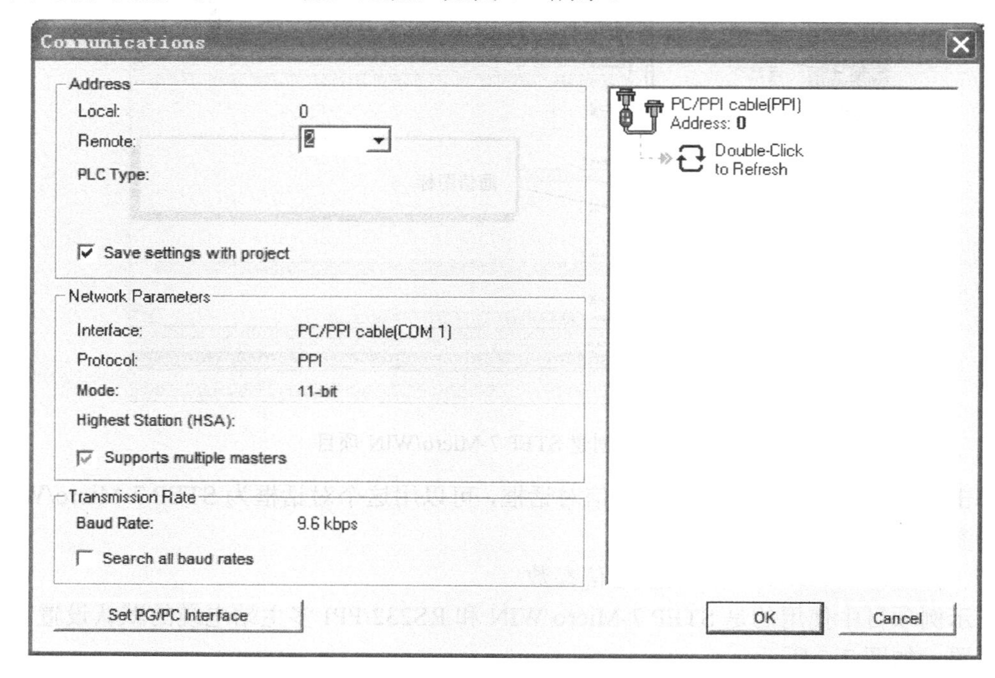

图 7-6　与 S7-200 建立通信

◆ 在通信对话框中双击刷新图标。STEP 7-Micro/WIN 搜寻并显示所连接的 S7-200 的 CPU 图标。
◆ 选择 S7-200 站并单击 OK 按钮。

如果 STEP 7-Micro/WIN 未能找到 S7-200 CPU，请核对通信参数设置。

建立与 S7-200 的通信之后，就可以创建并下载示例程序。

7.2.2　创建一个例子程序

创建这个例子程序将会体会到使用 STEP 7-Micro/WIN 的编程有多简单，这个例子程序在三个程序段中用 6 条指令，完成一个定时器自启动、自复位的简单功能。

在本例中用梯形图编辑器来录入程序，下面给出了完整的梯形图和语句表程序，语句表中的注释，解释了程序的逻辑关系。时序图显示了程序的运行状态。

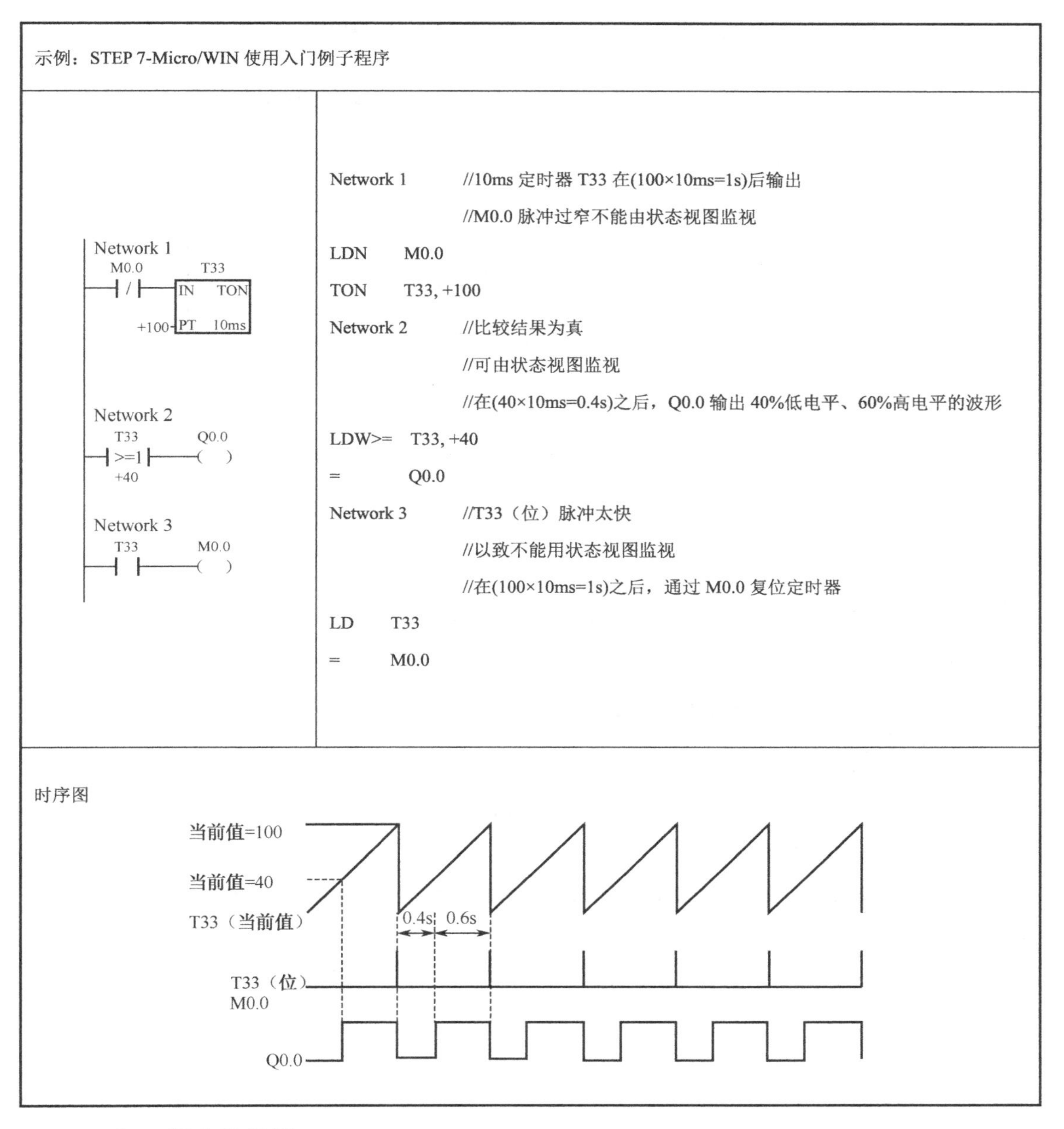

示例：STEP 7-Micro/WIN 使用入门例子程序

Network 1	//10ms 定时器 T33 在(100×10ms=1s)后输出
	//M0.0 脉冲过窄不能由状态视图监视
LDN	M0.0
TON	T33, +100
Network 2	//比较结果为真
	//可由状态视图监视
	//在(40×10ms=0.4s)之后，Q0.0 输出 40%低电平、60%高电平的波形
LDW>=	T33, +40
=	Q0.0
Network 3	//T33（位）脉冲太快
	//以致不能用状态视图监视
	//在(100×10ms=1s)之后，通过 M0.0 复位定时器
LD	T33
=	M0.0

时序图

1. 打开程序编辑器

单击程序块图标，打开程序编辑器，如图 7-7 所示。

注意：

- 指令树和程序编辑器，可以用拖拽的方式将梯形图指令插入到程序编辑器中。
- 在工具栏图标中有一些命令的快捷方式。
- 在输入和保存程序之后，可以下载程序到 S7-200 中。

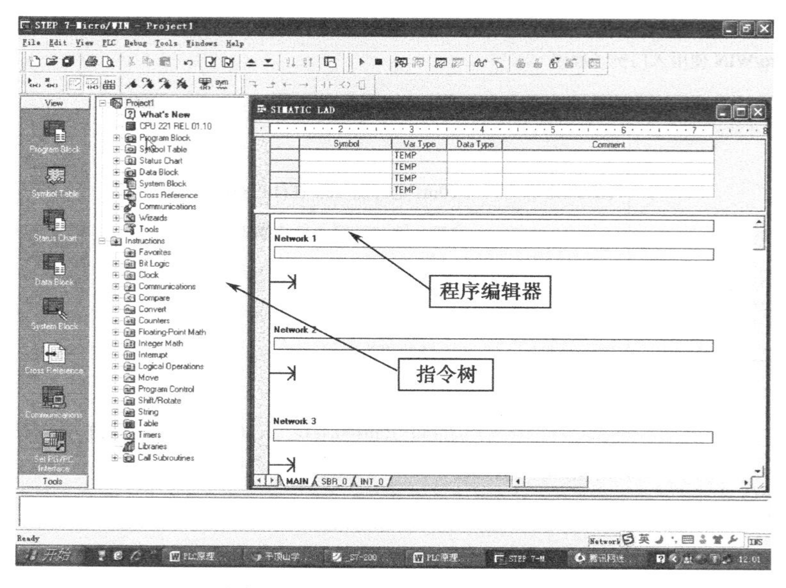

图 7-7　STEP 7-Micro/WIN 窗口

2．输入程序段 1：启动定时器（Network1 见图 7-8）

当 M0.0 的状态为“0”时，常闭触点接通自动定时器，输入 M0.0 的触点。

（1）双击位逻辑图标或者单击其左侧的“+”可以显示全部位逻辑指令。

（2）选择常闭触点。

（3）按住鼠标左键将触点拖到第一个程序段中。

（4）单击触点上的“???”，并输入地址：M0.0。

（5）按“回车”键确认。

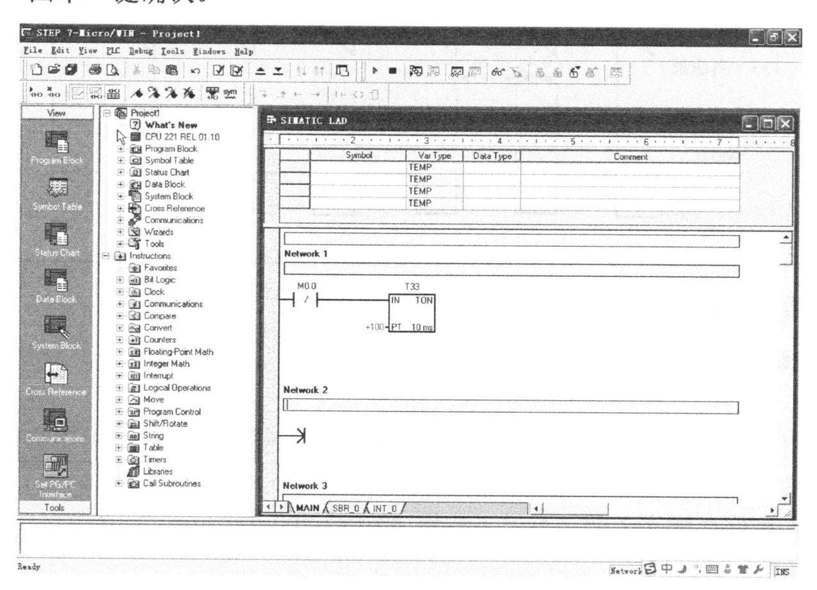

图 7-8　Network1

定时器指令 T33 的输入步骤如下：

（1）双击定时器图标，显示定时器指令。

（2）选择延时接通定时器 TON。

（3）按住鼠标左键将定时器拖到第一个程序段中。

（4）单击定时器上方的“???”，输入定时器号：T33。

（5）按“回车”键确认后，光标会自动移动到预置时间值（PT）参数。

（6）输入预置时间值：100。

（7）按“回车”键确认。

3．输入程序段 2：使输出点闭合（Network2 见图 7-9）

当定时器 T33 的定时值大于或等于 40 时（大于或等于 0.4s），S7-200 的输出点 Q0.0 会闭合，输入比较指令的步骤如下：

（1）双击比较指令图标，显示所有的比较指令，选择“>=I”指令。

（2）按住鼠标左键将比较指令拖到第二个程序段中。

（3）单击触点上方的“???”，输入定时器号：T33。

（4）按回车键确认后，光标会自动移动到比较指令下方的比较值参数。

（5）在该处输入比较值“40”。

（6）按“回车”键确认。

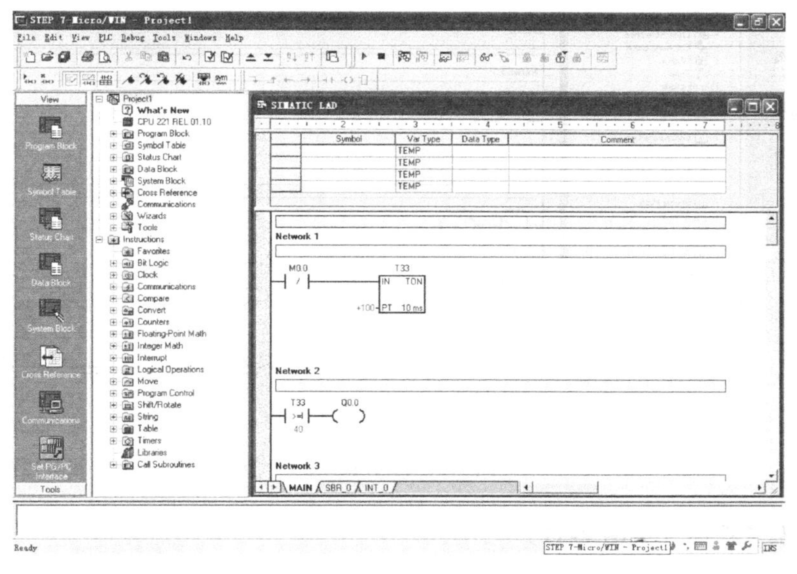

图 7-9　Network2

输出指令的输入步骤如下：

（1）双击位逻辑图标，显示位逻辑指令并选择输出线圈。

（2）按住鼠标左键将输出线圈拖到第二个程序段中。

（3）单击线圈上方的“???”，输入地址：Q0.0。

（4）按“回车”键确认。

4．输入程序段 3：定时器复位（Network3 见图 7-10）

当计时值到达预置时间值（100）时，定时器触点会闭合。T33 闭合会使 M0.0 置位。由于定时器是靠 M0.0 的常闭触点启动的，M0.0 的状态由 0 变 1 会使定时器复位。

输入触点 T33 的步骤如下：

（1）在位逻辑指令中选择常开触点。

（2）按住鼠标左键将触点拖到第三个程序段中。

（3）单击触点上方的“???”，输入地址：T33。

（4）按“回车”键确认。

输出线圈 M0.0 的步骤如下：

（1）在位逻辑指令中选择输出线圈。

（2）按住鼠标左键将输出线圈拖到第三个程序段中。

（3）双击线圈上方的“???”，输入地址：M0.0。

（4）按“回车”键确认。

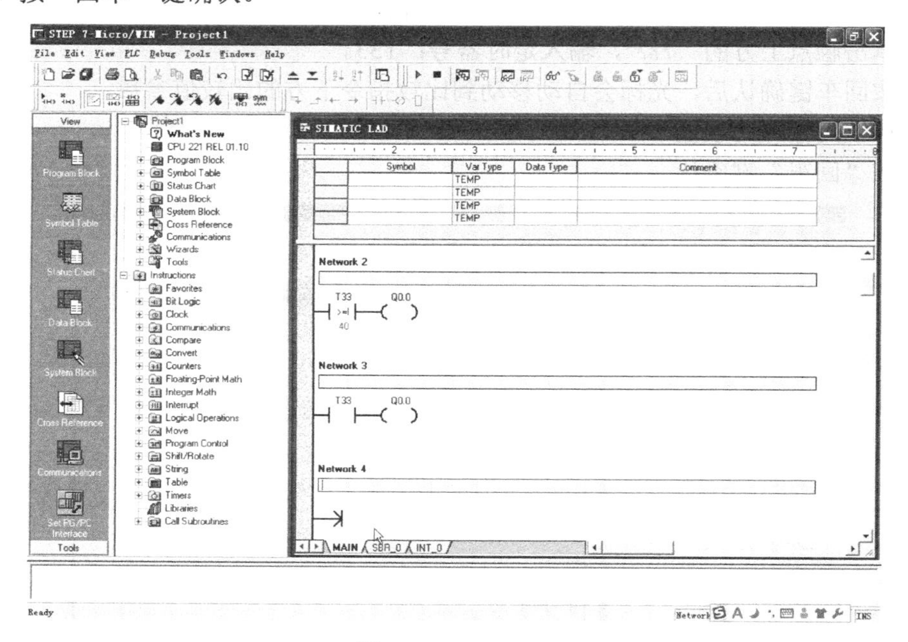

图 7-10　Network3

5．存储例子程序（见图 7-11）

在输入完以上三个程序段后，已经完成了整个例子程序。当存储程序时，也创建了一个包括 S7-200 CPU 类型及其他参数在内的一个项目，保存项目。

（1）在菜单中选择菜单命令 File>Save As。

（2）在 Save As 对话框中输入项目名。

（3）单击 Save 存储项目。

项目存储之后，可以下载程序到 S7-200。

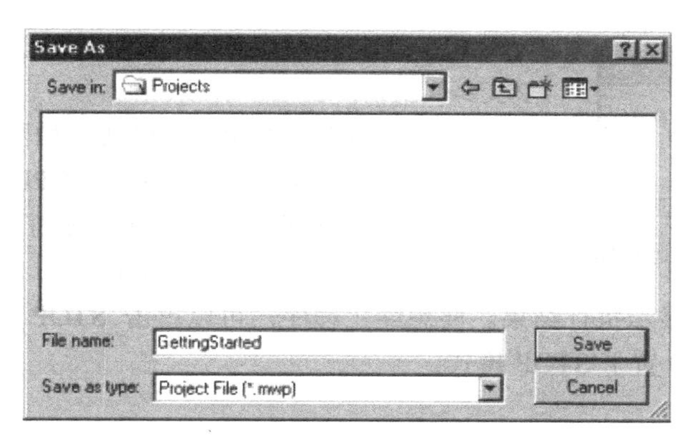

图 7-11　保存例子程序

7.2.3　下载例子程序

每一个 STEP 7-Micro/WIN 项目都会有一个 CPU 类型（CPU221、CPU222、CPU224、CPU224XP 或 CPU226），如果在项目中选择的 CPU 类型，与实际连接的 CPU 类型不匹配，STEP 7-Micro/WIN 会提示并要作出选择。如果在本例中遇到这种情况，可以选择“继续下载”。

（1）可以单击工具条的下载图标或者在命令菜单中选择 File>Download 来下载程序。如图 7-12 所示。

（2）单击 OK 按钮，下载程序到 S7-200。

如果 S7-200 处于运行模式，将有一个对话提示 CPU 将进入停止模式。单击 Yes 按钮将 S7-200 置于 STOP 模式。

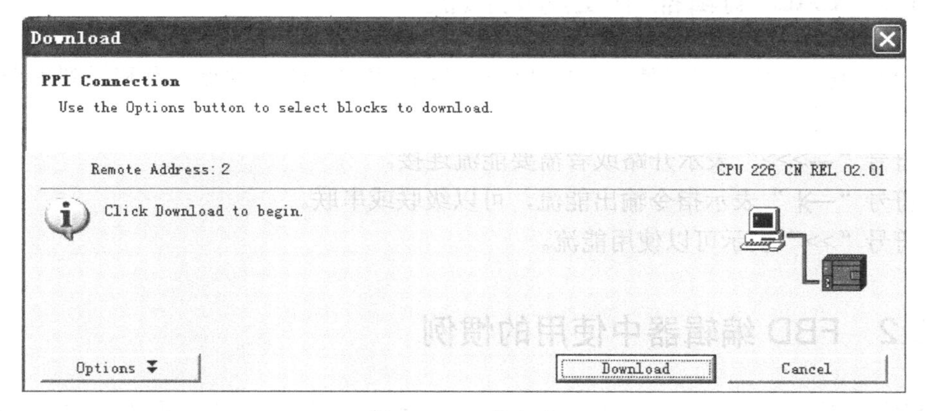

图 7-12　下载程序

7.2.4　将 S7-200 转入运行模式

如果想通过 STEP 7-Micro/WIN 软件将 S7-200 转入运行模式，S7-200 转入运行模式必须设置为 TERM 或者 RUN。当 S7-200 处于 RUN 模式时，执行程序。

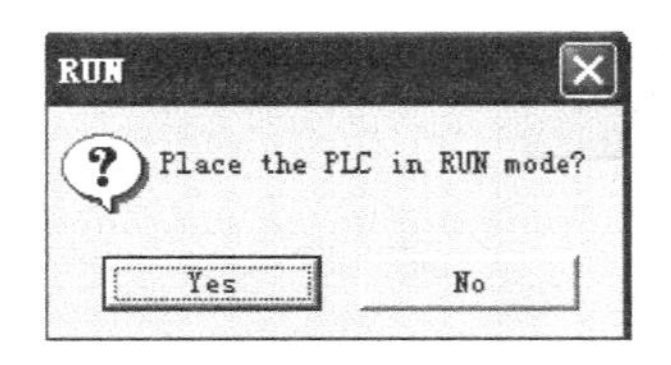

图 7-13　将 S7-200 转入运行模式

（1）单击工具条中的运行图标或者在命令菜单中选择 PLC＞RUN ▶。

（2）单击 Yes 按钮切换模式，如图 7-13 所示。

当 S7-200 转入运行模式后，CPU 将执行程序使 Q0.0 的 LED 指示灯时亮时灭。至此完成了第一个 S7-200 程序。

可以通过选择 Debug>Program Status 来监控程序。STEP 7-Micro/WIN 显示执行结果。要想终止程序，可以单击 STOP 图标或选择菜单命令 PLC> STOP 将 S7-200 置于 STOP 模式。

7.3　程序编辑器中使用的惯例

STEP 7-Micro/WIN 在所有程序编辑器中使用以下惯例：

◆ 在符号名前加#（#Var1）表示该符号为局部变量。

◆ 在 IEC 命令中%表示直接地址。

◆ 操作数符号“?.?”或“???”表示需要一个操作数组态。

LAD 程序被分为程序段。一个程序段是按照顺序安排的以一个完整电路的形式连接在一起的触点、线圈和盒，不能短路或者开路，也不能有能流倒流现象存在。STEP 7-Micro/WIN 允许为 LAD 程序中的每一个程序段加注释，FBD 编辑使用网络的概念对程序进行分段和注释。STL 程序不用分段，但是可以用关键词 NETWORK 将程序分段。

7.3.1　LAD 编辑器中使用的惯例

在 LAD 编辑器中，可以使用 F4、F6 和 F9 键来快速输入触点、盒和线圈指令，LAD 编辑器使用下列惯例：

◆ 符号“--->>>”表示开路或者需要能流连接。

◆ 符号“—⟶|”表示指令输出能流，可以级联或串联。

◆ 符号“>>”表示可以使用能流。

7.3.2　FBD 编辑器中使用的惯例

在 FBD 编辑器中，可以使用 F4、F6 或 F9 键来快速输入 AND、OR 和盒命令，FBD 编辑器使用下列惯例：

◆ 在 EN 操作数上的符号 “--->>>”表示能流或者操作数指示器，它也可以表示开路或者需要能流连接。

◆ 符号“—⟶|”表示指令输出能流，可以级联或串联。

◆ 符号“>>”和“<<”表示可以使用数值或能流。

◆ 反向圈：操作数、能流的负逻辑或者反向输入表示为在一个输入端加一个小圆圈，在图 7-14 中，Q0.0 等于 I0.0 的非和 I0.1 与运算的结果。反向圈仅用于能够作为参数或能流的布尔信号。

◆ 立即输入：如图 7-14 所示。在 FBD 编辑器中，用在 FBD 指令输入端加一条垂直线的方法来表示布尔操作数的立即输入，立即输入直接从物理输入点上读取数据，立即操作数只能用物理输入点。

◆ 没有输入或者输出的盒：一个盒没有输入意味着这条指令与能流无关。

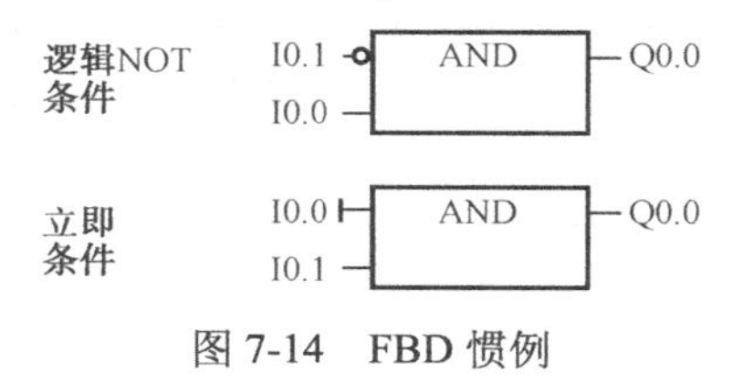

图 7-14　FBD 惯例

注意：

AND 和 OR 指令的操作数的个数可以扩展到最多 32 个，要增加或者减少操作数的个数，可用键盘上的“+”或者“-”键来操作。

7.3.3　S7-200 编程的通用惯例

1. EN/ENO 的定义

EN（使能输入）是 LAD 和 FBD 中盒的布尔输入。要使盒指令执行，必须使能流到达这个输入，在 STL 中，指令没有 EN 输入，但是要想使 STL 指令执行，堆栈顶部的逻辑值必须是 1。

ENO（使能输出）是 LAD 和 FBD 中盒的布尔输出，如果盒的 EN 输入有能流并且指令执行正确，则 ENO 输出会将能流传递给下一元素。如果指令的执行出错，则能流在出错的盒指令处被中断。

在 STL 中没有使能输出，但是 STL 指令与有 ENO 输出的 LAD 和 FBD 指令一样，置位一个特殊的 ENO 位，这个位可以用 AND ENO（AENO）指令访问，并且可以产生与盒 ENO 位相同的作用。

注意：

EN/ENO 操作数的数据类型并没有在每一条指令中的操作数中给以说明，因为这一操作数在所有 LAD 和 FBD 指令中都是一样的，表 7-1 列出了这些 LAD 和 FBD 中的操作数和数据类型，这些操作数对所有的 LAD 和 FBD 指令均适用。

表 7-1　LAD 和 FBD 中 EN/ENO 操作数和数据类型

程序编辑器	输入/输出	操　作　数	数据类型
LAD	EN ENO	能流	BOOL
FBD	EN ENO	I、Q、V、M、SM、S、T、C、L	BOOL

2．条件输入/无条件输入

在 LAD 和 FBD 中，如果一个盒或者线圈的左侧没有任何元素，则它与能流有关。如果一个盒或者线圈的左侧直接连接到能量线上，则它与能流无关。表 7-2 展示了一个既有条件输入又有无条件输入的实例。

表 7-2　条件输入/无条件输入的表示方法

能　　流	LAD	FBD
与能流有关的指令（条件输入）	1 ——(JMP)	1 -[JMP]
与能流无关的指令（无条件输入）	|——(NEXT)	[NEXT]

3．没有输出的指令

无法级联的盒指令表示为没有布尔输出，包括子程序调用、跳转和条件返回指令。梯形线圈也只能放在能量线之后，这些指令包括标签、装载 SCR、SCR 条件结束和 SCR 结束指令。它们在 FBD 中以盒指令的形式表示，并以无标签的能量输入和无输出来辨别。

4．比较指令

无论是否有能流，比较指令都会被执行。如果没有能流则输出“0”，如果有能流，则输出值取决于比较结果，虽然是作为一个触点来执行操作，但是，SIMATIC FBD、IEC 梯形图和 IEC FBD 比较指令都是以盒的形式表示的。

第 8 章　S7-200 网络通信

主要内容

（1）通信基础知识。
（2）S7-200 网络通信。
（3）网络通信协议。
（4）网络的建立。

S7-200 可以满足通信和网络需求，它不仅支持简单的网络，而且支持比较复杂的网络，S7-200 提供了通信手段，可以用它与那些使用自己的通信协议的设备进行通信。例如，与打印机和称重天平等进行通信。

8.1　通信基础知识

一般地说，通信是指由一地向另一地进行消息的有效传递。通信的目的是传递消息，消息具有不同的形式，如语言、文字、数据、图像、符号等。通信中消息的传送是通过信号来进行的，如红绿灯信号、狼烟、电压、电流信号等。信号是消息的承载者。

在控制系统实际应用中，PLC 主机与扩展模块之间，主机与其他主机之间，以及 PLC 主机与其他设备或从机之间，经常要进行信息交换，所有这些信息交换称为通信。

8.1.1　串行通信和并行通信

通信的基本方式有串行通信和并行通信两种。

串行通信时数据是按一位一位顺序传送或接收的。串行通信只需要很少几根通信线，但传送的速度低，因此，串行通信一般适用于长距离而速度要求不高的场合。在 PLC 网络中传输数据绝大多数采用串行方式。

并行通信时数据的各个位同时传送或接收，可以以字或者字节为单位进行通信。并行通信速度快，但所用的数据线多、成本高，不宜进行远距离通信。计算机或 PLC 各种内部总线就是以并行方式传送数据的。另外，PLC 底板上，通过底板总线交换数据的各种模块之间也是用并行通信方式。

8.1.2 同步传输和异步传输

在同步传输中，不仅字符内部为同步，字符与字符之间也要保持同步。信息以数据块为单位进行传输，发送双方必须以同频率连续工作，并且保持一定的相位关系，这就需要通信系统中有专门使发送装置和接收装置同步的时钟脉冲。

在一组数据或一个报文之内不需要启停标志，但在传送中要分成组，一组含有多个字符代码或多个独立的码元。在每组开始和结束处需加上规定的码元序列作为标志序列。发送数据前，必须发送标志序列，接收端通过检验该标志序列实现同步。

同步传输的特点：可获得较高的传输速度，但实现起来较复杂。

异步传输：信息以字符为单位进行传输，当发送一个字符代码时，字符前面都具有自己的一位起始位，极性为 0，接着发送 5～8 位的数据位、1 位奇偶校验位，1～2 位的停止位，数据位的长度视传输数据格式而定，奇偶校验位可有可无，停止位的极性为“1”，在数据线上不传送数据时全部为“1”。

异步传输中一个字符中的各个位是同步的，但字符与字符之间的间隔是不确定的，也就是说，线路上一旦开始传送数据就必须按照起始位、数据位、奇偶校验位、停止位这样的格式连续传送，但传输下一个数据的时间不定，不发送数据时线路保持 1 状态。

异步传输的优点：收、发双方不需要严格的位同步，异步是指字符与字符之间的异步，字符内部仍为同步。异步传输电路比较简单，链路协议易实现，所以得到了广泛的应用。其缺点在于通信效率比较低。

8.1.3 信号的调制和解调

串行通信通常传输的是数字量，这种信号包括从低频到高频极其丰富的谐波信号，要求传输线的频率很高。而远距离传输时，为降低成本，传输线频带不够宽，使信号严重失真、衰减，常采用的方法是调制解调技术。

调制是指发送端将数字信号转换成适合传输线传送的模拟信号，完成此任务的设备称为调制器。

解调是指接收端将收到的模拟信号还原为数字信号的过程。完成此任务的设备称为解调器。

实际上一个设备工作起来既需要调制，又需要解调，将调制、解调功能由一个设备完成，称为调制解调器。

当进行远程数据传输时，可以将可编程控制器的 PC/PPI 电缆与调制解调器进行连接以增加数据传输的距离。

8.1.4 基带传输和频带传输

通信网络中的数据传输形式基本上可以分为两种：基带传输和频带传输。

基带传输是按照数字信号原有的波形在信道上直接传输，它要求信道具有较宽的通频带。基带传输不需要调制解调器，设备花费少，适用于较小范围的数据传输。

频带传输是一种采用调制解调技术的传输形式。在发送端采用调制手段，对数字信号进行某种变换，将代表数据的二进制“0”和“1”，变换成具有一定频带范围的模拟信号，以适应在模拟信道上传输；在接收端，通过解调手段进行相反的变换，把模拟的信号复原为 0 或 1。常用的调制方法有频率调制、振幅调制和相位调制。

8.2　S7-200 网络通信

8.2.1　选择通信接口

S7-200 可以支持各种类型的通信网络，在 SET PG/PC Interface 属性对话框中进行网络选择，一个选定的网络将被作为一个接口来使用，能够访问这些通信网络的各类接口，包括以下内容：

◆ 多主站 PPI 电缆。

◆ CP 通信卡。

◆ 以太网通信卡。

通过下列步骤，可以为 STEP 7-Micro/WIN 选择通信接口，如图 8-1 所示。

（1）在通信设置窗口中双击图标。

（2）为 STEP 7-Micro/WIN 选择接口参数。

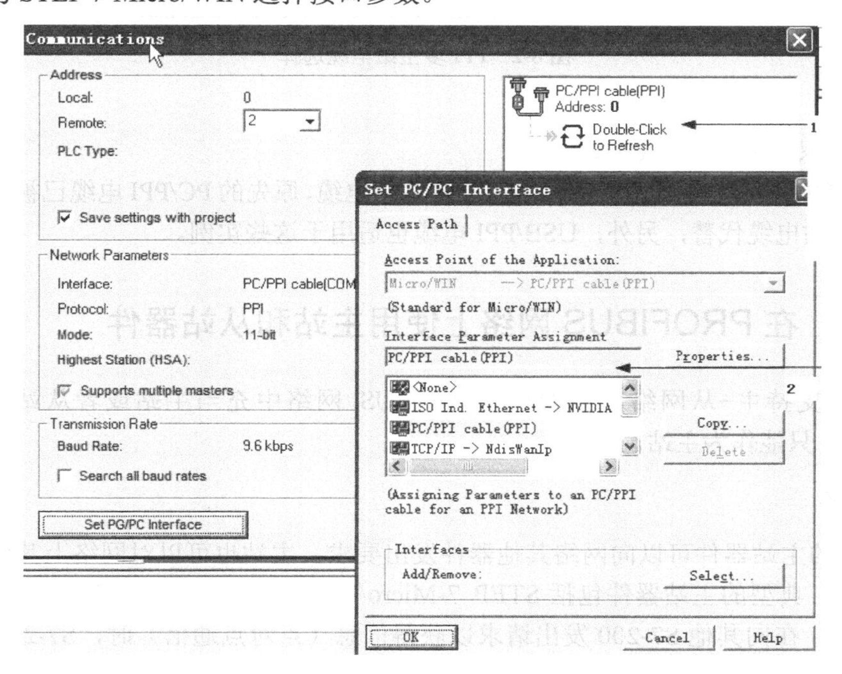

图 8-1　STEP 7-Micro/WIN 通信接口

8.2.2 多主站 PPI 电缆

S7-200 可以通过两种不同类型的 PPI 多主站电缆进行通信，这些电缆允许通过 RS-232 或者 USB 接口进行通信。如图 8-2 所示，选择 PPI 多主站电缆的方法很简单，只需执行以下步骤即可：

（1）在 Set PG/PC Interface 属性页中，单击“属性”按钮。

（2）在属性页中，单击“本地连接”标签。

（3）选中 USB 或所需的 COM 端口。

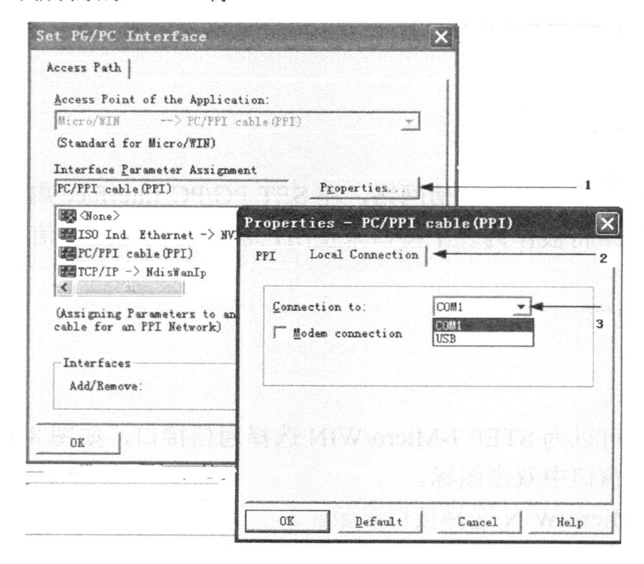

图 8-2　PPI 多主站电缆选择

注意：

◆ 一次只能使用一个 USB 接口。

◆ 本书中的实例使用的是 RS-232/PPI 多主站电缆，原先的 PC/PPI 电缆已被 RS-232/PPI 多主站电缆代替，另外，USB/PPI 电缆也适用于这些实例。

8.2.3 在 PROFIBUS 网络上使用主站和从站器件

S7-200 支持主-从网络，并能在 PROFIBUS 网络中充当主站或者从站，而 STEP 7-Micro/WIN 只能作为主站。

1. 主站

网络上的主站器件可以向网络其他器件发出要求，主站也可以对网络上其他主站的要求作出响应，典型的主站器件包括 STEP 7-Micro/WIN、TD200 等 HMI 产品和 S7-300 或 S7-400 PLC，在向其他 S7-200 发出请求以获得信息（点对点通信）时，S7-200 是作为主站的。

注意：

如果网络上有其他主站，TP070 将无法工作。

2．从站

配置为从站的器件只能对其他主站的要求作出响应，自己不能发出要求，对于多数情况，S7-200 被配置为从站，作为从站，S7-200 响应主站的要求；作为从站时，S7-200 将负责响应来自某网络主站器件（如操作员面板或 STEP 7-Micro/WIN）的请求。

8.2.4 设置波特率和站地址

数据通过网络传输的速度是波特率，其单位通常是 kbaud 或者 Mbaud，波特率用于量度在给定时间内传输数据的多少，例如，19.2k 的波特率即表示传输速率为每秒 19200bit。

在同一网络中通信的器件必须被设置成相同的波特率。因此，网络的最高波特率取决于连接在该网络上的波特率最低的设备。

表 8-1 中列出了 S7-200 支持的波特率，在网络中要为每个设备制定唯一的站地址，唯一的站地址可以确保数据发送到正确的设备或者来自正确的设备，S7-200 支持的网络地址为 0～126，如果某 S7-200 带有两个端口，那么每个端口都会有一个网络地址，表 8-2 列出了 S7-200 设备的默认（工厂）设置。

表 8-1 S7-200 支持的波特率

网　　络	波　特　率
标准网络	9.6k～187.5k
使用 EM277	9.6k～12M
自由口模式	1200 k～115.2k

表 8-2 S7-200 设备的默认站地址

网　　络	默认站地址
STEP 7-Micro/WIN	0
HMI（TD200、TP 或 OP）	1
S7-200 CPU	2

1．为 STEP 7-Micro/WIN 设置波特率和站地址

在应用中，必须为 STEP 7-Micro/WIN 配置波特率和站地址，其波特率必须与网络上其他设备的波特率一致，而且站地址必须唯一。

通常，不需要改变 STEP 7-Micro/WIN 的默认站地址，如果网络上还含有其他的编程工具包，那么，可能必须改动 STEP 7-Micro/WIN 的站地址。如图 8-3 所示，为 STEP 7-Micro/WIN 配置波特率和站地址非常简单，在操作栏中单击“通信”图标，然后执行以下步骤：

（1）在通信设置窗口中双击图标。

（2）在 Set PG/PC Interface 对话框中单击“属性”按钮。

（3）为 STEP 7-Micro/WIN 选择站地址。

（4）为 STEP 7-Micro/WIN 选择波特率。

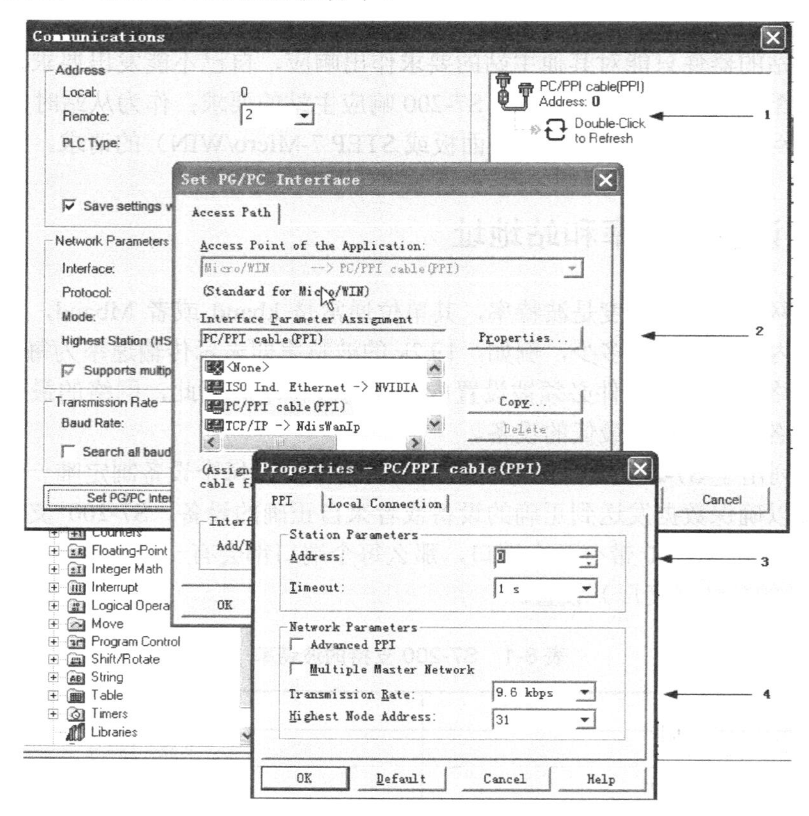

图 8-3　配置 STEP 7-Micro/WIN

2. 为 S7-200 设置波特率和站地址

必须为 S7-200 配置波特率和站地址，S7-200 的波特率和站地址存储在系统块中，在为 S7-200 设置了参数后，必须将系统块下载至 S7-200 中。每一个 S7-200 通信接口的波特率默认设置为 9.6k，站地址的默认设置为“2”。如图 8-4 所示，使用 STEP 7-Micro/WIN 设置波特率和站地址，可以在操作栏中单击系统块图标或者在命令菜单中选择 View→Component→System Block，然后执行以下步骤：

（1）为 S7-200 选择站地址。

（2）为 S7-200 选择波特率。

（3）下载系统块至 S7-200 中。

注意：

可以选择各种波特率，在下载系统块期间，STEP 7-Micro/WIN 将会验证所选的波特率，如果选定的波特率可能会妨碍 STEP 7-Micro/WIN 与其他 S7-200 进行通信，那么将不被下载。

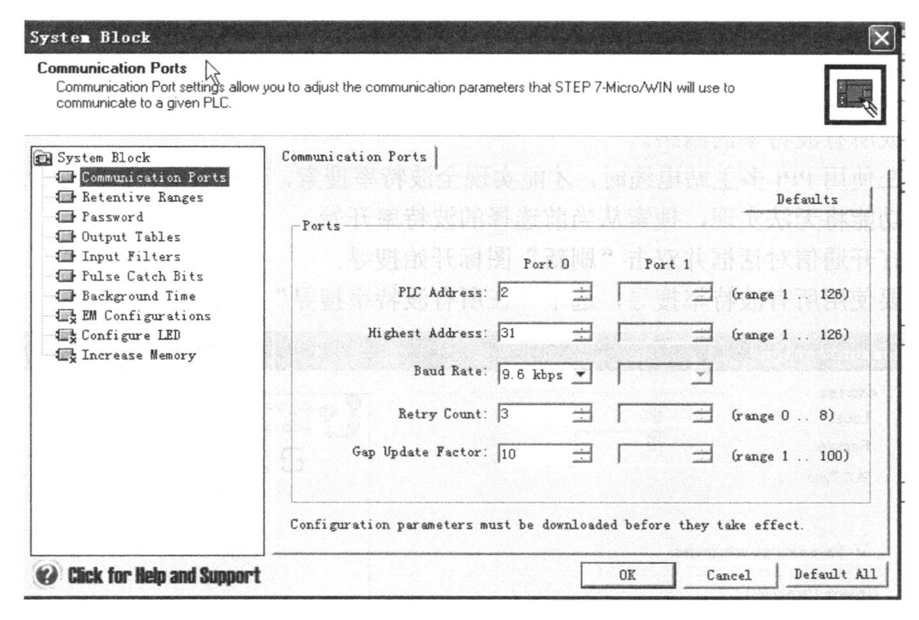

图 8-4　配置 S7-200 CPU

3. 设置远端地址

在将新的设置下载到 S7-200 之前，必须为 STEP 7-Micro/WIN（本地）的通信（COM）口和 S7-200（远端）的地址作配置，使它与远端的 S7-200 的当前设置相匹配，如图 8-5 所示。在下载了新的设置后，可能需要重新配置 PG/PC 接口波特率设置（如果新设置与远端 S7-200 的设置不同），关于波特率的配置，可参考图 8-3。

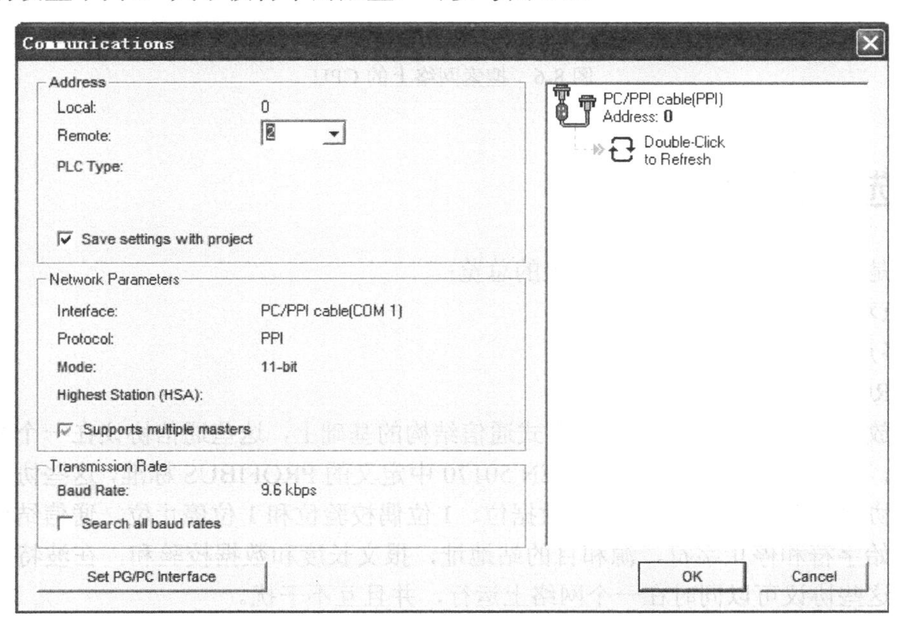

图 8-5　配置 STEP 7-Micro/WIN

4．在网络上寻找 S7-200 CPU

可以寻找并且识别连接在网络上的 S7-200，在搜索 S7-200 时，可以寻找特定的波特率上的网络或所有波特率的网络。

只有在使用 PPI 多主站电缆时，才能实现全波特率搜索，若在使用 CP 卡进行通信的情况下，该功能将无法实现，搜索从当前选择的波特率开始。

（1）打开通信对话框并双击“刷新”图标开始搜寻。

（2）要使用所有波特率搜寻，选中“在所有波特率搜寻”复选框。

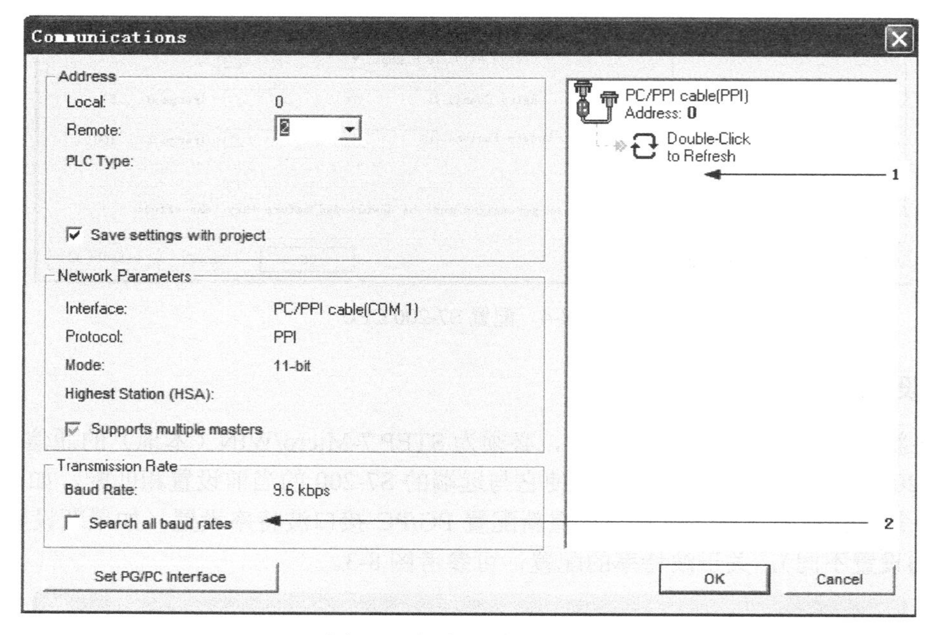

图 8-6　搜索网络上的 CPU

8.3　选择通信协议

下面是 S7-200 CPU 所支持的协议的总览：

◆ 点对点接口（PPI）。

◆ 多点接口（MPI）。

◆ PROFIBUS。

在开放的系统互联（OSI）七层模式通信结构的基础上，这些通信协议在一个令牌环网络上实现，令牌环网络符合欧洲标准 EN 50170 中定义的 PROFIBUS 标准，这些协议是非同步的字符协议，有 1 位起始位、8 位数据位、1 位偶校验位和 1 位停止位，通信结构依赖于特定的起始字符和停止字符，源和目的站地址，报文长度和数据校验和，在波特率一致的情况下，这些协议可以同时在一个网络上运行，并且互不干扰。

如果带有扩展模块 CP243-1 和 CP243-1 IT，那么，S7-200 也能运行在以太网上。

8.3.1　PPI 协议

PPI 是一种主-从协议：主站器件发送要求到从站器件，从站器件响应，如图 8-7 所示。从站器件不发信息，只是等待主站的要求并对要求作出响应，主站靠一个 PPI 协议管理的共享连接来与从站通信，PPI 并不限制与任意一个从站通信的主站数量，但是在一个网络中，主站的个数不能超过 32。

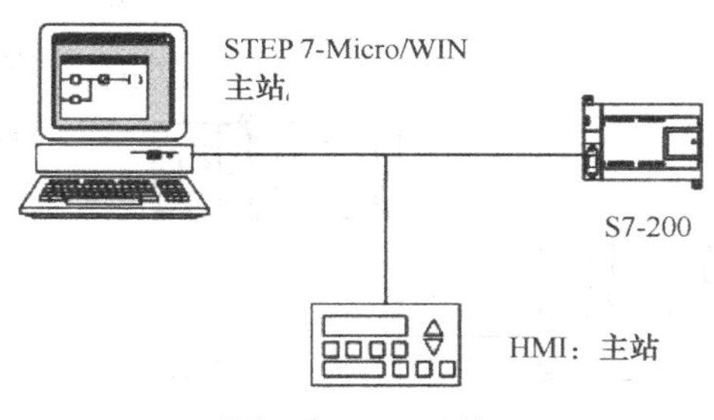

图 8-7　PPI 网络

如果在用户程序中使能 PPI 主站模式，S7-200 CPU 在运行模式下可以作主站。在使能 PPI 主站模式之后，可以使用网络读/写指令来读/写另外一个 S7-200。当 S7-200 作 PPI 主站时，它仍然可以作为从站响应其他主站的请求。

PPI 高级协议允许网络设备建立一个设备与设备之间的逻辑连接。对于 PPI 高级协议，每个设备的连接个数是有限制的。S7-200 支持的连接个数如表 8-3 所示。

所有的 S7-200 CPU 都支持 PPI 和 PPI 高级协议，而 EM277 模块仅仅支持 PPI 高级协议。

表 8-3　S7-200 CPU 和 EM277 模块的连接个数

模　块	波 特 率	连 接 数
S7-200 CPU　通信口 0	9.6k、19.2k 或 187.5k	4
S7-200 CPU　通信口 1	9.6k、19.2k 或 187.5k	4
EM277	9.6k～12M	6（每个模块）

8.3.2　MPI 协议

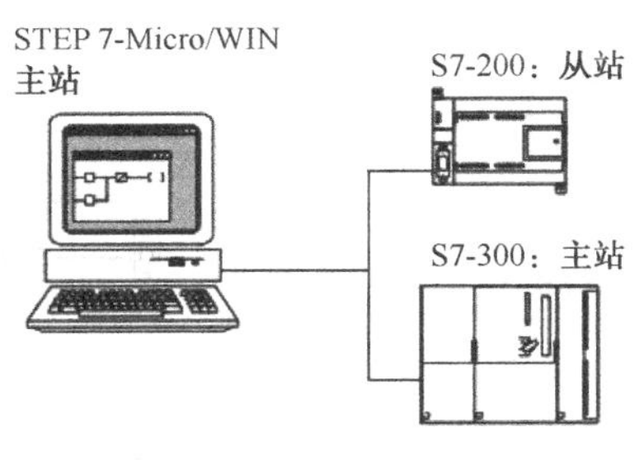

图 8-8　MPI 网络

MPI 允许主-主通信和主-从通信，如图 8-8 所示。STEP 7-Micro/WIN 与一个 S7-200 CPU 通信，建立的是主-从连接。MPI 协议不能与作为主站的 S7-200 CPU 通信。

网络是通过任意两个设备之间的连接进行通信（由 MPI 协议管理），设备之间通信连接的个数受 S7-200 CPU 或者 EM277 模块所支持的连接个数的限制。S7-200 支持的连接个数如表 8-3 所示。

对于 MPI 协议，S7-300 和 S7-400 PLC 可以用 XGET 和 XPUT 指令来读/写 S7-200 的数据。要得到更多关于这些指令的信息，参见 S7-300 和 S7-400 的编程手册。

8.3.3 PROFIBUS 协议

PROFIBUS 协议通常用于实现与分布式 I/O（远程 I/O）的高速通信，可以使用不同厂家的 PROFIBUS 设备，这些设备包括简单的输入/输出模块、电机控制器和 PLC。

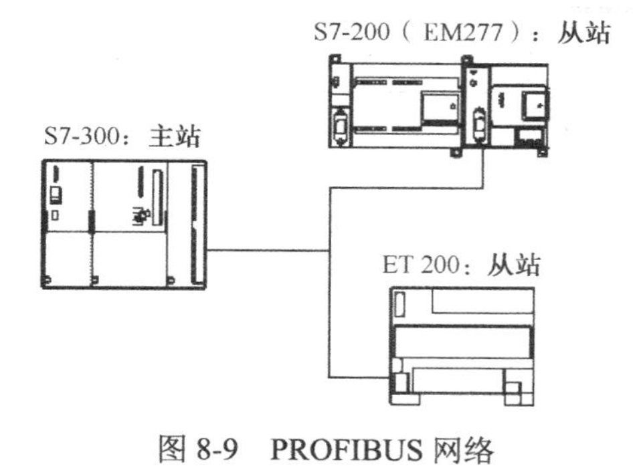

图 8-9 PROFIBUS 网络

PROFIBUS 网络通常有一个主站和若干个 I/O 从站，如图 8-9 所示。主站器件通过配置可以知道 I/O 从站的类型和站号。主站初始化网络使网络上的从站器件与配置相匹配：主站不断地读/写从站的数据。

一个 DP 主站成功配置了一个 DP 从站之后，它就拥有了这个从站器件。如果在网上有第二个主站器件，那么，它对第一个主站的从站的访问将会受到限制。

8.3.4 TCP/IP 协议

通过以太网扩展模块（CP243-1）或互联网扩展模块（CP243-1 IT），S7-200 将能支持 TCP/IP 以太网通信，表 8-4 列出了这些模块所支持的波特率和连接数。

表 8-4 以太网扩展模块（CP243-1）或互联网扩展模块（CP243-1 IT）连接数

模 块	波 特 率	连 接 数
以太网扩展模块（CP243-1）	10～100M	8 个普通连接
互联网扩展模块（CP243-1 IT）		1 个 STEP 7-Micro/WIN 连接

8.4 仅使用 S7-200 设备的网络配置实例

8.4.1 单主站 PPI 网络

对于简单的单主站网络来说，编程站可以通过 PPI 多主站电缆或编程站上的通信处理器（CP）卡与 S7-200 CPU 进行通信。

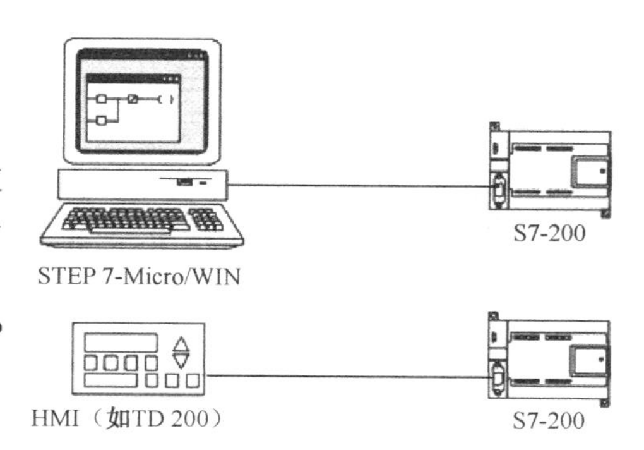

图 8-10 单主站 PPI 网络

在图 8-10 上面的网络实例中，编程站（STEP 7-Micro/WIN）是网络的主站，在图 8-10 下面的网络实例中，人-机界面（HMI）设备（如 TD200、TP 或者 OP）是网络的主站。

在两个网络中，S7-200 CPU 都是从站响应来自主站的要求。

对于单主站 PPI 网络，需要配置 STEP 7-Micro/WIN 使用 PPI 协议，如果可能的话，请不要选择多主站网络，也不要选中 PPI 高级选框。

8.4.2　多主站 PPI 网络

图 8-11 中给出了有一个从站的多主站网络示例。编程站（STEP 7-Micro/WIN）可以选用 CP 卡或 PPI 多主站电缆。STEP 7-Micro/WIN 和 HMI 共享网络。

STEP 7-Micro/WIN 和 HMI 设备都是网络的主站，它们必须有不同的网络地址。如果使用 PPI 多主站电缆，那么该电缆将作为主站，并且使用 STEP 7-Micro/WIN 提供给它的网络地址。S7-200 CPU 将作为从站。

图 8-12 中给出了多个主站和多个从站进行通信的 PPI 网络实例。在例子中，STEP 7-Micro/WIN 和 HMI 可以对任意 S7-200 CPU 从站读/写数据。STEP 7-Micro/WIN 和 HMI 共享网络。

所有设备（主站和从站）均有不同的网络地址。如果使用 PPI 多主站电缆，那么该电缆将作为主站，并且使用 STEP 7-Micro/WIN 和 HMI 提供给它的网络地址。S7-200 CPU 将作为从站。

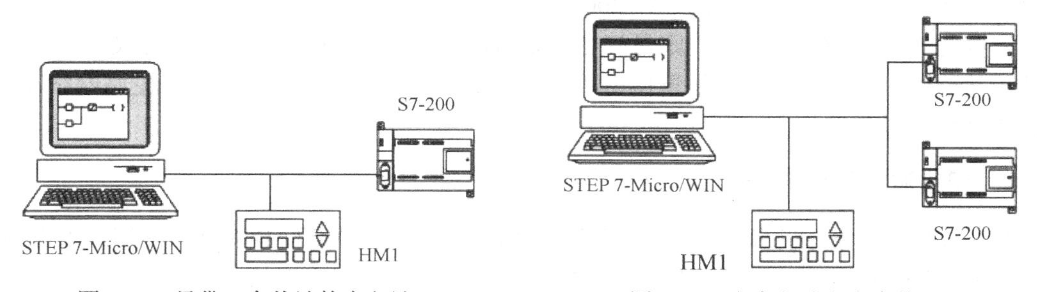

图 8-11　只带一个从站的多主站　　　图 8-12　多个主站和多个从站

对于带多个主站和一个或多个从站的网络，需配置 STEP 7-Micro/WIN 使用 PPI 协议。如果可能，还应使能多主网络并选中 PPI 高级选框，如果使用的电缆是 PPI 多主站电缆，那么多主网络和 PPI 高级选框便可以忽略。

8.4.3　复杂的 PPI 网络

图 8-13 给出了一个带点对点通信的多主网络。STEP 7-Micro/WIN 和 HMI 通过网络读/写 S7-200 CPU，同时 S7-200 CPU 之间使用网络读/写指令相互读/写数据（点对点通信）。

图 8-14 中给出了另外一个带点对点通信的多主网络的复杂 PPI 网络实例。在本例中，每个 HMI 监控一个 S7-200 CPU。

S7-200 CPU 使用 NETR 和 NETW 指令相互读/写数据（点对点通信）。

对于复杂的 PPI 网络，配置 STEP 7-Micro/WIN 使用 PPI 协议时，最好使用多主站，并选中 PPI 高级选框。

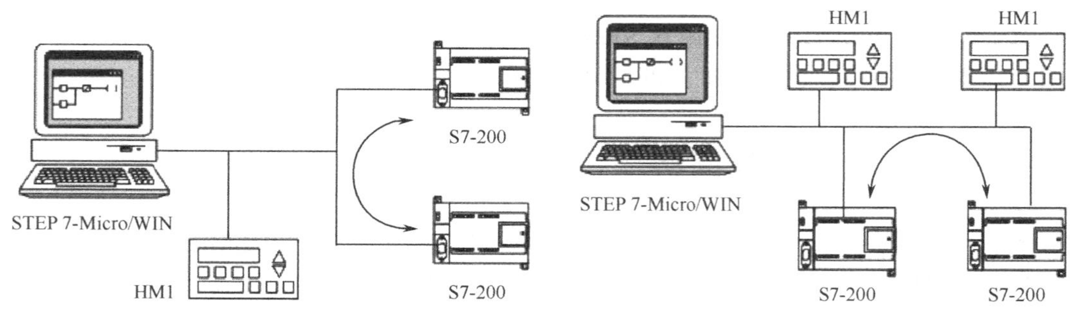

图 8-13　点对点通信　　　图 8-14　HMI 设备及点对点通信

如果使用的电缆是 PPI 多主站电缆，那么，多主网络和 PPI 高级选框便可以忽略。

8.5　使用 S7-200、S7-300 和 S7-400 设备的网络配置实例

1. 网络波特率可以达到 187.5k

在如图 8-15 所示的网络实例中，S7-200 用 XGET 和 XPUT 指令与 S7-200 CPU 通信，如果 S7-200 处于主站模式，那么 S7-200 将无法与之通信。

若要与 S7-200 CPU 通信，则最好在配置 STEP 7-Micro/WIN 使用 PPI 协议时，使能多主站，并选中 PPI 高级选框，如果使用的电缆是 PPI 多主站电缆，那么，多主站网络和 PPI 高级选框便可以忽略。

2. 网络波特率高于 187.5k

对于波特率高于 187.5k 的情况，S7-200 CPU 必须使用 EM277 模块连接网络，如图 8-16 所示。STEP 7-Micro/WIN 必须通过通信处理器（CP）卡与网络连接。

在这个配置中，S7-300 可以使用 XGET 和 XPUT 指令与 S7-200 CPU 通信，并且 HMI 可以监控 S7-200 或者 S7-300。EM277 只能作为从站。通过 S7-200 附带的 EM277，STEP7-Micro/WIN 将能够编程或者监视 S7-200，如要高于 187.5k 的波特率与 EM277 通信，则需要配置 STEP 7-Micro/WIN 通过 CP 卡，使用 MPI 协议，因为 PPI 多主站电缆的最高波特率为 187.5k。

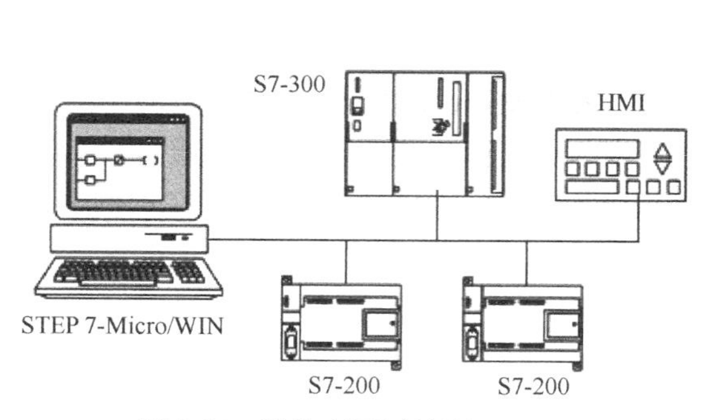

图 8-15　波特率可以达到 187.5k

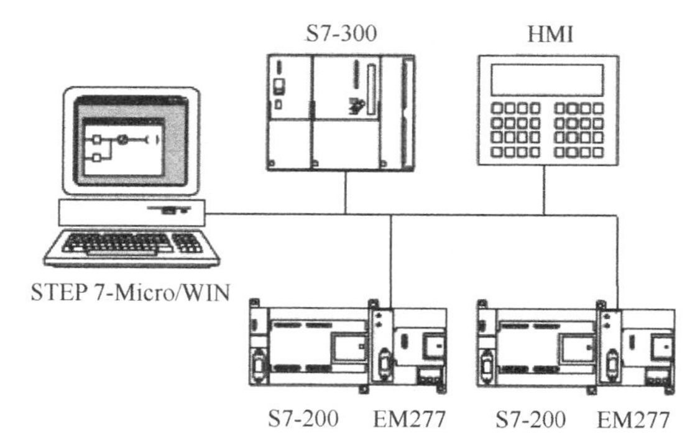

图 8-16　波特率高于 187.5k

8.6　PROFIBUS 网络配置实例

1. S7-315-2DP 作为 PROFIBUS 主站，EM277 作为 PROFIBUS 从站的网络

图 8-17 给出了用 S7-315-2DP 作为 PROFIBUS 主站的 PROFIBUS 的网络示例，EM277 模块是 PROFIBUS 从站。

S7-315-2DP 可以发送数据到 EM277，也可以从 EM277 读取数据，通信的数据量为 1～128 个字节，S7-315-2DP 读/写 S7-200 的 V 存储器。

网络支持 9.6k～12M 的波特率。

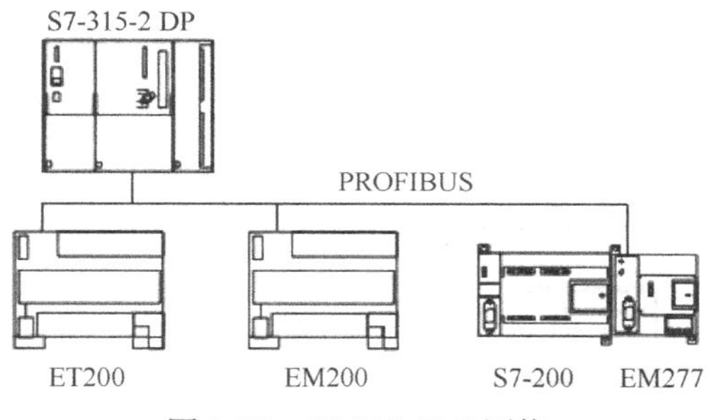

图 8-17　S7-315-2DP 网络

2. 有 STEP 7-Micro/WIN 和 HMI 的网络

图 8-18 给出了用 S7-315-2DP 作为 PROFIBUS 主站，EM277 作为 PROFIBUS 从站的网络示例，在这个配置中，HMI 通过 EM27 监控 S7-200，STEP 7-Micro/WIN 通过 EM277 对 S7-200 进行编程。

网络支持 9.6k～12M 的波特率，当高于 19.2k 时，STEP 7-Micro/WIN 要用 CP 卡。

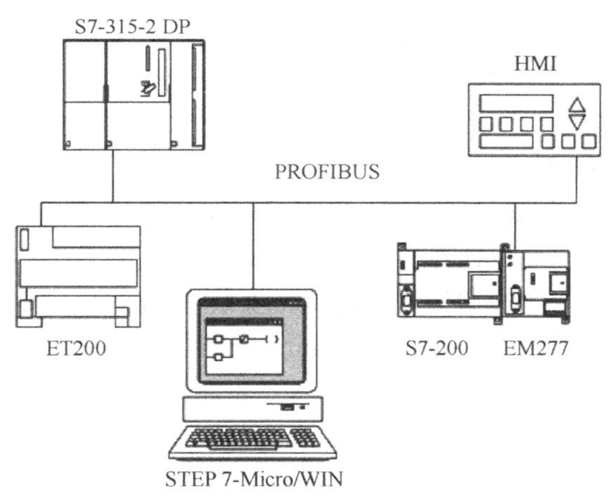

图 8-18　PROFIBUS 网络

若要使用 CP 卡，需要配置 STEP 7-Micro/WIN 使用 PROFIBUS 协议，如果网络上只有 DP 设备，那么，可以选择 DP 协议或者标准协议，如网络上有非 DP 设备，则可为所有的主站器件选择通过（DP/FMS）协议，网络上所有的主站都必须使用同样的 PROFIBUS 网络协议。

只有在所有主站器件都使用通用（DP/FMS）协议，并且网络波特率小于 187.5k 时，PPI 多主站电缆才能发挥其功能。

8.7 以太网或互联网设备的网络配置实例

如图 8-19 所示的配置，STEP 7-Micro/WIN 通过以太网连接与两个 S7-200 通信，它们分别带有以太网（CP 243-1）模块和互联网（CP 243-1 IT）模块，S7-200 CPU 可以通过以太网连接交换数据，安装了 STEP 7-Micro/WIN 之后，PC 上会有一个标准浏览器，用来访问互联网（CP 243-1 IT）模块的主页。

若要使用以太网连接，需配置 STEP 7-Micro/WIN 使用 TCP/IP 协议。

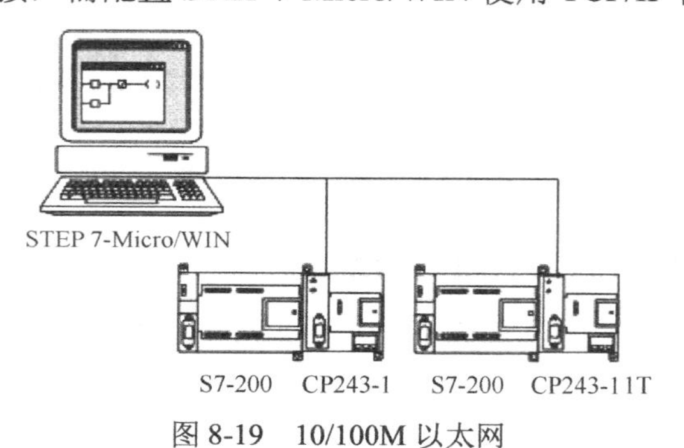

图 8-19　10/100M 以太网

8.8 通信接口的安装和删除

在 Set PG/PC Interface 对话框中，使用安装/删除接口对话框来安装/删除通信接口。

（1）在 Set PG/PC Interface 对话框中，单击访问安装/删除接口对话框。选择框中列出了可以使用的接口，安装框中显示计算机上已经安装了的接口。

（2）要添加一个接口：选择通信硬件并单击安装，当关闭了安装/删除接口对话框后，Set PG/PC Interface 对话框中会在 Interface Parameter Assignment Used 框中显示接口。

（3）要删除一个接口：选择要删除的接口并单击删除，当关闭安装/删除接口对话框后，Set PG/PC Interface 对话框中会在 Interface Parameter Assignment Used 框中删除接口。

在 PPI 多主模式下改变计算机的端口设置：

如果在 PPI 模式下使用 USB/PPI 多主站电缆或 RS-232/PPI 多主站电缆，那么，就无需调整计算机端口设置，并且可以通过 Windows NT 操作系统在多主网络中进行操作。

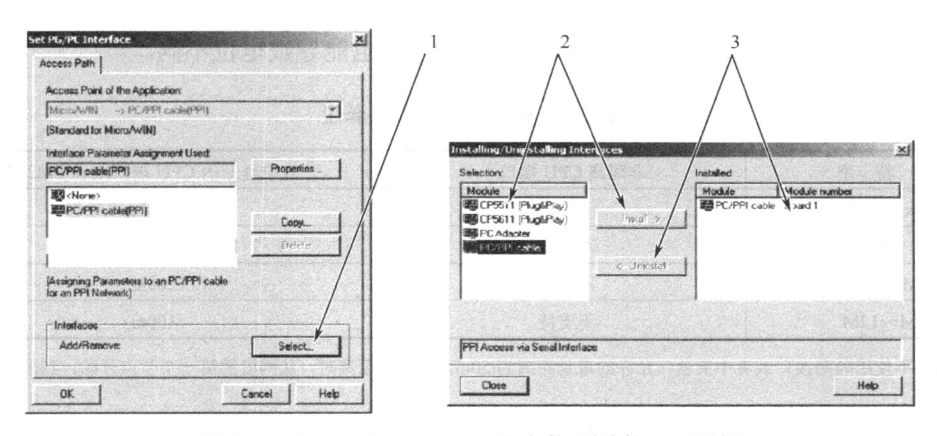

图 8-20　Set PG/PC Interface 和安装/删除接口对话框

如果需要在某个支持 PPI 多站配置的操作系统下，建立 S7-200 和 STEP 7-Micro/ WIN 之间的通信，而在 PPI/自由口模式下使用 RS-232/PPI 多主站电缆，那么，可能要调整计算机设置。

（1）在桌面上单击“我的电脑”图标并在命令菜单中选择属性。

（2）选择管理标签，对于 Window 2000，选择第一个硬件标签后单击设备管理按钮。

（3）双击端口（COM 和 LPT）。

（4）选择当前使用的通信端口。

（5）在端口设置页中，单击高级按钮。

（6）将接收缓冲区和发送缓冲区调整到最低值，即 1。

（7）单击 OK 按钮，关闭窗口，重启计算机，激活设置。

8.9　网络的建立

8.9.1　基本原则

导线必须安装合适的浪涌抑制器，这样可以避免雷击浪涌。

应避免将低压信号线和通信电缆与交流导线和高能量、快速开关的直流导线布置在同一线槽中，要成对使用导线，用中性线或者公共线与能量线或信号线配对。

S7-200 CPU 的端口是不隔离的，如果想使用网络隔离，应考虑使用 RS-485 中继器或者 EM277。

8.9.2　为网络确定通信距离、通信速率和电缆类型

如表 8-5 所示，网段的最大长度取决于两个因素：隔离（使用 RS-485 中继器）和波特率。当链接具有不同地电位的设备时需要隔离，当接地点之间的距离很远时，有可能具有

不同的地电位，即使距离较近，大型机械的负载电流也能导致电位不同。

表 8-5　网络电缆的最大长度

波　特　率	非隔离 CPU 端口[1]	有中继器的 CPU 端口或者 EM277
9.6k～187.5k	50m	1000m
500k	不支持	400m
1M～1.5M	不支持	200m
3M～12M	不支持	100m

1：如果不使用隔离接口或者中继器，允许的最长距离为 50m，测量该距离时，从网段的第一个节点开始，到最后的一个节点结束。

1. 在网络中使用中继器

RS-485 中继器为网段提供偏压电阻和终端电阻，中继器有以下用途。

（1）增加网络的长度：在网络中使用一个中继器可以使网络的通信距离扩展 50m，如图 8-21 所示，如果在已连接的两个中继器之间没有其他节点，那么，网络的长度将能达到波特率允许的最大值，在一个串联网络中，最多可以使用 9 个中继器，但是网络的总长度不能超过 9600m。

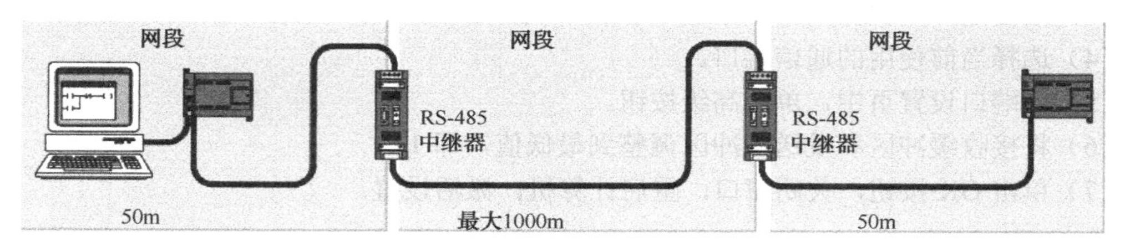

图 8-21　带中继器的网络举例

（2）为网络增加设备：在 9600 的波特率下，50m 距离之内，一个网段最多可以连接 32 个设备，使用一个中继器允许在网络上再增加 32 个设备。

（3）实现不同网段的电气隔离：如果不同的网段具有不同的地电位，将它们隔离会提高网络的通信质量。

一个中继器在网络中被算作网段的一个节点，尽管如此，它没有被指定站地址。

2. 选择网络电缆

S7-200 网络使用 RS-485 标准，实用双绞线电缆，表 8-6 中列出了网络电缆的技术指标，每个网段中最多只能连接 32 个设备。

表 8-6　网络电缆的通用技术指标

技 术 指 标	描　　述
电缆类型	屏蔽双绞线
电路阻抗	≤115Ω/km

续表

技 术 指 标	描　述
有效电容	30pF/m
标称阻抗	大约 135～160Ω（频率=3～20MHz）
衰减	0.9dB/100m（频率=200kHz）
导线截面积	0.3～0.5mm^2
电缆直径	8mm±0.5mm

8.9.3　引脚分配

S7-200 CPU 上的通信端口是符合欧洲标准 EN 50170 中 PROFIBUS 标准的 RS-485 兼容 9 针 D 型连接器，表 8-7 列出了为通信端口提供物理连接的连接器，并描述了通信端口的针脚分配。

表 8-7　S7-200 通信端口的引脚分配

连 接 器	针	PROFIBUS 名称	端口 0/端口 1
01 06 09 05	1	屏蔽	机壳接地
	2	24V 返回	逻辑地
	3	RS-485 信号 B	RS-485 信号 B
	4	发送申请	RTS（TTL）
	5	5V 返回	逻辑地
	6	+5V	+5V，100Ω 串连电阻
	7	+24V	+24V
	8	RS-485 信号 A	RS-485 信号 A
	9	不用	10 位协议选择（输入）
	连接器外壳	屏蔽	机壳接地

8.9.4　网络电缆的偏压电阻和终端电阻

为了能够把多个设备很容易地连接到网络中，西门子公司提供了两种网络连接器：标准网络连接器（引脚分配如表 8-7 所示）和带编程接口的连接器，后者允许在不影响现有网络连接的情况下，再连接一个编程站或者一个 HMI 设备到网络中，带编程接口的连接器将 S7-200 的所有信号（包括电源引脚）传到编程接口，这种连接器对于那些从 S7-200 取电源的设备（如 TD200）尤为有用。

两种连接器都有两组螺钉连接端子，可以用来连接输入连接电缆和输出连接电缆，两种连接器也都有网络设置和终端匹配的选择开关，典型的网络连接器偏置和终端如图 8-22 所示。

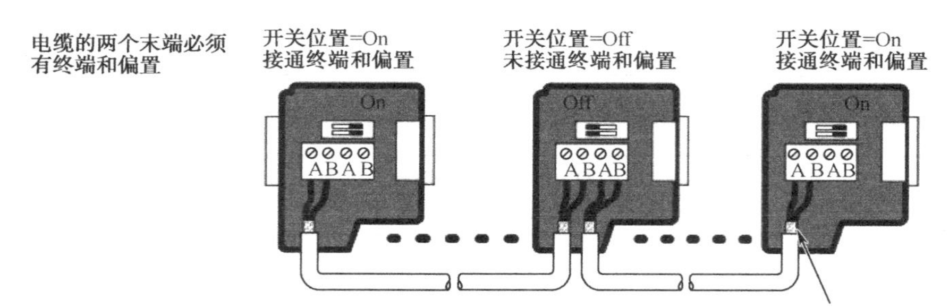

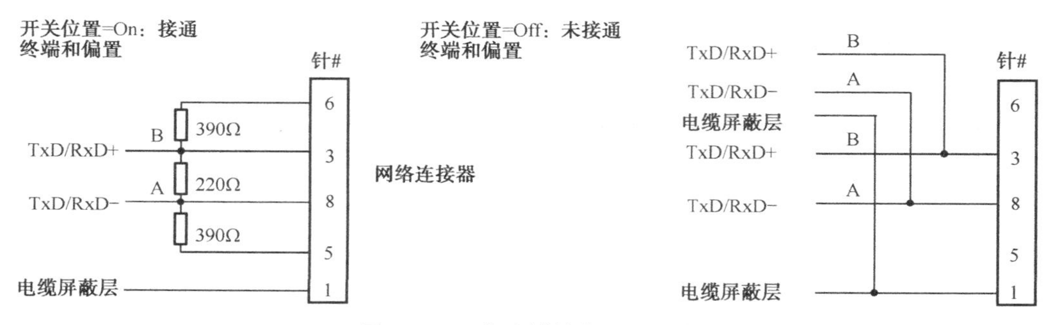

图 8-22　网络电缆的偏置和终端

8.9.5　为网络选择 PPI 多主站电缆或 CP 卡

如表 8-8 所示，STEP 7-Micro/WIN 支持多种 CP 卡，以及 RS-232/PPI 多主站电缆和 USB/PPI 多主站电缆，并允许编程站（计算机或 SIMATIC 编程器）作为网络的主站。

当波特率小于等于 187.5k 时，PPI 多站电缆能以最简单最经济的方式将 STEP 7-Micro/WIN 连接到 S7-200 CPU 或 S7-200 网络，PPI 多主站电缆有两种类型，它们都能将 STEP 7-Micro/WIN 连接到 S7-200 网络。

USB/PPI 多主站电缆是一种即插即用设备，适用于支持 USB1.1 版的 PC，当在 187.5k 的波特率下进行 PPI 通信时，它能将 PC 和 S7-200 网络隔离。此时，无须设置任何开关，只需连上电缆，将 PPI 电缆设为接口并选用 PPI 协议，然后在 PC 连接标签下设置好 USB 端口即可，但在使用 STEP 7-Micro/WIN 时，不能同时将多根 USB/PPI 多主站电缆连接到 PC 上。

RS-232/PPI 多主站电缆带有 8 个 DIP 开关：其中两个是用来配置电缆，使之可以用于 STEP 7-Micro/WIN 的。

- ◆ 如果需要将电缆连到 PC 上，则需选择 PPI 模式（开关 5=1）和本地操作（开关 6=0）。
- ◆ 如果需要将电缆连在调制解调器上，则需选用 PPI 模式（开关 5=1）和远程操作（开关 6=1）。

该电缆能将 PC 和 S7-200 网络隔离，要实现此功能，须将 PPI 电缆设为接口，并在 PC 连接标签下设置好 RS-232 端口。然后在 PPI 标签下，选定站地址和网络波特率，这时，协议将根据 RS-232/PPI 多主站电缆自动调整，因此，无需再做更多的设置。

USB/PPI 多主站电缆和 RS-232/PPI 多主站电缆都带有 LED，用来指示 PC 或网络是否在进行通信。

◆ Tx LED 用来指示电缆是否在将信息传送给 PC。

◆ Rx LED 用来指示电缆是否在接收 PC 传来的信息。

◆ 而 PPI LED 则用来指示电缆是否在网络上传输信息，由于多主站电缆是令牌持有方，因此，当 STEP 7-Micro/WIN 发起通信时，PPI LED 会保持点亮，断开时，PPI LED 会关闭，而当等待加入网络时，PPI LED 会闪烁，其频率为 1Hz。

CP 卡为编程站管理多主网络提供了硬件，并且支持多种波特率下的不同协议。

每一块 CP 卡为网络连接提供了一个单独的 RS-485 接口，CP5511 PCMCIA 卡有个提供 9 针 D 型接口的适配器，可以将通信电缆的一端接到 CP 卡的 RS-485 接口上，另一端接到网络。

如果通过 CP 卡建立 PPI 通信，那么，STEP 7-Micro/WIN 将无法支持在同一块 CP 卡上同时运行两个应用。在通过 CP 卡将 STEP 7-Micro/WIN 连接到网络之前，必须关掉另外一个应用，如果使用的是 MPI 或 PROFIBUS 通信，那么，将允许多个 STEP 7-Micro/WIN 应用在网络上同时进行通信。

表 8-8 STEP 7-Micro/WIN 支持的 CP 卡和协议

配　置	波 特 率	协　议
RS-232 PPI 多主站或 USB/PPI 多主站电缆连接到编程站的一个端口	9.6k～187.5k	PPI
CP5511 类型 II，PCMCIA 卡（适用于笔记本电脑）	9.6k～12M	PPI、MPI 和 PROFIBUS
CP 5512 类型 II，PCMCIA 卡（适用于笔记本电脑）	9.6k～12M	PPI、MPI 和 PROFIBUS
CP5611（版本 3 以上）PCI 卡	9.6k～12M	PPI、MPI 和 PROFIBUS
CP1613、S7613 PCI 卡	10M 或 100M	TCP/IP
CP1612、SoftNet7 PCI 卡	10M 或 100M	TCP/IP
CP1512、SoftNet7 PCMCIA 卡	10M 或 100M	TCP/IP

8.9.6 在网络中使用 HMI 设备

S7-200 CPU 支持西门子公司的多种 HMI 设备，同时也支持其他厂家的产品，有些 HMI 设备不允许选择此设备所使用的通信协议，而另一些则允许选择它们所用的通信协议。

如果 HMI 设备允许选择通信协议，应考虑以下原则：

◆ 对于直接连接在 S7-200 CPU 通信端口上的 HMI 设备，如果网络上没有其他的设备，既可以选择 PPI 协议又可以选择 MPI 协议。

◆ 对于连接在 EM277 模块上的 HMI 设备，可以选择 MPI 或 PROFIBUS。

如果网络上有 S7-300 或 S7-400 PLC，则选择 MPI 协议。

如果 HMI 设备连接在一个 PROFIBUS 网络中，为 HMI 设备选择 PROFIBUS 协议与其他主站相兼容。

◆ 如果 HMI 设备所连接的 S7-200 CPU 已经被配置为主站，为 HMI 设备选择 PPI。

8.10 用自由口模式创建用户定义的协议

自由口模式允许应用程序控制 S7-200 的通信端口，可以在自由口模式下使用用户定义的通信协议来实现与多种类型的智能设备的通信，自由口模式支持 ASCII 和二进制协议。

要使能自由口模式，需要使用特殊存储器字节 SMB30（端口 0）和 SMB130（端口 1），应用程序中使用以下步骤控制通信端口的操作。

◆ 发送指令（XMT）和发送中断：发送指令允许 S7-200 的通信口最多发送 255 个字节，发送中断通知程序发送完成。

◆ 接收字符中断：接收字符中断通知程序通信口上接到了一个字符，应用程序可以按字符执行操作。

◆ 接收指令（RCV）：接收指令从通信端口接收整条信息，当接收完成后产生中断通知应用程序，需要在 SM 存储器中定义条件来控制接收指令开始和停止接收信息，接收指令可以根据待定的字符或时间间隔来启动和停止接收信息，接收指令可以实现多数通信协议。

自由口模式只有在 S7-200 CPU 处于 RUN 模式时才能激活，如果将 S7-200 设置为 STOP 模式，那么所有的自由口通信都将中断，而且通信端口会按照 S7-200 系统块中的配置转换到 PPI 协议。使用自由口模式如表 8-9 所示。

表 8-9 使用自由口模式

网络配置		描述
通过 RS-232 连接使用自由口	称重计　PC/PPI电缆　S7-200	举例：使用 S7-200 与带 RS-232 接口的电子天平通信。 ◆ RS-232/PPI 多主站电缆连接在天平的 RS-232 端口与 S7-200 CPU 的 RS-485 端口之间（将电缆设置为 PPI/自由口模式，开关 5=0）。 ◆ S7-200 CPU 使用自由口与天平通信。 ◆ 波特率可以是 1200～115.2k。 ◆ 用户程序定义通信协议
使用 USS 协议	S7-200　MicroMaster　MicroMaster　MicroMaster	举例：使用 S7-200 与 SIMODRIVE MicroMaster 驱动设备通信。 ◆ STEP 7-Micro/WIN 提供 USS 库。 ◆ S7-200 CPU 是主站，驱动是从站
创建用户程序用来模仿另外一种网络上的从站器件	Modbus网络　S7-200　S7-200　Modbus设备	举例：把 S7-200 CPU 连到 Modbus 网络。 ◆ S7-200 中的用户程序模仿一个 Modbus 从站。 ◆ STEP 7-Micro/WIN 提供 Modbus 库

使用 RS-232/PPI 多主站电缆和自由口模式连接 RS-232 设备。

使用 RS-232/PPI 多主站电缆和自由口通信功能，可以将 S7-200 CPU 连接到多种兼容 RS-232 标准设备上，但是电缆必须设为 PPI/自由口模式（开关 5=0）才能进行自由口通信，开关 6 用于选择本地模式（开关 6=0）或者是远端模式（开关 6=1）。

当数据从 RS-232 端口传输到 RS-485 端口时，RS-232/PPI 多主站电缆将处于发送模式，当空闲或者数据从 RS-485 端口传输到 RS-232 端口时，电缆则处于接收模式，当电缆检测到 RS-232 传送线上的字符时，会马上由接收模式转入发送模式。

RS-232/PPI 多主站电缆支持 1200b～115.2kb 的波特率，通过 RS-232/PPI 多主站电缆套上的 DIP 开关，可以配置合适的波特率，表 8-10 列出了波特率和开关/位置的对应关系。

当 RS-232 传输线从空闲状态切换到接收模式时，需要 1 个时间周期，这个时间周期被定义为电缆的转换时间，如表 8-10 所示，电缆的转换时间取决于所选择的波特率。

表 8-10 转换时间和设置

波特率	转换时间/ms	设置（1=上）
115200	0.15	110
57600	0.3	111
38400	0.5	000
19200	1.0	001
9600	2.0	010
4800	4.0	011
2400	7.0	100
1200	14.0	101

如果在应用自由口通信的系统中使用 RS-232/PPI 多主站电缆，那么，以下情况下必须考虑转换时间。

◆ S7-200 响应 RS-232 设备发送的信息。在 S7-200 接收到 RS-232 设备发送的信息后 S7-200 必须延时一段时间才能发送数据，延时时间应该不小于电缆的转换时间。

◆ RS-232 响应 S7-200 发送的信息。S7-200 必须延时一段时间才能发送下一条数据，延时时间应该不小于电缆的转换时间。

在以上两种情况下，延时会使 RS-232/PPI 多主站电缆有足够的时间从发送模式切换到接收模式，从而使数据能从 RS-485 端口传送到 RS-232 端口。

8.11 在网络中使用 Modem 和 STEP 7-Micro/WIN

STEP 7-Micro/WIN 3.2 版或其后的版本使用标准的窗口电话和 Modem 选项来选择和配置电话线 Modem，电话与 Modem 菜单在 Windows 控制面板中，使用设置菜单来设置 Modem，如下所示。

◆ 使用 Windows 支持的多数内置和外置 Modem。

◆ 使用 Windows 支持的多数 Modem 标准配置。
◆ 对于选择区域，国家和区域码，选择脉冲或者语音拨号，是否支持电话卡标准的 Windows 拨号规则。
◆ 当与 EM241Modem 模块通信时，使用更高的波特率。

使用 Windows 控制面板可以显示 Modem 属性对话框，如图 8-23 所示。这个框允许配置本地 Modem，可以在 Windows 支持的 Modem 列表中选择所需的 Modem，如没有，则就近选择相似的型号。

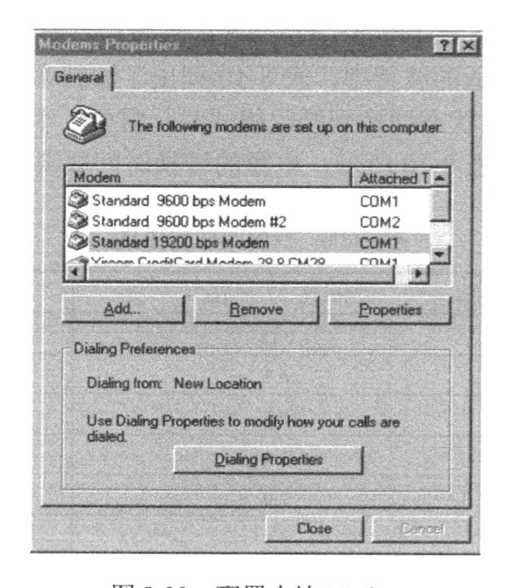

图 8-23　配置本地 Modem

STEP 7-Micro/WIN 也支持电台或者移动 Modem，这些移动 Modem 型号不会出现在 Windows 的 Modem 属性对话框中，但是在 STEP 7-Micro/WIN 中配置之后可以使用。

8.11.1　配置一个 Modem 连接

一个连接有一个标识名与其物理属性相关联，对于一个电话 Modem 来说，这些属性包括 Modem 的类型、选择 10 位或者 11 位协议和超时时间，对于移动 Modem 来说，连接允许设置引脚和其他参数，电台 Modem 属性包括波特率的选择、校验、数据流控制和其他参数。

使用连接向导可以添加一个新的连接，也可以删除或者编辑一个连接，如图 8-24 所示。

（1）在通信设置窗口中双击图标。

（2）双击 PC/PPI 电缆打开 PG/PC 接口，选择 PC/PPI 电缆并单击属性按钮，在本地连接标签页中选中 Modem 连接复选框。

（3）在通信设置窗口中双击 Modem 连接图标。

（4）单击设置按钮，显示 Modem 连接设置对话框。

（5）单击添加按钮，启动添加 Modem 连接向导。

（6）按照向导配置连接。

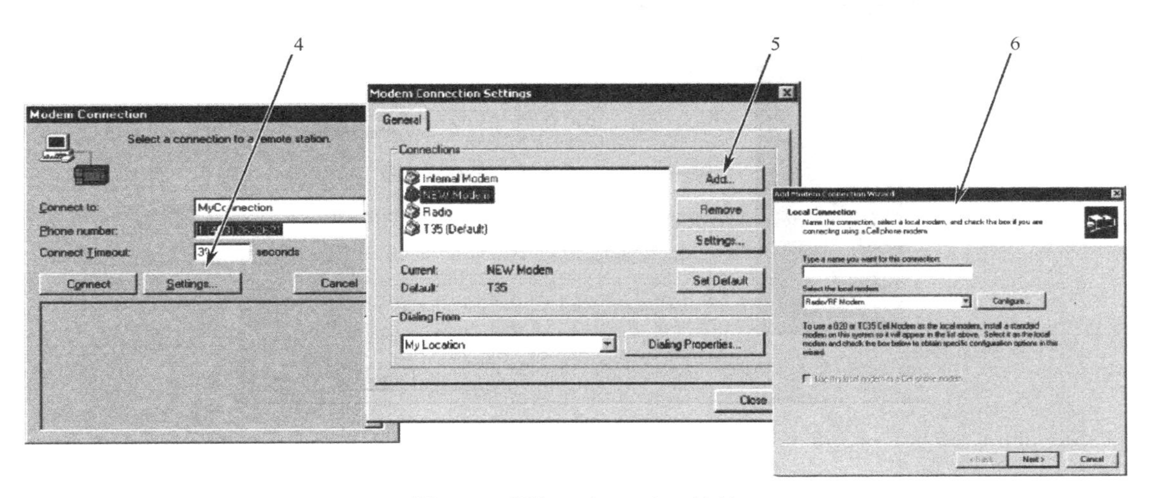

图 8-24　添加一个 Modem 连接

8.11.2　通过 Modem 连接 S7-200

在添加了一个 Modem 的连接后，可以连接一个 S7-200 CPU，如图 8-25 所示。

（1）打开通信对话框并双击连接图标显示 Modem 连接对话框。

（2）在 Modem 连接对话框中，单击连接按钮对 Modem 拨号。

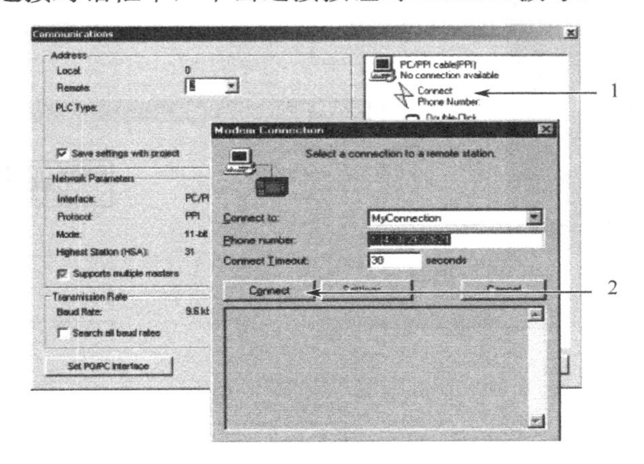

图 8-25　连接 S7-200

配置远端 Modem 是指连接 S7-200 的 Modem，如果远端 Modem 是 EM241 远端 Modem 模块，则无需配置，如果连接的是一个独立的远端 Modem 或者移动的远端 Modem，那么就必须配置连接。

Modem 扩展向导使配置连接变得容易，如图 8-26 所示。只有在进行了专门的设置后，才能通过 RS-485 半双工端口与 S7-200 CPU 建立通信。

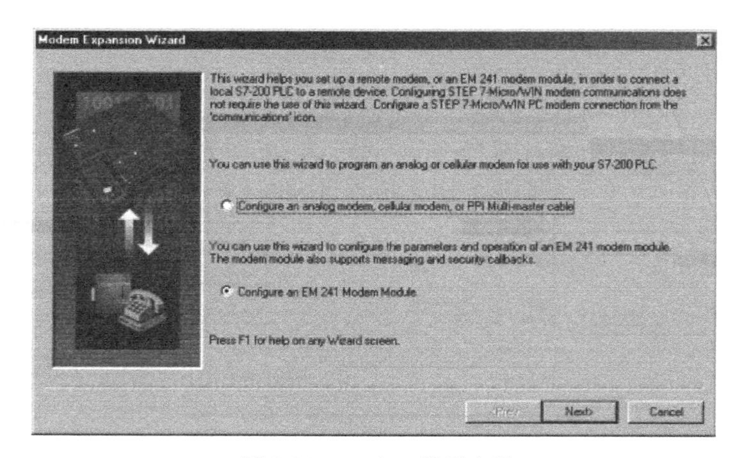

图 8-26　Modem 扩展向导

8.11.3　配置 PPI 多主站电缆连接远端 Modem

RS-232 PPI 多主站电缆能在电缆通电时向 Modem 发送 AT 命令串，如果必须改变 Modem 的默认设置，则只需改变该配置就行，如图 8-27 所示。

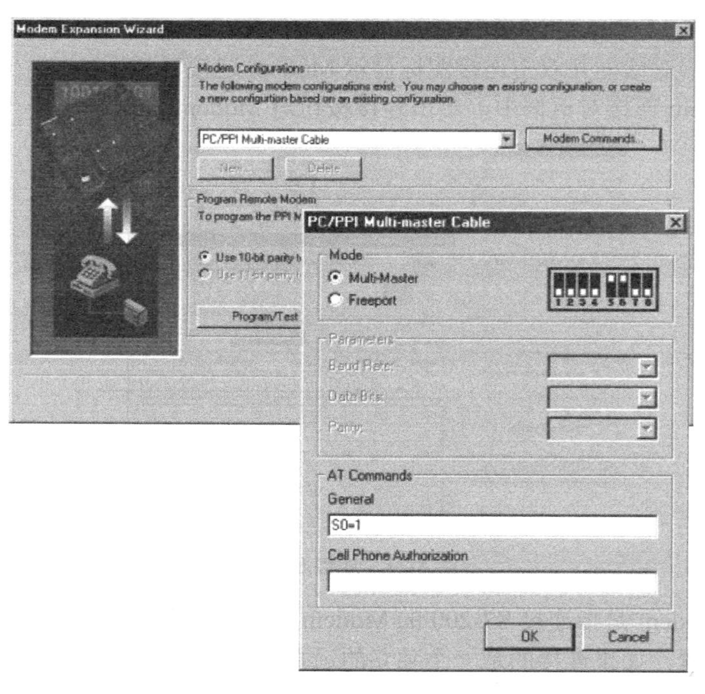

图 8-27　Modem 扩展向导—发送 Modem 命令

在 General 命令栏中，可以指定 Modem 命令，默认设置只有一个：自动应答命令。

在 Cell Phone Authorization 区域中，可以指定移动电话的授权命令和 PIN 号，例如 +CPIN=1234。

各个命令字符串将被分别发送给 Modem，每个字符串的前面都会有带有 AT Modem 的申明命令。

如果单击 Program/Test 按钮，那么，这些命令就会在电缆中被初始化。

注意：

根据选定的参数，会出现一个提供参考的开关设置位图。在用 STEP 7-Micro/WIN 配置 RS-232/PPI 多主站电缆时，必须将 RS-485 转化器连接在 S7-200 CPU 上，该转换器带有电缆工作必需的 24V 电源。因此，一定要确保 S7-200 CPU 的供电。

在 STEP 7-Micro/WIN 下完成 RS-232/PPI 多主站电缆配置后，需要将电缆与 PC 断开，并将其连接到 Modem 上，对 Modem 和电缆周期性的通电。此时，就可以在 PPI 多主网络中通过电缆进行远端操作了。

8.11.4　配置 PPI 多主站电缆连接自由口

RS-232/PPI 电缆也可以通过连接自由口的电缆发送 Modem AT 命令字符串，在改变 Modem 的默认设置时，只需改变该配置就行了，如图 8-28 所示。但是，该电缆的配置必须与 S7-200 端口的波特率、奇偶校验和数据位数相匹配。这样，S7-200 应用程序就能对这些参数进行控制了，波特率可在 1.2～115.2k 之间选择，数据位可以是 7 或 8，奇偶校验位可以是偶、奇或无。

注意：

根据选定的参数，会出现一个提供参考的开关设置位图。

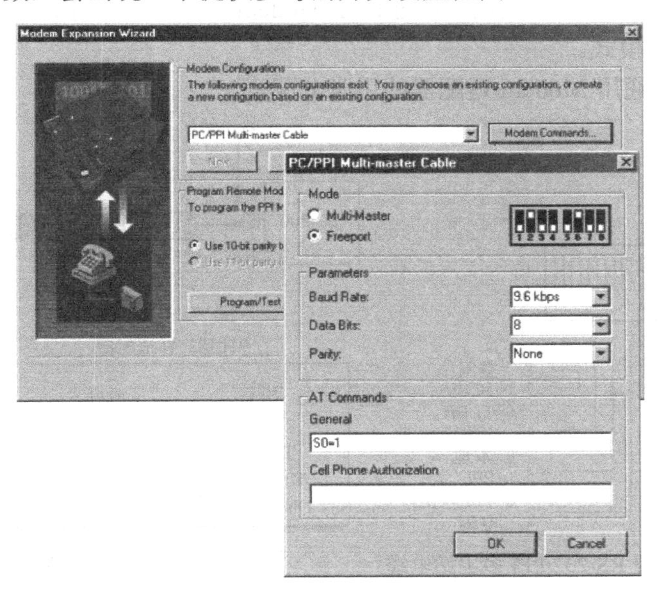

图 8-28　Modem 扩展向导—在自由口模式下发送 Modem 命令

在用 STEP 7-Micro/WIN 配置 RS-232/PPI 多主站电缆时，必须将 RS-485 转换器连接在 S7-200 CPU 上，该转换器带有电缆工作必需的 24V 电源，因此，一定要确保 S7-200 CPU

的供电。

在 STEP 7-Micro/WIN 完成 RS-232/PPI 多主站电缆配置后，需要将电缆与 PC 断开，并连接到 Modem 上，Modem 和电缆将通电。此时，可以在 PPI 多主网络中通电进行远端操作。

1. 用 RS-232/PPI 多主站电缆连接电话 Modem

可以使用 RS-232/PPI 多主站电缆将 Modem 的 RS-232 通信端口和 S7-200 CPU 连接起来，如图 8-29 所示。

◆ 开关 1、2、3 可用来设置波特率。

◆ 开关 5 用来选择模式。

◆ 开关 6 选择本地或者远端模式。

◆ 开关 7 选择使用 10 位或者 11 位 PPI 协议。

开关5用来切换PPI模式或者PPI/自由口模式，如果要通过Modem来实现STEP 7-Micro/WIN 和 S7-200 之间的通信。那么，选择 PPI 模式（开关 5=1），否则，开关 5=0；需将电缆设置为 PPI/自由口模式。

RS-232/PPI 多主站电缆的开关 7 用于选定 PPI/自由口模式的位数是 10 位还是 11 位，仅在通过 PPI/自由口模式的 Modem 连接 STEP7-Micro/WIN 和 S7-200 时才需使用该开关。

通过 RS-232/PPI 多主站电缆的开关 6 可以将电缆的 RS-232 端口设置为本地或者是远端模式。

◆ 如果在 STEP7-Micro/WIN 下使用 RS-232/PPI 多主站电缆，或者已将 RS-232/PPI 多主站电缆连接在计算机上，则需将 RS-232/PPI 设置为本地模式。

◆ 如果将 RS-232/PPI 多主站电缆连接在 Modem 上，则需要将 RS-232/PPI 多主站电缆设置为远端模式。

图 8-30 给出了通用 Modem 适配器的引脚分配。

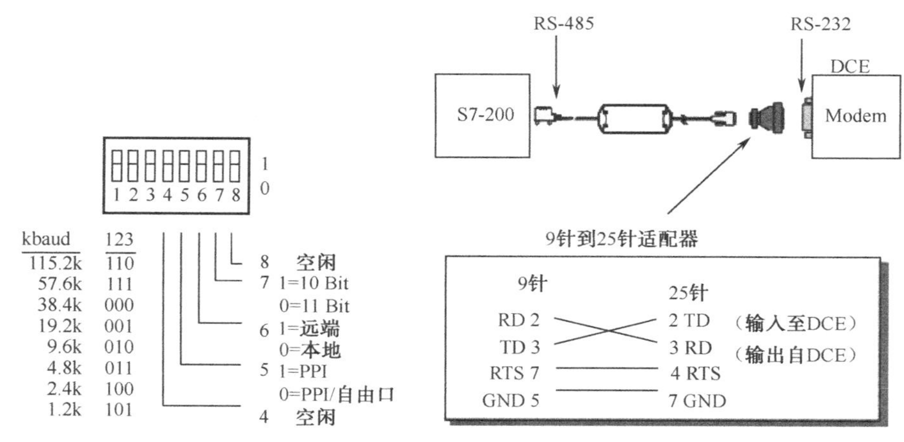

图 8-29 设置 RS-232/PPI 多主站电缆　　图 8-30 适配器引脚分配

2. 用 RS-232/PPI 多主站电缆连接无线 Modem

RS-232/PPI 多主站电缆可以将无线 Modem 的 RS-232 通信接口连接到 S7-200 CPU 上，

然而，无线 Modem 的操作与电话线 Modem 的操作是不同的。

1）PPI 模式

一般情况下，如果 RS-232/PPI 多主站电缆已设为 PPI 模式（开关 5=1），且要与某个 Modem 连接，那么，就要将该电缆设为远端模式（开关 6=1）。然而，如果电缆被设置为远端模式，那么每次通电时，它都会向 Modem 发送字符串“AT”，并等待回应。通常，电话 Modem 会通过这一步骤来确定波特率，但无线 Modem 则不会接受 AT 命令。

因此，如果要将电缆连接至无线 Modem，就必须将电缆设为本地模式（开/关 6=0），并在电缆的 RS-232 连接器和无线 Modem 的 RS-232 端口之间安装空 Modem 适配器，无论是 9 针至 9 针，还是 9 针至 25 针配置，都可使用空 Modem 适配器。

配置无线 Modem 工作在 9.6k、19.2k、38.4k、57.6k 或 115.2k 速率下，当无线 Modem 发送出第一个字符时，RS-232/PPI 多主站电缆会自动将波特率调整为前述波特率中的一个。

2）PPI/自由口

RS-232/PPI 多主站电缆已设为 PPI/自由口模式（开/关 5=0），且需连接至无线 Modem，那么，它将设为远端模式（开/关 6=1），配置完成后，电缆将不会发送 AT 命令并用该命令来设置 Modem，RS-232/PPI 多主站电缆的开/关 1、2 和 3 用来选择波特率，如图 8-29 所示，可根据 PLC 和无线 Modem 波特率设置波特率。

附录 A　S7-200 存储器范围及特性

表 A-1　S7-200CPU 存储器范围及特性

中 断 描 述	CPU221	CPU222	CPU224	CPU224XP	CPU226
用户程序大小 带运行模式下编辑 不带运行模式下编辑	 4096B 4096B	 4096B 4096B	 8192B 12288B	 12288B 16384B	 16384B 24576B
用户数据大小	2048B	2048B	8192B	10240B	10240B
输入映像寄存器	I0.0～I15.7	I0.0～I15.7	I0.0～I15.7	I0.0～I15.7	I0.0～I15.7
输出映像寄存器	Q0.0～Q15.7	Q0.0～Q15.7	Q0.0～Q15.7	Q0.0～Q15.7	Q0.0～Q15.7
模拟量输入（只读）	AIW0～AIW30	AIW0～AIW30	AIW0～AIW62	AIW0～AIW62	AIW0～AIW62
模拟量输出（只写）	AQW0～AQW30	AQW0～AQW30	AQW0～AQW62	AQW0～AQW62	AQW0～AQW62
变量存储器（V）	VB0～VB2047	VB0～VB2047	VB0～VB8191	VB0～VB10239	VB0～VB10239
局部存储器（L）[1]	LB0～LB63	LB0～LB63	LB0～LB63	LB0～LB63	LB0～LB63
位存储器（M）	M0.0～M31.7	M0.0～M31.7	M0.0～M31.7	M0.0～M31.7	M0.0～M31.7
特殊存储器（SM） 只读	SM0.0～SM179.7 SM0.0～SM29.7	SM0.0～SM299.7 SM0.0～SM29.7	SM0.0～SM549.7 SM0.0～SM29.7	SM0.0～SM549.7 SM0.0～SM29.7	SM0.0～SM549.7 SM0.0～SM29.7
定时器 有记忆接通延迟　1ms 10ms 100ms 接通/关断延迟　1ms 10ms 100ms	256-(T0-T255) T0，T64 T1～T4 T65～T68 T5～T31 T69～T95 T32，T96 T33～T36 T97～T100 T37～T63 T101～T255	256-(T0-T255) T0，T64 T1～T4 T65～T68 T5～T31 T69～T95 T32，T96 T33～T36 T97～T100 T37～T63 T101～T255	256-(T0-T255) T0，T64 T1～T4 T65～T68 T5～T31 T69～T95 T32，T96 T33～T36 T97～T100 T37～T63 T101～T255	256-(T0-T255) T0，T64 T1～T4 T65～T68 T5～T31 T69～T95 T32，T96 T33～T36 T97～T100 T37～T63 T101～T255	256-(T0-T255) T0，T64 T1～T4 T65～T68 T5～T31 T69～T95 T32，T96 T33～T36 T97～T100 T37～T63 T101～T255
计数器	C0～C255	C0～C255	C0～C255	C0～C255	C0～C255
高速计数器	HC0～HC5	HC0～HC5	HC0～HC5	HC0～HC5	HC0～HC5
顺序控制继电器（S）	S0.0～S31.7	S0.0～S31.7	S0.0～S31.7	S0.0～S31.7	S0.0～S31.7
累加寄存器	AC0～AC3	AC0～AC3	AC0～AC3	AC0～AC3	AC0～AC3
跳转/标号	0～255	0～255	0～255	0～255	0～255
调用/子程序	0～63	0～63	0～63	0～63	0～127
中断程序	0～127	0～127	0～127	0～127	0～127
正/负跳变	256	256	256	256	256
PID 回路	0～7	0～7	0～7	0～7	0～7
端口	端口 0	端口 0	端口 0	端口 0，1	端口 0，1

1：LB60～LB63 为 STEP 7-Micro/WIN32 的 3.0 版本或以后的版本软件保留。

附录B S7-200 CPU的操作数范围

表B-1 S7-200 CPU的操作数范围

存取方式	CPU221	CPU222	CPU224	CPU224XP	CPU226
位存取（字节位）	0.0～15.7	0.0～15.7	0.0～15.7	0.0～15.7	0.0～15.7
Q	0.0～15.7	0.0～15.7	0.0～15.7	0.0～15.7	0.0～15.7
V	0.0～2047.7	0.0～2047.7	0.0～8191.7	0.0～10239.7	0.0～10239.7
M	0.0～31.7	0.0～31.7	0.0～31.7	0.0～31.7	0.0～31.7
SM	0.0～165.7	0.0～299.7	0.0～549.7	0.0～549.7	0.0～549.7
S	0.0～31.7	0.0～31.7	0.0～31.7	0.0～31.7	0.0～31.7
T	0～255	0～255	0～255	0～255	0～255
C	0～255	0～255	0～255	0～255	0～255
L	0.0～63.7	0.0～63.7	0.0～63.7	0.0～63.7	0.0～63.7
字节存取 IB	0～15	0～15	0～15	0～15	0～15
OB	0～15	0～15	0～15	0～15	0～15
VB	0～2047	0～2047	0～8191	0～10239	0～10239
MB	0～31	0～31	0～31	0～31	0～31
SMB	0～165	0～299	0～549	0～549	0～549
SB	0～31	0～31	0～31	0～31	0～31
LB	0～63	0～63	0～63	0～63	0～63
AC	0～3	0～3	0～3	0～255	0～255
KB（常数）	KB（常数）	KB（常数）	KB（常数）	KB（常数）	KB（常数）
字存取 IW	0～14	0～14	0～14	0～14	0～14
QW	0～14	0～14	0～14	0～14	0～14
VW	0～2048	0～2048	0～8190	0～10238	0～10238
MW	0～30	0～30	0～30	0～30	0～30
SMW	0～164	0～298	0～548	0～548	0～548
SW	0～30	0～30	0～30	0～30	0～30
T	0～255	0～255	0～255	0～255	0～255
C	0～255	0～255	0～255	0～255	0～255
LW	0～62	0～62	0～62	0～62	0～62
AC	0～3	0～3	0～3	0～3	0～3
AIW	0～30	0～30	0～62	0～62	0～62
AQW	0～30	0～30	0～62	0～62	0～62
KB（常数）	KB（常数）	KB（常数）	KB（常数）	KB（常数）	KB（常数）
双字存取 ID	0～12	0～12	0～12	0～12	0～12
CD	0～12	0～12	0～12	0～12	0～12
VD	0～2044	0～2044	0～8188	0～10236	0～10236
MD	0～26	0～26	0～26	0～26	0～26
SMD	0～162	0～296	0～546	0～546	0～546
SD	0～28	0～28	0～28	0～28	0～28
LD	0～60	0～60	0～60	0～60	0～60
AC	0～3	0～3	0～3	0～3	0～3
HC	0～5	0～5	0～5	0～5	0～5
KD（常数）	KD（常数）	KD（常数）	KD（常数）	KD（常数）	KD（常数）

附录 C　特殊存储器位

表 C-1　特殊存储器位

特 殊 存 储 器 位			
SM0.0	该位始终为 1	SM1.0	操作结果=0
SM0.1	首次扫描时为 1	SM1.1	结果溢出或非法数值
SM0.2	保持数据丢失时为 1	SM1.2	结果为负数
SM0.3	开机上电进入 RUN 时为 1 个扫描周期	SM1.3	被 0 除
SM0.4	时钟脉冲：30s 闭合/30s 断开	SM1.4	超出表范围
SM0.5	时钟脉冲：0.5s 闭合/0.5s 断开	SM1.5	空表
SM0.6	时钟脉冲：闭合 1 个扫描周期/断开 1 个扫描周期	SM1.6	BCD 到二进制转换出错
SM0.7	开关放置在 RUN 位置时为 1	SM1.7	ASCII 到十六进制转换出错

附录 D　特殊存储器字节 SMB36-SMD62

表 D-1　特殊存储器字节 SMB36-SMD62

SM 位	描　　述
SM36.0～SM36.4	保留
SM36.5	HSC0 当前计数方向位：1=增计数
SM36.6	HSC0 当前值等于预置值位：1=等于
SM36.7	HSC0 当前值大于预置值位：1=大于
SM37.0	复位的有效控制位：0=高电平复位有效，1=低电平复位有效
SM37.1	保留
SM37.2	正交计数据的计数速率选择：0=4×计数速率；1=1×速率
SM37.3	HSC0 方向控制位：1=增计数
SM37.4	HSC0 更新方向：1=更新方向
SM37.5	HSC0 更新预置值：1=向 HSC0 写新的预置值
SM37.6	HSC0 更新当前值：1=向 HSC0 写新的初始值
SM37.7	HSC0 有效位：1=有效
SMD36	HSC0 新的初始值
SMD42	HSC0 新的预置值
SM46.0～SM46.4	保留
SM46.5	HSC1 当前计数方向：1=增计数
SM46.6	HSC1 当前值等于预置值位：1=等于
SM46.7	HSC1 当前值大于预置值位：1=大于
SM47.0	HSC1 复位有效电平控制位：0=高电平、1=低电平
SM47.1	HSC1 启动有效电平控制位：0=高电平、1=低电平
SM47.2	HSC1 正交计数据速率选择：0=4×速率，1=1×速率
SM47.3	HSC1 方向控制位：1=增计数
SM47.4	HSC1 更新方向：1=更新方向
SM47.5	HSC1 更新预置值：1=向 HSC1 写新的预置值
SM47.6	HSC1 更新当前值：1=向 HSC1 写新的初始值
SM47.7	HSC1 有效位：1=有效
SMD46	HSC1 新的初始值
SMD52	HSC1 新的预置值
SM56.0～SM56.4	保留
SM56.5	HSC2 当前计数方向：1=增计数

续表

SM 位	描　　述
SM56.6	HSC2 当前值等于预置值位：1=等于
SM56.7	HSC2 当前值大于预置值位：1=大于
SM57.0	HSC2 复位有效电平控制位：0=高电平、1=低电平
SM57.1	HSC2 启动有效电平控制位：0=高电平、1=低电平
SM57.2	HSC2 正交计数据速率选择：0=4×速率，1=1×速率
SM57.3	HSC2 方向控制位：1=增计数
SM57.4	HSC2 更新方向：1=更新方向
SM57.5	HSC2 更新预置值：1=向 HSC2 写新的预置值
SM57.6	HSC2 更新当前值：1=向 HSC2 写新的初始值
SM57.7	HSC2 有效位：1=有效
SMD56	HSC2 新的初始值
SMD62	HSC2 新的预置值

附录 E　从 CPU 读出的致命错误代码及其描述

表 E-1　从 CPU 读出的致命错误代码及其描述

错误代码	描　　述
0000	无致命错误
0001	用户程序校验和错误
0002	编译后的梯形图程序校验和错误
0003	扫描看门狗超时错误
0004	永久存储器失效
0005	永久存储器上用户程序校验和错误
0006	永久存储器上配置参数（SDBO）校验和错误
0007	永久存储器上强制数据校验和错误
0008	永久存储器上默认输出表值校验和错误
0009	永久存储器上用户数据 DB1 校验和错误
000A	存储器卡失灵
000B	存储器卡上用户程序校验和错误
000C	存储卡配置参数（SDBO）校验和错误
000D	存储器卡强制数据校验和错误
000E	存储器卡默认输出表值校验和错误
000F	存储器卡用户数据 DB1 校验和错误
001D	内部软件错误
0011	比较接点间接寻址错误
0012	比较接点非法值错误
0013	程序不能被该 S7-200 理解
0014	比较接点范围错误

附录F　运行程序错误

表 F-1　运行程序错误

错误代码	描　　述
0000	无错误
0001	执行 HDEF 之间，HSC 未允许
0002	输入中断分配冲突，已分配给 HSC
0003	到 HSC 的输入分配冲突，已分配给输入中断
0004	试图执行在中断子程序中不允许的指令
0005	第一个 HSC/PLS 未执行完之前，又企图执行同编号的第二个 HSC/PLS（中断程序中的 HSC 同主程序中的 HSC/PLS 冲突）
0006	间接寻址错误
0007	TODW（写实时时钟）或 TODR（读实时时钟）数据错误
0008	用户子程序嵌套层数超过规定
0009	在程序执行 XMT 或 RCV 时，通信口 0 又执行另一条 XMT/RCV 指令
000A	在同一 HSC 执行时，又企图用 HDEF 指令再定义读 HSC
000B	在通信口 1 上同时执行 XMT/RCV 指令
000C	时钟存储卡不存在
000D	重新定义已经使用的脉冲输出
000E	PTO 个数设为 0
000F	比较触点指令中的非法数字值
0010	在当前 PTO 操作模式中，命令未允许
0011	非法 PTO 命令代码
0012	非法 PTO 包络表
0013	非法 PID 回路参数表
0091	范围错误（带地址信息）：检查操作数范围
0092	某条指令的计数或错误（带计数信息）：确认最大计数范围
0094	范围错误（带地址信息）：写无效存储器
009A	用户中断程序试图转换成自由口模式
009B	非法指针（字符串操作中起始位置值指定为 0）
009F	无存储卡或存储卡无响应

附录G　编译规则错误

表 H-1　编译规则错误

错 误 代 码	编 译 错 误（非 致 命）
0090	程序太大无法编译：必须缩短程序
0091	堆栈推出：把一个程序段分成多个
0092	非法指令：检查指令助记符
0093	无 MEND 或主程序中有不允许的指令：加条 MEND 指令或删去不正确的指令
0094	保留
0095	无 FOR 指令：加条 FOR 指令或删除 NEXT 指令
0096	无 NEXT：加条 NEXT 指令，或删除 FOR 指令
0097	无标号（LBL、INT、SBR）：加上合适标号
0098	无 RET 或子程序中有不允许的指令：加条 RET 指令或删去不正确指令
0099	无 RETI 或中断程序中有不允许的指令：加条 RETI 指令或删去不正确指令
009A	保留
009B	从/向一个 SCR 段的非法跳转
009C	标号重复（LBL、INT、SBR）：重新命令标号
009D	非法标号（LBL、INT、SBR）：确保标号数在允许范围内
0090	非法参数：确认指令所允许的参数
0091	范围错误（带地址信息）：检查操作数范围
0092	指令计数或错误（带计数信息）：确认最大计数范围
0093	FOR/NEXT 嵌套层数超出范围
0095	无 LSCR 指令（装载 SCR）
0096	无 SCRE 指令（SCR 结束）或 SCRE 前面有不允许的指令
0097	用户程序包含非数字编码的和数字编码的 EV/ED 指令
0098	在运行模式进行非法编辑（试图编辑非数字编码的 EV/ED 指令）
0099	隐含程序段太多（HIDE 指令）
009B	非法指针（字符串操作中起始位置值指定为 0）
009C	超出最大指令长度
009D	SDB0 中检测到非法参数
009E	PCALL 字符串太多
009F-00FF	保留

附录H 部分电气符号图

类别	名称	图形符号	文字符号	类别	名称	图形符号	文字符号
开关	单极控制开关	或	SA	位置开关	常开触点		SQ
	手动开关一般符号		SA		常闭触点		SQ
	三极控制开关		QS		复合触点		SQ
	三极隔离开关		QS	按钮	常开按钮		SB
	三极负荷开关		QS		常闭按钮		SB
	组合旋钮开关		QS		复合按钮		SB
	低压断路器		QF		急停按钮		SB
	控制器或操作开关	后 前 2 1 0 1 2 1 2 3 4	SA		钥匙操作式按钮		SB
接触器	线圈操作器件		KM	热继电器	热元件		FR
	常开主触点		KM		常闭触点		FR
	常开辅助触点		KM	中间继电器	线圈		KA
	常闭辅助触点		KM		常开触点		KA

续表

类　别	名　称	图形符号	文字符号	类　别	名　称	图形符号	文字符号
时间继电器	通电延时（缓吸）线圈		KT		常闭触点		KA
	断电延时（缓放）线圈		KT	电流继电器	过电流线圈	I>	KA
	瞬时闭合的常开触点		KT		欠电流线圈	I<	KA
	瞬时断开的常闭触点		KT		常开触点		KA
	延时闭合的常开触点	或	KT		常闭触点		KA
	延时断开的常闭触点	或	KT	电压继电器	过电压线圈	U>	KV
	延时闭合的常闭触点	或	KT		欠电压线圈	U<	KV
	延时断开的常开触点	或	KT		常开触点		KV
电磁操作器	电磁铁的一般符号	或	YA		常闭触点		KV
	电磁吸盘		YH	电动机	三相笼型异步电动机	M 3～	M
	电磁离合器		YC		三相绕线转子异步电动机	M 3～	M
	电磁制动器		YB		他励直流电动机	M	M
	电磁阀		YV		并励直流电动机	M	M
非电量控制的继电器	速度继电器常开触点	n	KS		串励直流电动机	M	M
	压力继电器常开触点	p	KP	熔断器	熔断器		FU

参考文献

[1] 陈志新．电器与 PLC 控制技术．北京：北京大学出版社，2006．
[2] 吴中俊．可编程控制器原理及应用．北京：机械工业出版社，2005．
[3] 周美兰．PLC 电气控制与组态设计．北京：科学出版社，2003．
[4] 西门子公司．S7-200 可编程控制器系统手册．2004．
[5] 西门子公司．S7-200 PLC 应用基础与实例．2004．
[6] 肖峰．PLC 编程 100 例．北京：中国电力出版社，2009．
[7] 周万珍．PLC 分析与设计应用．北京：电子工业出版社，2004．
[8] 宋伯生．PLC 编程实用指南．北京：机械工业出版社，2007．
[9] 高鸿斌．西门子 PLC 与工业控制网络应用．北京：电子工业出版社，2006．
[10] 程子华．PLC 原理与编程实例分析．北京：国防工业出版社，2007．